天基探测与应用前沿技术丛书

主编 杨元喜

InSAR卫星编队对地观测技术

Earth Observing Technology of InSAR Based on Satellite Formation

楼良盛 陈筠力 邵晓巍 刘志铭 著

国防工业出版社

·北京·

内 容 简 介

本书在介绍 InSAR 测量原理、误差传递模型及 InSAR 卫星对地观测体制基础上，从 InSAR 的干涉与相干性及影响相干性的因素两方面阐述了系统相干性问题；从基线设计、卫星编队构形设计、卫星编队构形控制及卫星防碰撞设计方面阐述了卫星编队设计问题；从时间、空间、相位三方面同步阐述了卫星间协同工作问题；从高精度基线测量、相位误差控制、几何定标方面阐述了产品精度控制问题；最后从 InSAR 成像、去相干预滤波、复影像配准、去平地效应、干涉相位滤波、干涉相位解缠、解绝对相位、数字表面模型（DSM）生成方面阐述了 InSAR 数据处理技术。

本书读者对象主要为 InSAR 卫星对地观测和 InSAR 数据处理科研人员，InSAR 卫星系统研制和 InSAR 数据产品技术人员以及微波测绘专业学生。

图书在版编目（CIP）数据

InSAR 卫星编队对地观测技术 / 楼良盛等著．
北京：国防工业出版社，2024.7．--（天基探测与应用前沿技术丛书 / 杨元喜主编）．-- ISBN 978-7-118-13393-6

Ⅰ. TP79

中国国家版本馆 CIP 数据核字第 2024WT8326 号

※

国防工业出版社 出版发行
（北京市海淀区紫竹院南路 23 号 邮政编码 100048）
雅迪云印（天津）科技有限公司印刷
新华书店经售

*

开本 710×1000 1/16 印张 17 字数 314 千字
2024 年 7 月第 1 版第 1 次印刷 印数 1—1500 册 定价 148.00 元

（本书如有印装错误，我社负责调换）

国防书店：(010) 88540777 书店传真：(010) 88540776
发行业务：(010) 88540717 发行传真：(010) 88540762

天基探测与应用前沿技术丛书
编审委员会

主　　　编　杨元喜

副　主　编　江碧涛

委　　　员　(按姓氏笔画排序)

　　　　　　王　密　王建荣　巩丹超　朱建军

　　　　　　刘　华　孙中苗　肖　云　张　兵

　　　　　　张良培　欧阳黎明　罗志才　郭金运

　　　　　　唐新明　康利鸿　程邦仁　楼良盛

丛 书 策 划　王京涛　熊思华

丛 书 序

天高地阔、水宽山远、浩瀚无垠、目不能及，这就是我们要探测的空间，也是我们赖以生存的空间。从古人眼中的天圆地方到大航海时代的环球航行，再到日心学说的确立，人类从未停止过对生存空间的探测、描绘与利用。

摄影测量是探测与描绘地理空间的重要手段，发展已有近 200 年的历史。从 1839 年法国发表第一张航空像片起，人们把探测世界的手段聚焦到了航空领域，在飞机上搭载航摄仪对地面连续摄取像片，然后通过控制测量、调绘和测图等步骤绘制成地形图。航空遥感测绘技术手段曾在 120 多年的时间长河中成为地表测绘的主流技术。进入 20 世纪，航天技术蓬勃发展，而同时期全球地表无缝探测的需求越来越迫切，再加上信息化和智能化重大需求，"天基探测"势在必行。

天基探测是人类获取地表全域空间信息的最重要手段。相比传统航空探测，天基探测不仅可以实现全球地表感知（包括陆地和海洋），而且可以实现全天时、全域感知，同时可以极大地减少野外探测的工作量，显著地提高地表探测效能，在国民经济和国防建设中发挥着无可替代的重要作用。

我国的天基探测领域经过几十年的发展，从返回式卫星摄影发展到传输型全要素探测，已初步建立了航天对地观测体系。测绘类卫星影像地面分辨率达到亚米级，时间分辨率和光谱分辨率也不断提高，从 1:250000 地形图测制发展到 1:5000 地形图测制；遥感类卫星分辨率已逼近分米级，而且多物理原理的对地感知手段也日趋完善，从光学卫星发展到干涉雷达卫星、激光测高卫星、重力感知卫星、磁力感知卫星、海洋环境感知卫星等；卫星探测应用技术范围也不断扩展，从有地面控制点探测与定位，发展到无需地面控制点支持的探测与定位，从常规几何探测发展到地物属性类探测；从专门针对地形测量，发展到动目标探测、地球重力场探测、磁力场探测，甚至大气风场探测和海洋环境探测；卫星探测载荷功能日臻完善，从单一的全色影像发展到多光谱、高光谱影像，实现"图谱合一"的对地观测。当前，天基探测卫星已经在国土测绘、城乡建设、农业、林业、气象、海洋等领域发挥着重要作用，取得了系列理论和应用成果。

任何一种天基探测手段都有其鲜明的技术特征，现有天基探测大致包括几何场探测和物理场探测两种，其中诞生最早的当属天基光学几何探测。天基光学探测理论源自航空摄影测量经典理论，在实现光学天基探测的过程中，前人攻克了一系列技术难关，《光学卫星摄影测量原理》一书从航天系统工程角度出发，系统介绍了航天光学摄影测量定位的理论和方法，既注重天基几何探测基础理论，又兼顾工程性与实用性，尤其是低频误差自补偿、基于严格传感器模型的光束法平差等理论和技术路径，展现了当前天基光学探测卫星理论和体系设计的最前沿成果。在一系列天基光学探测工程中，高分七号卫星是应用较为广泛的典型代表，《高精度卫星测绘技术与工程实践》一书对高分七号卫星工程和应用系统关键技术进行了总结，直观展现了我国1∶10000光学探测卫星的前沿技术。在光学探测领域中，利用多光谱、高光谱影像特性对地物进行探测、识别、分析已经取得系统性成果，《高光谱遥感影像智能处理》一书全面梳理了高光谱遥感技术体系，系统阐述了光谱复原、解混、分类与探测技术，并介绍了高光谱视频目标跟踪、高光谱热红外探测、高光谱深空探测等前沿技术。

天基光学探测的核心弱点是穿透云层能力差，夜间和雨天探测能力弱，而且地表植被遮挡也会影响光学探测效能，无法实现全天候、全时域天基探测。利用合成孔径雷达（SAR）技术进行探测可以弥补光学探测的系列短板。《合成孔径雷达卫星图像应用技术》一书从天基微波探测基本原理出发，系统总结了我国SAR卫星图像应用技术研究的成果，并结合案例介绍了近年来高速发展的高分辨率SAR卫星及其应用进展。与传统光学探测一样，天基微波探测技术也在不断迭代升级，干涉合成孔径雷达（InSAR）是一般SAR功能的延伸和拓展，利用多个雷达接收天线观测得到的回波数据进行干涉处理。《InSAR卫星编队对地观测技术》一书系统梳理了InSAR卫星编队对地观测系列关键问题，不仅全面介绍了InSAR卫星编队对地观测的原理、系统设计与数据处理技术，而且介绍了双星"变基线"干涉测量方法，呈现了当前国内最前沿的微波天基探测技术及其应用。

随着天基探测平台的不断成熟，天基探测已经广泛用于动目标探测、地球重力场探测、磁力场探测，甚至大气风场探测和海洋环境探测。重力场作为一种物理场源，一直是地球物理领域的重要研究内容，《低低跟踪卫星重力测量原理》一书从基础物理模型和数学模型角度出发，系统阐述了低低跟踪卫星重力测量理论和数据处理技术，同时对低低跟踪重力测量卫星设计的核心技术以及重力卫星反演地面重力场的理论和方法进行了全面总结。海洋卫星测高在研究地球形状和大小、海平面、海洋重力场等领域有着重要作用，《双星跟飞海洋测高原理及应用》一书紧跟国际卫星测高技术的最新发展，描述了双星跟飞卫星测高原理，并结合工程对双星跟飞海洋测高数据处理理论和方法进行了全面梳理。

天基探测技术离不开信息处理理论与技术，数据处理是影响后期天基探测产品成果质量的关键。《地球静止轨道高分辨率光学卫星遥感影像处理理论与技术》一书结合高分四号卫星可见光、多光谱和红外成像能力和探测数据，侧重梳理了静止轨道高分辨率卫星影像处理理论、技术、算法与应用，总结了算法研究成果和系统研制经验。《高分辨率光学遥感卫星影像精细三维重建模型与算法》一书以高分辨率遥感影像三维重建最新技术和算法为主线展开，对三维重建相关基础理论、模型算法进行了系统性梳理。两书共同呈现了当前天基探测信息处理技术的最新进展。

本丛书成体系地总结了我国天基探测的主要进展和成果，包含光学卫星摄影测量、微波测量以及重力测量等，不仅包括各类天基探测的基本物理原理和几何原理，也包括了各类天基探测数据处理理论、方法及其应用方面的研究进展。丛书旨在总结近年来天基探测理论和技术的研究成果，为后续发展起到推动作用。

期待更多有识之士阅读本丛书，并加入到天基探测的研究大军中。让我们携手共绘航天探测领域新蓝图。

2024 年 2 月

前　言

干涉合成孔径雷达（InSAR）是一般合成孔径雷达（SAR）功能的延伸和扩展，它利用多个雷达接收天线观测得到的回波数据进行干涉处理，可以对地面目标三维空间信息进行测量，对海面、海浪、海流进行测高和测速，对地面运动目标进行检测和定位。雷达接收天线相位中心之间的连线称为基线，按照基线和航向之间的夹角，人们将 InSAR 分为基线垂直于航向的切轨迹干涉（CTI）雷达和沿航向的顺轨迹干涉（ATI）雷达。切轨迹干涉可以快速获取地面目标三维空间信息，顺轨迹干涉主要用于动目标检测和海洋水流与波形测量。本书所论述的是在切轨迹干涉模式下的 InSAR 系统。

基线是 InSAR 系统形成干涉并获取地面目标三维空间信息的关键，天基 InSAR 系统目前有采用基于单卫星平台（或飞船、航天飞机）的双天线和基于多星的卫星编队两种基线体制。

基于单卫星平台双天线体制是在单个卫星平台上伸出一支能满足 InSAR 干涉要求的基线架，在基线架两端分别放两个雷达天线，形成干涉测量系统。该体制的两个天线同时对地面成像，可以解决多雷达需协同工作问题；同时基线架变形很小，可以提高基线测量精度。然而它不易解决如何实现 InSAR 测量原理要求的最优基线问题。由于最优基线实现困难，至今单平台双天线体制只在美国航天飞机雷达地形测绘任务（SRTM）中采用过，且基线长度只有 60m，远未达到最优基线长度。SRTM 系统搭载在 2000 年 2 月发射的美国"奋进"号航天飞机上，由于受基线长度限制，其产品精度不高。技术难度大、风险高、耗资巨大，是该系统的突出缺点。

基于卫星编队体制是由多颗卫星组成编队，卫星相互遵循 Hill 方程绕飞，卫星之间的间隔为几百米至几千米，整体构形相对稳定；卫星上分别装有雷达，同时对地面成像，形成干涉测量系统，无时间去相关效应。这种新概念为星载 InSAR 系统的实现提供了新的解决思路，通过编队卫星的构形设计形成灵活基线，可获得最优基线，同时针对不同的地形、地物特征可以设计不同的基线，满足 InSAR 干涉的一系列条件，缺点是编队卫星间需要协同工作。其代表为德国空间中心（DLR）的 TanDEM-X 系统和我国的微波测绘一号卫星系统。

根据当前现有技术水平，基于单卫星平台双天线 InSAR 方案的基线架及伸展技术难以实现，基线长度很难达到最优要求；且伸展出去的天线存在颤抖，难以对其进行精确测量，这将影响 InSAR 测图精度。而基于卫星编队体制难度相对较小，通过卫星编队构形设计，可以满足最优基线和基线倾角要求，确保较高的产品精度，故基于卫星编队的基线体制是当前天基 InSAR 系统的较好选择，是天基 InSAR 系统的发展趋势。

本书全面阐述了 InSAR 原理和 InSAR 卫星对地观测体制，以及实现 InSAR 卫星编队体制所涉及的关键技术，全书共 8 章。第 1 章为绪论，首先分析 InSAR 卫星编队对地观测技术所涉及的主要问题和技术，然后总结了现有天基 InSAR 对地观测系统。第 2 章为 InSAR 测量原理，介绍了几何关系和距离-多普勒方程 InSAR 测量原理和误差传递模型，从误差传递模型分析系统产品精度控制所涉及的关键技术。第 3 章为 InSAR 卫星对地观测体制，介绍了双天线和卫星编队 InSAR 卫星对地观测体制，并对其优缺点进行了总结，阐述了 InSAR 卫星编队对地观测是当前天基 InSAR 对地观测的发展方向。第 4 章为系统相干性，阐述了 InSAR 的干涉与相干性的关系，明确相干性是系统能实现干涉的关键，介绍了影响相干性的因素。第 5 章为卫星编队设计，首先从各种基线定义及作用出发，阐述了基线设计技术，然后叙述了卫星编队构形设计、卫星编队构形控制及卫星防碰撞设计等卫星编队设计技术。第 6 章为编队卫星协同工作技术，详述了 InSAR 卫星编队对地观测一发多收载荷工作模式下，必须实现的时间、空间、相位三同步技术，并对同步技术要求和影响进行了分析。第 7 章为产品精度控制，从高精度基线测量、相位误差控制、几何定标方面阐述了产品精度控制问题。第 8 章为 InSAR 数据处理技术，根据 InSAR 数据处理流程，介绍了 InSAR 成像、去相干预滤波、复影像配准、去平地效应、干涉相位滤波、干涉相位解缠、解绝对相位、DSM 生成技术。

参加本书撰写的还有钱方明、陈重华、李楠、陈刚、王赛、孟欣、张笑微、张昊。

感谢杨元喜院士在本书撰写过程中给予的指导和帮助。感谢中国电子科技集团公司第十四研究所穆冬和刘爱芳研究员、西安电子科技大学李真芳教授提供的相关研究成果；感谢汪志龙副主任、丛琳高级工程师、高敬坤工程师、邵龙工程师提供了实验数据和相关产品成果。感谢吴树峰高级工程师、缪剑高级工程师、汤晓涛研究员、李世忠高级工程师等同志的支持。

感谢国防工业出版社王京涛、熊思华等同志为筹划本书出版所做的工作。

由于水平有限，书中错误和不足之处在所难免，恳请读者朋友批评指正。

作　者
2023 年 12 月

目 录

第1章 绪论 … 1

1.1 InSAR 卫星系统现状 … 2
- 1.1.1 SRTM 系统 … 2
- 1.1.2 TanDEM-X 系统 … 3
- 1.1.3 微波测绘一号系统 … 6
- 1.1.4 陆探一号系统 … 7
- 1.1.5 宏图一号系统 … 8

1.2 InSAR 卫星系统展望 … 9

参考文献 … 10

第2章 InSAR 测量原理 … 13

2.1 几何关系原理 … 14
2.2 距离-多普勒方程原理 … 15
2.3 误差传递模型 … 16
- 2.3.1 基于几何关系原理的误差传递模型 … 16
- 2.3.2 基于距离-多普勒方程原理的误差传递模型 … 18

参考文献 … 24

第3章 InSAR 卫星对地观测体制 ········· 25

3.1 双天线体制 ········· 26
3.2 卫星编队体制 ········· 27
3.2.1 卫星编队模式 ········· 28
3.2.2 绕飞编队构形模式 ········· 31
3.3 SAR 载荷工作模式 ········· 34
3.3.1 自发自收 ········· 34
3.3.2 一发多收 ········· 36
参考文献 ········· 37

第4章 系统相干性 ········· 40

4.1 InSAR 干涉与相干性 ········· 41
4.1.1 InSAR 干涉 ········· 41
4.1.2 InSAR 相干性 ········· 41
4.1.3 InSAR 相干系数 ········· 44
4.2 影响相干性的因素 ········· 45
4.2.1 信噪比干损 ········· 45
4.2.2 基线干损 ········· 46
4.2.3 多普勒干损 ········· 47
4.2.4 处理干损 ········· 48
4.2.5 时间干损 ········· 49
4.2.6 几何干损 ········· 50
4.2.7 大气干损 ········· 51
参考文献 ········· 51

第5章 卫星编队设计 ········· 53

5.1 基线设计 ········· 54
5.1.1 基线定义 ········· 54
5.1.2 基线选择 ········· 59
5.2 编队构形设计 ········· 62

5.2.1　卫星编队相对动力学分析 ………………………………………… 62
　　5.2.2　卫星编队相对运动学分析 ………………………………………… 65
　　5.2.3　编队构形设计 ……………………………………………………… 71
　　5.2.4　卫星编队构形受摄分析 …………………………………………… 76
5.3　编队构形控制 ……………………………………………………………… 78
　　5.3.1　卫星高斯控制方程 ………………………………………………… 78
　　5.3.2　编队脉冲控制策略 ………………………………………………… 79
　　5.3.3　编队控制任务及流程 ……………………………………………… 80
5.4　编队安全性设计 …………………………………………………………… 82
　　5.4.1　编队构形设计保障 ………………………………………………… 82
　　5.4.2　控制系统设计保障 ………………………………………………… 83
参考文献 …………………………………………………………………………… 84

第6章　编队卫星协同工作技术 …………………………………………………… 87

6.1　时间同步技术 ……………………………………………………………… 87
　　6.1.1　时间同步定义 ……………………………………………………… 87
　　6.1.2　时间同步方法 ……………………………………………………… 88
　　6.1.3　时间同步要求分析 ………………………………………………… 89
　　6.1.4　时间同步误差分析 ………………………………………………… 90
6.2　空间同步技术 ……………………………………………………………… 93
　　6.2.1　空间同步定义 ……………………………………………………… 93
　　6.2.2　空间同步方法 ……………………………………………………… 94
　　6.2.3　空间同步要求分析 ………………………………………………… 98
　　6.2.4　空间同步影响分析 ………………………………………………… 99
6.3　相位同步技术 ……………………………………………………………… 102
　　6.3.1　相位同步定义 ……………………………………………………… 102
　　6.3.2　相位同步方法 ……………………………………………………… 103
　　6.3.3　相位同步要求分析 ………………………………………………… 105
　　6.3.4　相位同步误差分析 ………………………………………………… 105
参考文献 …………………………………………………………………………… 110

第7章 产品精度控制 ·· 112

7.1 高精度基线测量 ·· 112
7.1.1 基线确定 ·· 113
7.1.2 基线测量 ·· 114
7.1.3 精度分析 ·· 124

7.2 干涉相位误差控制 ·· 132
7.2.1 干涉相位误差分析 ·· 132
7.2.2 SAR 系统通道误差 ·· 133
7.2.3 数据处理相位误差 ·· 135

7.3 几何定标技术 ·· 146
7.3.1 斜距定标 ·· 146
7.3.2 基线定标 ·· 164

参考文献 ·· 182

第8章 InSAR 数据处理技术 ·· 184

8.1 去相干预滤波 ·· 184
8.1.1 距离向去相干预滤波 ·· 186
8.1.2 方位向去相干预滤波 ·· 188

8.2 双基 InSAR 成像 ·· 190
8.2.1 主星 SAR 成像 ·· 191
8.2.2 辅星 InSAR 成像 ·· 198
8.2.3 双基 InSAR 成像流程 ·· 204

8.3 复影像配准 ·· 205
8.3.1 复影像配准常用算法 ·· 205
8.3.2 复影像配准流程 ·· 207
8.3.3 复影像配准结果评估 ·· 214

8.4 去平地效应 ·· 215
8.4.1 基于椭球模型的去平地效应方法 ·· 216
8.4.2 基于数字高程模型的去平地效应方法 ·· 219

8.5 干涉相位滤波 ·· 222

8.5.1 均值滤波算法 ………………………………………………… 223
8.5.2 线性梯度补偿滤波算法 ……………………………………… 223
8.6 干涉相位解缠 …………………………………………………………… 226
8.6.1 最小 L^p 范数的相位解缠法 …………………………………… 229
8.6.2 基于最小生成树的最小费用流相位解缠法 ………………… 234
8.6.3 基于中国余数定理的多基线相位解缠法 …………………… 239
8.7 解绝对相位 ……………………………………………………………… 240
8.7.1 基于双频数据确定绝对相位 ………………………………… 241
8.7.2 基于数字高程模型确定绝对相位 …………………………… 241
8.7.3 基于升降轨数据确定绝对相位 ……………………………… 243
8.8 DSM 生成 ……………………………………………………………… 245
8.8.1 利用距离-多普勒方程解算离散高程点 …………………… 246
8.8.2 DSM 规则化 …………………………………………………… 248
8.9 典型地形地物的 InSAR 数据处理结果 ……………………………… 250
参考文献 ………………………………………………………………………… 253

第 1 章 绪 论

InSAR 系统与传统的光学遥感系统相比，具有全天候、全天时、数据处理自动化程度高等突出优点，其主要产品是数字表面模型（DSM）和雷达正射影像（ORRI），可以用于国家空间数据基础设施建设、自然灾害检测、大流域和河道治理等诸多领域[1-6]。

从 20 世纪 90 年代中后期开始，InSAR 测量技术逐渐走向成熟，应用领域不断扩展，成为 SAR 应用研究的热点之一。InSAR 技术最早是由美国国家航空航天局（NASA）的 L. C. Graham 于 1974 年提出，在传统的机载 SAR 上加装了一幅天线，通过把两个天线接收信号混合而得到了幅度干涉条纹，该条纹实际上反映了两个接收信号之间的相位差，而相位差对应了地面目标的高度变化，从而得出了地面的三维信息[7]。由于不可避免的载机运动，影响了所得 SAR 图像之间的相干性，机载 InSAR 的实验结果不如预想的好。而且当时使用的是光学 SAR 成像处理，得出的只是间接反映地面三维起伏的干涉幅度的明暗条纹。20 世纪 80 年代数字处理技术和硬件的快速发展，才使得以后的 InSAR 处理能方便地提取出干涉图的相位，并把相位转换成地面的高度，直接输出三维地貌图。Zebker 和 Goldstein 于 1987 年报道了他们的机载 SAR 干涉系统，他们用数字方式记录了每个通道接收信号的幅度和相位信息，这样就可以计算出每个像点的相位信息，从而更好地形成干涉[8]。

由于大气湍流导致的载机不规则运动，机载系统在保持 InSAR 所需的相干性方面遇到困难。而卫星运行于大气层之外，轨道稳定性好，所以早期的 InSAR 对地观测结果和技术发展基本上是在天基系统上实现的。

在 InSAR 技术的发展过程中，具有重大影响的系统是早期欧空局的欧洲遥感卫星（ERS-1）（1991）和 ERS-2（1995）星对[9-14]和美国的航天飞机雷达地形测绘任务（Shuttle Radar Terrain Mission，SRTM）[15-19]。随着卫星编队技术的发展和应用，后期发展了基于卫星编队的德国 TanDEM-X 系统[20-28]及我国微波测绘一号系统[29]和陆探一号系统，后续发展的还将有德国的 TanDEM-L 系统[30-31]和我国的宏图一号系统。

ERS-1/2 星对是用两颗卫星对地面同一地区的相继两次收集的 SAR 数据，作为 InSAR 数据源，为 InSAR 数据处理研究提供了保障。由于这种数据的获取方式对地面同一地区有一定的时间间隔，在此期间内环境会发生许多变化，使得两次取得的数据之间的相干性失去保障。因此，这种重复轨道模式取得的 InSAR 可用数据的概率很小，不能算真正的 InSAR 系统，这里不做介绍。

1.1 InSAR 卫星系统现状

1.1.1 SRTM 系统

针对上述问题，为彻底消除时间导致的相干性下降，1994 年年底，美国技术人员提出了在航天飞机上构建双天线专用 InSAR 测绘系统的设想。1997 年，经 NASA 与 DMA（前美国国防制图局）协商，达成了在 1999—2000 年间按这一设想实施 SRTM 计划，2000 年 2 月，NASA、国家影像和测绘局（NIMA）和德国宇航中心（DLR）合作实施了 SRTM 计划。该系统在"奋进号"航天飞机上配置 C 波段和 X 波段发射天线，在舱外安装了长约 60m 的伸缩桅杆，桅杆上安装了一套接收天线和高精度姿态与距离测量设备（用于测量天线的相对距离和角度），SRTM 示意图如图 1.1 所示。

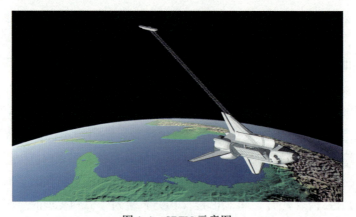

图 1.1 SRTM 示意图

SRTM 历经 11 天顺利完成任务，测量地区覆盖了 1.233 亿平方千米、约 80%的地球陆地面积，C 频段相对高程精度 10m，X 频段相对高程精度 6m。SRTM 是当时对地球最快速、最大范围，也是最高精度的立体测绘，从理论到实践成功地解决了以往重复轨道干涉测量的许多技术难题，把 InSAR 测量技术向实用阶段向前推进了一步。SRTM 首次利用 InSAR 测量技术实现了全球陆地 DEM 和雷达正射影像（ORI）的获取，并用两年多时间完成了数据处理工作，这是光学遥感无法达到的。据报道，SRTM 获取的数据已用于阿富汗战争及随后的若干局部战争中。此外，SRTM 也是第一个进行过天基雷达 GMTI 试验的系统，它利用其 60m 桅杆形成的 7m 顺轨基线分量分别进行过高速公路交通监视和洋流测量试验，但是都未涉及军事 GMTI 所要解决的固定目标杂波中的动目标检测问题。

1.1.2 TanDEM-X 系统

德国空间中心（DLR）在早期提出的钟摆概念基础上有所发展，开展了称为 TanDEM-X 计划的研究。该计划在 2007 年发射第一颗 TerraSAR-X 雷达卫星的基础上，于 2010 年 6 月发射第二颗相同的雷达卫星 TanDEM-X，两颗星编队形成单航过天基 InSAR 系统，其主要任务是完成对地面高精度的三维干涉测量，系统工作示意如图 1.2 所示，其卫星编队示意图如图 1.3 所示。

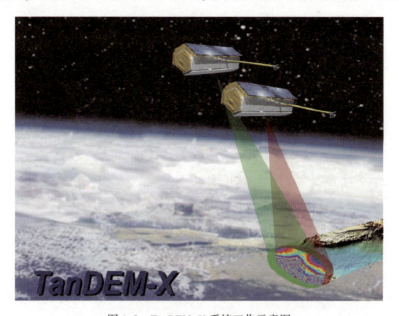

图 1.2 TanDEM-X 系统工作示意图

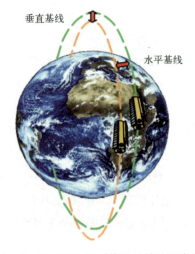

图1.3　TanDEM-X系统卫星编队示意图

该系统主要技术指标如下：

（1）卫星数量：2颗。

（2）轨道高度：514km。

（3）轨道倾角：97.4°。

（4）工作波段：X（波长为0.031m）。

（5）脉冲重复频率（PRF）：3500Hz。

（6）距离向带宽：100MHz。

（7）方位向带宽：2300Hz。

（8）分辨率：6m（4视）。

（9）波束中心地面入射角：25°~50°。

（10）成像带宽：不小于30km。

（11）测图精度：相对高程精度，优于1~1.4m；绝对高程精度，优于1.3~6.3m；平面精度，优于6.3m。

（12）数字地面高程模型格网间距：不大于12m。

该系统主要有两种干涉工作模式，即自发自收（图1.4）和一发多收（图1.5）模式。自发自收模式下，参与编队的两颗星独自发射和接收信号，为避免相互干扰，两颗星沿轨迹方向间距为30~50km，但是由此造成了间隔时间为10s的时间干损；一发多收模式下参与编队的卫星只有一颗星（可以是任意一颗）发射信号，两颗星同时接收信号，时间干损几乎为零，但是必须解决三大同步（时间、空间、相参）问题。

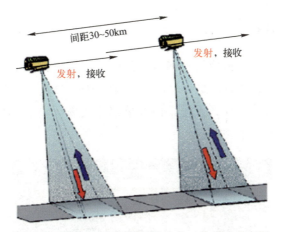

图 1.4　TanDEM-X 系统自发自收工作模式示意图

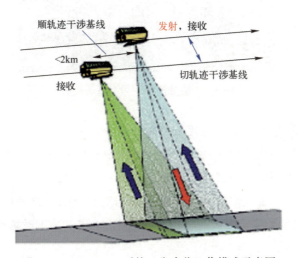

图 1.5　TanDEM-X 系统一发多收工作模式示意图

两种模式各有利弊：自发自收模式编队形成相对简单，但是存在时间干损，且 2 颗卫星的回波信号难以有效区分识别；一发多收模式要解决三大同步问题，且由于 2 颗卫星的轨道稍有不同，编队的形成与保持难度较前者大，但是由于该模式是针对 InSAR 高程测量专门设计的，无时间干损，几乎无大气造成的干损，干涉基线可以实现最优，整体效益上明显优于前者，因此认为是一种较为理想的模式。

TanDEM-X 雷达卫星设计寿命为 5 年，与 TerraSAR-X 雷达卫星协同工作构成天基 InSAR 系统的设计寿命为 3 年，可通过后续星增加功能、延续系统寿命。

1.1.3 微波测绘一号系统

微波测绘一号卫星系统是我国首个基于干涉合成孔径雷达技术的微波干涉测绘卫星系统，也是我国第一个近距离编队卫星系统，于 2019 年 4 月 30 日从一箭双星方式成功发射。系统采用双星编队实现干涉所需基线，微波测绘一号卫星示意图如图 1.6 所示。

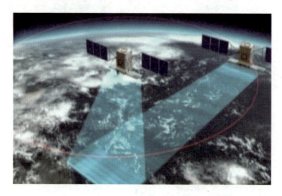

图 1.6　微波测绘一号卫星示意图

微波测绘一号卫星工程主要任务是快速获取 InSAR 回波数据，通过地面处理，实现目标的快速精确三维定位，生产 1∶5 万比例尺 DSM 和雷达正射影像，向用户提供基础地理信息产品服务。

卫星以条带模式成像，可以无缝获取全球南北纬 80°之间区域的影像，可生产 0~3 级卫星影像产品及 1∶5 万比例尺 DSM 和雷达正射影像等测绘产品。主要性能设计指标如下：

(1) 卫星数量：2 颗。

(2) 卫星轨道：太阳同步轨道。

(3) 回归周期：19 天。

(4) SAR 工作频段：X。

(5) 信号带宽：(135±0.5) MHz。

(6) 极化方式：HH。

(7) SAR 成像模式：条带。

(8) 入射角范围：35°~46°。

(9) 波位数：8 个。

(10) 影像分辨率：3m×3m（地距，方位向×距离向）。

(11) 成像带宽：30km。

(12) DSM 格网间距：5m、10m、15m、30m。

(13) 卫星寿命：5年。

微波测绘一号卫星的成功运行，使我国拥有了实时获取全球 InSAR 影像的自主手段，摆脱了雷达遥感测绘数据长期依赖国外商业卫星的被动局面，标志着中国航天测绘事业迈上了新的台阶。微波测绘一号卫星系统在轨测试结果表明，系统运行状态良好。其中，系统定位精度的平地定位精度测试是利用在新疆建设的干涉定标场 40 个角反射器作为精度检测点，共对 1、2、7、8 波位进行了 7 次测试；同时，利用网上公开的在澳大利亚布设的部分放射器为精度检测点，进行了测试；山地定位精度测试是利用河北赤城定标场布设的 10 个角放射器作为精度检测点，共对 3、8 波位进行了 4 次测试。所有测试结果与德国 TanDEM-X 系统相当，优于设计指标，满足 1:5 万比例尺测图精度要求。

1.1.4 陆探一号系统

陆地探测一号（简称陆探一号）是全球首个用于地表形变干涉测量应用的 L 波段双星星座，可满足国土资源、地震、防灾减灾、基础地理信息获取、林业等应用需求，对维护国家资源安全，保障人民生命安全起到重要作用。01 组 A 星和 B 星分别于 2022 年 1 月 26 日和 2022 年 2 月 27 日在我国酒泉卫星发射中心发射升空，B 星与 A 星实现了在轨组网，陆探一号示意图如图 1.7 所示[32]。

图 1.7 陆探一号示意图

陆地探测一号 01 组 A 星与 B 星设计状态一致，质量约为 3.2t，卫星运行于 607km 高度的准太阳同步轨道，装载了先进的 L 波段多极化多通道 SAR 载荷，具有全天时、全天候、多模式对地观测能力。SAR 天线总面积超过 33m²，是目前国内在轨口径最大的 SAR 卫星之一。陆地探测一号共有六种成像模式，其成像能力如表 1.1 所列。

表 1.1 陆探一号成像能力

成像模式	条带模式 1	条带模式 2	条带模式 3	条带模式 4	条带模式 5	扫描模式
极化方式	HH 或 VV	HH 或 VV	双极化	四极化	HH 或 VV	HH 或 VV
分辨率/m	3	12	3	6	24	30
成像带宽/km	50	70~100	50	30	160	400
注：H 为垂直极化，V 为水平极化						

陆探一号 01 组双星在轨以差分干涉地表形变测量为核心任务，采用双星跟飞编队模式实现高频次大覆盖对地观测。双星采用严格回归轨道设计，在轨相位间隔 180°分布，具备单星 8 天、双星 4 天的重复轨观测能力，地表形变测量优于 5cm、形变速率测量优于 10mm/年。为解决条件复杂、地面调查难以到达地区的灾害隐患早期识别提供覆盖范围广、测量点密度大、重复观测频率高的长波长 SAR 数据，快速准确地进行崩塌、滑坡隐患识别，辅助回答地质灾害防治"隐患在哪里"的难题，在地质灾害早期识别与监测预警中发挥独特而重要的作用。

陆探一号 01 组除跟飞模式外，具备双星在轨绕飞编队能力，2 颗卫星近距离协同观测，实现全天时、全天候 InSAR 地形测绘，具有覆盖范围大、方便迅速等优点，将有效支撑全国多云多雨区 1∶5 万比例尺地形图测绘任务，是进行自然资源调查体系构建、全国地形信息更新、测绘应急保障、地理国情监测的重要手段。

陆探一号 01 组的发射成功可实现我国差分干涉 SAR 数据的自主可控，每年节省上亿元数据费用，缓解行业应用对国外 SAR 数据的依赖，并有望实现从"没得用"到"用得好"的跨越。在满足国内需求的基础上，拓展全球应用提供公共遥感数据产品，为"一带一路"与可持续发展目标的实现提供支持。

1.1.5 宏图一号系统

宏图一号系统由我国航天宏图信息技术股份有限公司于 2021 年开始研制，由 1 颗发射主星和 3 颗接收辅星组成，构成卫星编队 InSAR 系统，具有单星聚束、滑动聚束、滑动扫描合成孔径雷达（TOPSAR）成像及 InSAR 条带成像模式，其主要任务是快速、高效制作全球非极区 1∶5 万比例尺 DSM。宏图一号于 2023 年 3 月 30 日成功发射，如图 1.8 所示。

图 1.8 宏图一号示意图

其主要性能设计指标如下:
（1）卫星数量：4 颗。
（2）卫星轨道：太阳同步轨道。
（3）轨道高度：528km。
（4）SAR 工作频段：X。
（5）极化方式：HH。
（6）入射角范围：16.3°~50°。
（7）成像模式及分辨率和成像带宽：
InSAR 条带模式：3m/(20~30km)（距离向）。
SAR 聚束模式：0.5m/(5km×5km)（方位向×距离向）。
SAR 滑动聚束模式：1m/(10km×20km)（方位向×距离向）。
TOPSAR 模式：5m/50km（距离向）。

该系统取得的数据与产品将用于基础地理信息获取、自然灾害监测、资源监测、环境监测、农情监测、桥隧形变监测、地面沉降等。

1.2 InSAR 卫星系统展望

后续发展的具有代表性的系统为 TanDEM-L 系统。该系统是德国 DLR 提出的一种新型全极化 InSAR 系统，目的是测量地球表面动态变化过程，如图 1.9 所示。该系统由两颗搭载 L 波段的 SAR 卫星构成，与 TanDEM-X 编队模式相似，同样以"螺旋"绕飞的轨道方式进行飞行，主要用于森林高程测量、地球生物量调查、高精度地形测绘和冰川运动监测等。

为完成 TanDEM-L 的任务，该系统将采用许多新技术，其中，为实现高分辨宽测绘带（HRWS）成像，该系统采用反射面天线，结合 DBF 技术的方式实现距离向宽测绘带，这种模式能够获取距离向 350km 宽度、方位向 7m 分辨率的图像。如图 1.10 所示。该天线由抛物面形状的反射面天线和数字反射馈源构成，在发射时，对馈源做宽波束激励，向整个测绘带发射宽波束信号；而在接收时，改变馈源激励，以窄波束接收来自测绘带不同方向的回波信号，相比于传统平面阵多通道系统，反射面天线能够在避免距离模糊的同时获得更宽的测绘带，并且能够将发射功率降低约 1/3，采用反射面窄波束接收，能够提高接收增益，提高回波信号的信噪比。

图 1.9　TanDEM-L 系统示意图　　图 1.10　TanDEM-L DBF 示意图

TanDEM-L 系统是继 TanDEM-X 系统之后又一具有里程碑意义的星载分布式 InSAR 系统，相比于 X 波段 SAR 卫星，L 波段 SAR 系统发射的信号的波长更长，穿透能力更强，因此能够获取森林地区的地球表面高程模型（DTM）。TanDEM-L 在 3 维结构提取时采取多极化的工作模式，而在地形形变检测时，采用宽幅观测并且需要多次观测，而且 TanDEM-L 的重访周期只有 16 天，每天由星上下传到地面的数据约有 8TB 数据量，不仅给星上数据存储和星地传输带来很大压力，而且对 InSAR 数据处理的效率提出了更高的要求，如何提高数据处理的效率也将是研究者需要解决的问题。

参考文献

[1] 魏钟铨，等. 合成孔径雷达卫星 [M]. 北京：科学出版社，2001.

[2] 杨元喜,王建荣,楼良盛,等.航天测绘发展现状与展望[J].空间科学与技术,2022,42(3):1-9.

[3] 保铮,邢孟道,王彤.雷达成像技术[M].北京:电子工业出版社,2005:278-279.

[4] 楼良盛.基于卫星编队InSAR数据处理技术[D].郑州:解放军信息工程大学,2007.

[5] 王超,张红,刘智.星载合成孔径雷达干涉测量[M].北京:科学出版社,2002.

[6] 史世平,常本义.干涉合成孔径雷达地形测图原理及数字模拟[J].测绘科技,1996(1):8-11.

[7] GRAHAM L C. Synthetic aperture radar for topographic mapping[J]. IEEE, 1974, 62: 763-768.

[8] GABRIEL A K, ZEBKER H A. Interferometric radar measurement of ocean surface currents[J]. Nature, 1987, 328: 707-709.

[9] MASSONNET D, ROSSI M, CARMONA C, et al. The displacement field of the lander earthquake mapped by radar interferometry[J]. Nature, 1993, 364: 138-142.

[10] DUCHOSSOIS G. The ERS-1 mission objectives[C]//Magazine ERS Bulletion, May 7-10, Baltimore, Maryland, 1991, 65: 15-26.

[11] EGE H. Industrial cooperation on ERS-1[C]//Magazine ERS Bulletin, May 7-10, Baltimore, Maryland, 1991, 65: 88-94.

[12] FEA M, BURZZI S. How ERS data will flow[C]//Magazine ERS Bulletin, May 7-10, Baltimore, Maryland, 1991, 65: 60-62.

[13] ANDREWS D, DODSWORTH S J, MCKAY M H. The control and monitoring of ERS-1 [C]//Magazine ERS Bulletin, May 7-10, Baltimore, Maryland, 1991, 65: 73-79.

[14] FRANCIS R, GRAF G, EDWARDS P G, et al. The ERA-1 spacecraft and its payload [C]//Magazine ERS Bulletin, May 7-10, Baltimore, Maryland, 1991, 65: 27-48.

[15] WERNER M. Shuttle radar topography mission (SRTM): mission overview[J]. J. Telecommun, 2001, 55(3): 75-79.

[16] FARR T G, HENSLEY S, RODRIGUEZ E, et al. The shuttle radar topography mission [C]//Ceos SAR Wrokshop, October 25-27, Seoul, Korea, 2000: 361-363.

[17] RABUS B, EINEDER M, ROTH A, et al. The shuttle radar topography mission: a new class of digital elevation models acquired by spaceborne radar[J]. ISPRS Photogrammetry Remote Sensing, 2003, 5(4): 241-262.

[18] 李伟健.航天飞机雷达地形测绘任务[J].遥感信息,2000(1):46-48.

[19] 王超.利用航天飞机成像雷达干涉数据提取数字高程模型[J].遥感学报.1997,1(1):46-49.

[20] MOCCIA A, KRIEGER G, HAJNSEK I, et al. TanDEM-X: a TerraSAR-X add-on satellite

for single-pass SAR interferometry [C]//IGARSS, September 20-24 Anchorage, USA, 2004: 1000-1003.

[21] WEBER M, HERRMANN J. TerraSAR-X and tanDEM-X: global mapping in 3D using radar [EB/OL]. [2023-12-18]. http://isprs2007ist.itu.edu.tr/22.pdf.

[22] HAJNSEK I, MOREIRA A. TanDEM-X: mission and science exploration [C]//EUSAR, April 17-19, Dresden, Germany, 2006.

[23] SCHATTLER B. The joint TerraSAR-X/TanDEM-X ground segment [C]//IEEE IGARSS, July 24-29, Vancouver, Canada, 2011.

[24] LOPEZ-DEKKER P, PRATS P, et al. TanDEM-X first DEM acquisition: a crossing orbit experiment [J]. IEEE Geoscience and Remote Sensing Letters, 2011, 8(5): 943-947.

[25] MOREIRA A. TanDEM-X: TerraSAR-X add-on for digital terrain elevation measurements [C]//Mission Proposal for a Next Earth Observation Mission, July 13-15, Beijng, China, 2003.

[26] KRIEGER G, MOREIRA A. TanDEM-X: asatellite formation for high-resolution SAR interferometry [J]. IEEE Trans. Geoscience. Remote Sense, 2007, 45(11): 3317-3341.

[27] ORTEGA-MIGUEZ C, SCHULZE D, POLIMENI M D, et al. TanDEM-X acquisition planner [C]//EUSAR, April 23-26, Nuremberg, Germany, 2012: 418-421.

[28] KRIEGER G, HAJNSEK I, PAPAPHANASSION K P, et al. Interferometry synthetic aperture radar (SAR) mission employing formation flying [J]. Proceedings of the IEEE, 2010, 98(5): 816-843.

[29] 楼良盛, 缪剑, 陈筠力, 等. 卫星编队InSAR系统设计系列关键技术 [J]. 测绘学报, 2022, 51(7): 1372-1385.

[30] KRIEGER G, et al. Tandem-L: an innovative interferometric and polarimetric SAR mission to monitor earth system dynamics with high resolution [C]//IEEE IGARSS, July 25-30, Honolulu, HI, USA, 2010(1): 4559-4561.

[31] CARABAJAL C C, HARDING D J. ICESAT LiDAR and global digital elevation models: applications to DESDYNI/TanDEM-L [C]//IEEE IGARSS, July 25-30, Honolulu, HI, USA, 2010: 4200-4203.

[32] 李涛, 唐新明, 李世金, 等. L波段差分干涉SAR卫星基础形变产品分类 [J]. 测绘学报, 2023, 52(5): 769-779.

第 2 章 InSAR 测量原理

如前言所述，InSAR 是一般 SAR 功能的延伸和扩展，它利用多个接收天线观测得到的回波数据进行干涉处理，可以获取地面目标的三维信息，对海流进行测高和测速，对地面运动目标进行检测和定位。接收天线相位中心之间的连线称为基线，按照基线和航向的夹角，InSAR 分为切轨迹干涉（CTI）和顺轨迹干涉（ATI）。

切轨迹 InSAR 是指基线和航向垂直时进行的 InSAR 测量，主要用于地面三维信息的获取。在进行对地观测时，由于地面目标到两个接收天线的回波经历的空间传播路径不同，两条路径的长度差会引起两天线获取地面目标复影像之间的相位差。在两个接收数据之间具有一定的相干性的前提下，就可以通过干涉技术提取这个相位差。由于该路径长度差与地面目标高程紧密关联，因此如果已知干涉测量系统的有关参数，就可以将相位差信息转换为地面目标的高程信息，并根据 InSAR 成像机理可以确定地面目标的平面位置，从而实现地面目标的三维信息获取。

顺轨迹 InSAR 是指基线和航向平行时进行的 InSAR 测量，主要用于动目标检测和海洋水流与波形测量[1-2]。与航向平行的基线使得两个接收天线在航向上呈前后位置关系，可以等价为两个天线在时间上先后接收了地面回波。虽然这个时间差很短，期间地面运动目标移动的距离很小，不足以引起雷达图像中的可视变化，但却足以引起雷达复图像中的相位变化（相位变化的大小与波长相关联，而雷达的波长远远小于成像的分辨率）。这样，静止地面在前后天线的成像中没有不同，而运动目标有相位上的不同。通过对比前后天线复成像之间的相位（即干涉处理），就可以检测出地面的运动目标，或反演出海流的速度（速度高的位移大而相位变化大），从而实现了对运动目标检测与定位、对海流的测量。

本书所描述的是切轨迹 InSAR 地面三维信息获取。

InSAR 获取地面目标的三维信息的原理可以从不同的角度进行描述。既可从目标与雷达形成的点、线段、角之间几何关系的角度，也可从目标与雷达的位置矢量之间关系的角度解释原理。前者称为几何关系原理，后者称为距离-多普勒方程原理。

2.1 几何关系原理

InSAR 的高程测量原理（图 2.1），在本质上仍然是三角测量，需要两个天线（A_1、A_2）在垂直于雷达平台运动的方向上分开放置以形成基线 B，基线两端与地面被观测点 P 构成三角形。InSAR 在实施对三角形的求解时，是从地面被观测点 P 与两个天线的距离差入手的，而这一距离差是通过电磁波在被观测点与各天线间传播的路径不同所导致的相位差得出的。由于距离差引起相位差的变化即为干涉，该原理要求主、辅雷达天线、在同一成像面内。

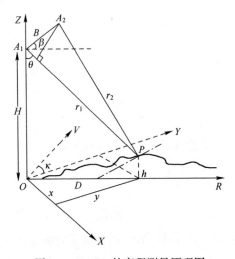

图 2.1 InSAR 的高程测量原理图

根据干涉原理与三角形几何关系，地面点高程 h 可以用式（2.1）表示[1-9]：

$$h = H - r_1 \cos\theta \tag{2.1}$$

在 $\triangle A_1 A_2 P$ 中，由余弦公式可得

$$r_2^2 = r_1^2 + B^2 - 2r_1 B \cos[\beta + (90°-\theta)] \tag{2.2}$$

设 δ 为雷达天线 A_1、A_2 到地面点的距离差，则有

$$r_2 = \delta + r_1 \quad (2.3)$$

将式（2.3）代入式（2.2）可求得

$$\theta = \beta - \arcsin\left(\frac{\delta^2 + 2r_1\delta - B^2}{2Br_1}\right) \quad (2.4)$$

式中：δ 可以用干涉相位表示，即 $\delta = -\Phi\lambda/2n\pi$，$n=1,2$（1 为单航过，2 为双航过），$\Phi$ 为干涉相位；B 为基线长度，即雷达天线 A_2 到天线 A_1 在 YOZ 平面上的投影；β 为基线 B 的倾角；θ 为雷达天线 A_1 的侧视角；H 为雷达天线 A_1 的高度。地面点平面坐标（X，Y）可由下式得到[10]：

$$\begin{cases} X = X_S + D\sin(\varpi - \kappa) \\ Y = Y_S + D\cos(\varpi - \kappa) \end{cases} \quad (2.5)$$

$$\kappa = \arctan\left(\frac{V_X}{V_Y}\right) \quad (2.6)$$

式中：X_S、Y_S 为主雷达天线 A_1 的平面坐标；D 为地面点 P 在成像面内的地距，$D = r_1\sin(\theta)$；κ 为 V 轴和 Y 轴的夹角；$\varpi = \arccos(\lambda f_{dc}/2V)$ 为 V 轴和 R 轴的夹角，其中 f_{dc} 为多普勒中心频率，V 为卫星飞行速度。

综上，假设雷达波长 λ 为已知参数，只要知道了雷达天线 A_1 的高度 H、到地面一目标点的斜距 r_1、基线的倾角 β 与长度 B，若再能获取该目标点的相位差 Φ，通过式（2.1）和式（2.4）就可以求出该目标点的高程 h；如果还掌握有参数天线 A_1 的平面坐标（X_S，Y_S）、飞行器速度（V_X，V_Y）、多普勒中心频率 f_{dc}，由式（2.5）和式（2.6）就可以解得该目标点的平面坐标（X，Y）。

从 InSAR 测量原理可知，为了能获取形成干涉相位差数据，设计 InSAR 系统必须形成两个分开放置的天线系统，分别获取地面同一点数据，并使两天线获取的数据相干。由此，系统设计应考虑基线设计和相干性问题。

2.2 距离-多普勒方程原理

根据雷达成像原理，InSAR 空间几何关系如图 2.2 所示，雷达影像每个点均应满足距离方程和多普勒方程，即[11-15]

$$\begin{cases} R = |\boldsymbol{P} - \boldsymbol{S}(t)| \\ \dfrac{\lambda R}{2} f_{dc} = \boldsymbol{v}(t) \cdot (\boldsymbol{P} - \boldsymbol{S}(t)) \end{cases} \quad (2.7)$$

式中：R 为斜距；λ 为雷达波长；t 为方位向时刻；f_{dc} 为多普勒中心频率；$\boldsymbol{P} = (P_x, P_y, P_z)$ 为地面目标点坐标矢量；$\boldsymbol{S}(t)$、$\boldsymbol{v}(t)$ 分别表示雷达天线的位置、速度矢量。

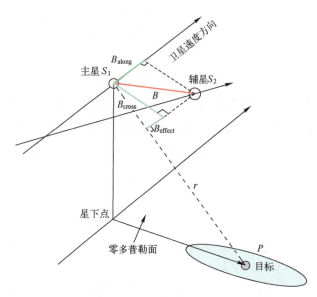

B_{along}—平行基线；B_{cross}—垂直基线；B_{effect}—有效基线。

图 2.2 InSAR 空间几何关系

对于双星编队 InSAR 来讲，记基线矢量 $\boldsymbol{B} = \boldsymbol{S}_2 - \boldsymbol{S}_1$，辅星斜距 $R_2 = R_1 + \Delta R$，主、辅星斜距差 $\Delta R = \lambda \Phi / 2\pi$，$\Phi$ 为干涉相位。则主、辅星联合组成的距离-多普勒方程为

$$\begin{cases} R_1 = |\boldsymbol{P} - \boldsymbol{S}_1| \\ -\dfrac{\lambda R_1}{2} f_{1dc} = \boldsymbol{v}_1 \cdot (\boldsymbol{P} - \boldsymbol{S}_1) \\ (R_1 + \Delta R)^2 = |\boldsymbol{P} - \boldsymbol{B} - \boldsymbol{S}_1|^2 \end{cases} \tag{2.8}$$

2.3 误差传递模型

2.3.1 基于几何关系原理的误差传递模型

由式（2.1）和式（2.4）可知，影响高程精度的有雷达天线 A_1 的高度 H、到地面点的距离 r_1，基线的长度 B、倾角 β 和相位差 Φ。对式（2.4）进

行微分，并近似 $\delta \approx B\sin(\beta-\theta)$，可得

$$d\theta = d\beta + \frac{\lambda(r_1+B\sin(\beta-\theta))}{2\pi Br_1\cos(\beta-\theta)}d\Phi + \frac{B+r_1\sin(\beta-\theta)}{Br_1\cos(\beta-\theta)}dB \qquad (2.9)$$

对式（2.1）进行微分可得高程误差公式。根据协方差传播定律，如果这些要素的误差之间互相独立，则有

$$\sigma_h^2 = \sigma_H^2 + (r_1\sin(\theta))^2\sigma_\beta^2 + \left(\frac{\lambda(r_1+B\sin(\beta-\theta))\sin(\theta)}{2\pi B\cos(\beta-\theta)}\right)^2 \cdot \\ \sigma_\Phi^2 + \left(\frac{[B+r_1\sin(\beta-\theta)]\sin(\theta)}{B\cos(\beta-\theta)}\right)^2\sigma_B^2 + (-\cos(\theta))^2\sigma_{r_1}^2 \qquad (2.10)$$

这就是高程误差传递模型。

由式（2.5）和式（2.6）可知，影响高程精度的有基线倾角 β、雷达天线 A_1 的高度 H、相位差 Φ、基线长度 B、雷达天线 A_1 的 X 与 Y 坐标 X_S 与 Y_S、多普勒中心频率 f_{dc} 及卫星在 X、Y、Z 轴飞行速度 V_X、V_Y、V_Z。对式（2.5）进行微分得[16]

$$\begin{cases} dX = dX_S + \sin(\varpi-\kappa)dD + D\cos(\varpi-\kappa)d\varpi - D\cos(\varpi-\kappa)d\kappa \\ dY = dY_S + \cos(\varpi-\kappa)dD - D\sin(\varpi-\kappa)d\varpi + D\sin(\varpi-\kappa)d\kappa \end{cases} \qquad (2.11)$$

而 $D = r_1\sin(\theta)$，则有

$$dD = \sin(\theta)dr_1 + r_1\cos(\theta)d\theta \qquad (2.12)$$

将式（2.9）代入式（2.12）得

$$dD = \sin(\theta)dr_1 + r_1\cos(\theta)d\beta + \frac{\lambda(r_1+B\sin(\beta-\theta))\cos(\theta)}{2\pi B\cos(\beta-\theta)}d\varphi + \\ \frac{B+r_1\sin(\beta-\theta)\cos(\theta)}{B\cos(\beta-\theta)}dB \qquad (2.13)$$

根据多普勒效应，多普勒中心频率 f_{dc} 与卫星飞行速度及它们的夹角间有如下关系：

$$f_{dc} = \frac{2V}{\lambda}\cos(\varpi) \qquad (2.14)$$

对式（2.14）和 $V^2 = V_X^2 + V_Y^2 + V_Z^2$ 微分可得

$$d\varpi = -\frac{\lambda}{2V\sin(\varpi)}df_{dc} + \frac{V_X}{\tan(\varpi)V^2}dV_X + \frac{V_Y}{\tan(\varpi)V^2}dV_Y + \frac{V_Z}{\tan(\varpi)V^2}dV_Z \qquad (2.15)$$

对式（2.6）微分可得

$$d\kappa = \frac{V_Y}{V^2}dV_X - \frac{V_X}{V^2}dV_Y \qquad (2.16)$$

将式（2.13）、式（2.15）和式（2.16）代入式（2.11）可得平面误差公式。根据协方差传播定律，如果这些要素的误差之间互相独立，则有

$$
\begin{cases}
\delta_X^2 = \delta_{X_S}^2 + (\sin(\theta)\sin(\varpi-\kappa))^2 \delta_{r_1}^2 + (r_1\cos(\theta)\sin(\varpi-\kappa))^2 \delta_\beta^2 + \\
\left(\dfrac{\lambda(r_1+B\sin(\beta-\theta))\cos\theta\sin(\varpi-\kappa)}{2\pi B\cos(\beta-\theta)}\right)^2 \delta_\varphi^2 + \left(\dfrac{(B+r_1\sin(\beta-\theta)\cos(\theta))\sin(\varpi-\kappa)}{B\cos(\beta-\theta)}\right)^2 \delta_B^2 + \\
\left(\dfrac{\lambda D\cos(\varpi-\kappa)}{2V\sin(\varpi)}\right)^2 \delta_{f_{dc}}^2 + \left(\dfrac{D\cos(\varpi-\kappa)(V_X/\tan(\varpi)+V_Y)}{V^2}\right)^2 \delta_{V_X}^2 + \\
\left(\dfrac{D\cos(\varpi-\kappa)(V_Y/\tan(\varpi)-V_X)}{V^2}\right)^2 \delta_{V_Y}^2 + \left(\dfrac{D\cos\varpi-\kappa(V_Z/\tan(\varpi))}{V^2}\right)^2 \delta_{V_Z}^2 \\
\delta_Y^2 = \delta_{Y_S}^2 + (\sin(\theta)\cos(\varpi-\kappa))^2 \delta_{r_1}^2 + (r_1\cos(\theta)\cos(\varpi-\kappa))^2 \delta_\beta^2 + \\
\left(\dfrac{\lambda(r_1+B\sin(\beta-\theta))\cos\theta\cos(\varpi-\kappa)}{2\pi B\cos(\beta-\theta)}\right)^2 \delta_\varphi^2 + \left(\dfrac{(B+r_1\sin(\beta-\theta)\cos(\theta))\cos(\varpi-\kappa)}{B\cos(\beta-\theta)}\right)^2 \delta_B^2 + \\
\left(\dfrac{\lambda D\sin(\varpi-\kappa)}{2V\sin(\varpi)}\right)^2 \delta_{f_{dc}}^2 + \left(\dfrac{D\sin(\varpi-\kappa)(V_X/\tan(\varpi)+V_Y)}{V^2}\right)^2 \delta_{V_X}^2 + \\
\left(\dfrac{D\sin(\varpi-\kappa)(V_Y/\tan(\varpi)-V_X)}{V^2}\right)^2 \delta_{V_Y}^2 + \left(\dfrac{D\sin(\varpi-\kappa)(V_Z/\tan(\varpi))}{V^2}\right)^2 \delta_{V_Z}^2
\end{cases}
$$

(2.17)

这就是平面误差传递模型。

2.3.2 基于距离-多普勒方程原理的误差传递模型

由于地面点高程是某点沿铅垂线方向到大地水准面或似大地水准面的距离，因此在空间直角坐标系下直接分析高程误差比较困难，而采取近似的方法比较可行。

在精度估算时，高程可近似表示为 $h=\sqrt{P_x^2+P_y^2+P_z^2}$，即估算的高程误差为该方向的误差，平面误差为 $|\delta P-\delta h|$，即平面误差是坐标位置误差矢量与高程误差矢量之差的模，$|\cdot|$ 表示矢量取模运算[17]。则

$$\frac{\partial h}{\partial P} = \left[\frac{P_x}{\sqrt{P_x^2+P_y^2+P_z^2}}\quad \frac{P_y}{\sqrt{P_x^2+P_y^2+P_z^2}}\quad \frac{P_z}{\sqrt{P_x^2+P_y^2+P_z^2}}\right]^T \quad (2.18)$$

式中：$P=[P_x\quad P_y\quad P_z]^T$。

对距离-多普勒方程（2.18）左右两边分别用 R_1 对 P 求偏导，则由

式 (2.18)可得系统误差模型：

$$\begin{bmatrix} R_1 \\ -\dfrac{\lambda f_{1dc}}{2} \\ R_1 + \Delta R \end{bmatrix} = \boldsymbol{D} \cdot \begin{bmatrix} \dfrac{\partial P_x}{\partial R_1} \\ \dfrac{\partial P_y}{\partial R_1} \\ \dfrac{\partial P_z}{\partial R_1} \end{bmatrix} \quad (2.19)$$

$$\boldsymbol{D} = \begin{bmatrix} P_x - S_{1x} & P_y - S_{1y} & P_z - S_{1z} \\ v_{1x} & v_{1y} & v_{1z} \\ P_x - B_x - S_{1x} & P_y - B_y - S_{1y} & P_z - B_z - S_{1z} \end{bmatrix} \quad (2.20)$$

$$\dfrac{\partial \boldsymbol{P}}{\partial R_1} = \boldsymbol{D}^{-1} \cdot \begin{bmatrix} R_1 & -\dfrac{\lambda f_{1dc}}{2} & R_1 + \Delta R \end{bmatrix}^\mathrm{T} \quad (2.21)$$

1）摄站位置测量误差传递公式

对距离-多普勒方程（2.18）左右两边分别用 S_{1x} 对 R_1 求偏导可得

$$\begin{bmatrix} R_1 \\ -\dfrac{\lambda f_{1dc}}{2} \\ R_1 + \Delta R \end{bmatrix} \cdot \dfrac{\partial R_1}{\partial S_{1x}} = - \begin{bmatrix} P_x - S_{1x} \\ v_{1x} \\ P_x - B_x - S_{1x} \end{bmatrix} \quad (2.22)$$

即

$$\dfrac{\partial R_1}{\partial S_{1x}} = - \begin{bmatrix} R_1 \\ -\dfrac{\lambda f_{1dc}}{2} \\ R_1 + \Delta R \end{bmatrix}^{-1} \cdot \begin{bmatrix} P_x - S_{1x} \\ v_{1x} \\ P_x - B_x - S_{1x} \end{bmatrix} \quad (2.23)$$

$$\dfrac{\partial h}{\partial S_{1x}} = - \begin{bmatrix} \dfrac{P_x}{\sqrt{P_x^2 + P_y^2 + P_z^2}} \\ \dfrac{P_y}{\sqrt{P_x^2 + P_y^2 + P_z^2}} \\ \dfrac{P_z}{\sqrt{P_x^2 + P_y^2 + P_z^2}} \end{bmatrix} \cdot \boldsymbol{D}^{-1} \cdot \begin{bmatrix} R_1 \\ -\dfrac{\lambda f_{1dc}}{2} \\ R_1 + \Delta R \end{bmatrix} \cdot \begin{bmatrix} R_1 \\ -\dfrac{\lambda f_{1dc}}{2} \\ R_1 + \Delta R \end{bmatrix}^{-1} \cdot \begin{bmatrix} P_x - S_{1x} \\ v_{1x} \\ P_x - B_x - S_{1x} \end{bmatrix}$$

则

$$\frac{\partial h}{\partial S_{1x}} = -\frac{1}{\sqrt{P_x^2+P_y^2+P_z^2}} \begin{bmatrix} P_x \\ P_y \\ P_z \end{bmatrix} \cdot \boldsymbol{D}^{-1} \cdot \begin{bmatrix} P_x-S_{1x} \\ v_{1x} \\ P_x-B_x-S_{1x} \end{bmatrix} \quad (2.24)$$

同理：

$$\frac{\partial h}{\partial S_{1y}} = -\frac{1}{\sqrt{P_x^2+P_y^2+P_z^2}} \begin{bmatrix} P_x \\ P_y \\ P_z \end{bmatrix} \cdot \boldsymbol{D}^{-1} \cdot \begin{bmatrix} P_y-S_{1y} \\ v_{1y} \\ P_y-B_y-S_{1y} \end{bmatrix} \quad (2.25)$$

$$\frac{\partial h}{\partial S_{1z}} = -\frac{1}{\sqrt{P_x^2+P_y^2+P_z^2}} \begin{bmatrix} P_x \\ P_y \\ P_z \end{bmatrix} \cdot \boldsymbol{D}^{-1} \cdot \begin{bmatrix} P_z-S_{1z} \\ v_{1z} \\ P_z-B_z-S_{1z} \end{bmatrix} \quad (2.26)$$

由于平面误差为$|\delta\boldsymbol{P}-\delta h|$，因此平面误差传递模型可以表示为

$$\begin{cases} \dfrac{\partial xy}{\partial S_{1x}} = \sqrt{\left|\dfrac{\partial P_x}{\partial S_{1x}}\right|^2 - \left|\dfrac{\partial h}{\partial S_{1x}}\right|^2} \\ \dfrac{\partial xy}{\partial S_{1y}} = \sqrt{\left|\dfrac{\partial P_y}{\partial S_{1y}}\right|^2 - \left|\dfrac{\partial h}{\partial S_{1y}}\right|^2} \\ \dfrac{\partial xy}{\partial S_{1z}} = \sqrt{\left|\dfrac{\partial P_z}{\partial S_{1z}}\right|^2 - \left|\dfrac{\partial h}{\partial S_{1z}}\right|^2} \end{cases} \quad (2.27)$$

其他因子的平面误差传递模型形式与此类似，后面不一一介绍。

由摄站位置测量误差引起的高程误差为

$$\Delta h_S = \sqrt{\left(\frac{\partial h}{\partial S_{1x}}\times\Delta S_{1x}\right)^2 + \left(\frac{\partial h}{\partial S_{1y}}\times\Delta S_{1y}\right)^2 + \left(\frac{\partial h}{\partial S_{1z}}\times\Delta S_{1z}\right)^2} \quad (2.28)$$

由摄站位置测量误差引起的平面误差为

$$\Delta xy_S = \sqrt{\left(\frac{\partial xy}{\partial S_{1x}}\times\Delta S_{1x}\right)^2 + \left(\frac{\partial xy}{\partial S_{1y}}\times\Delta \overset{*}{S}_{1y}\right)^2 + \left(\frac{\partial xy}{\partial S_{1z}}\times\Delta S_{1z}\right)^2} \quad (2.29)$$

2）速度测量误差传递公式

对距离-多普勒方程（2.8）左右两边分别用v_{1x}对R_1求偏导可得

$$\begin{bmatrix} R_1 \\ -\dfrac{\lambda f_{1dc}}{2} \\ R_1+\Delta R \end{bmatrix} \cdot \frac{\partial R_1}{\partial v_{1x}} = \begin{bmatrix} 0 \\ P_x-S_{1x} \\ 0 \end{bmatrix} \quad (2.30)$$

即

$$\frac{\partial R_1}{\partial v_{1x}} = \begin{bmatrix} R_1 \\ -\dfrac{\lambda f_{1\text{dc}}}{2} \\ R_1 + \Delta R \end{bmatrix}^{-1} \cdot \begin{bmatrix} 0 \\ P_x - S_{1x} \\ 0 \end{bmatrix} \quad (2.31)$$

则

$$\frac{\partial h}{\partial v_{1x}} = \begin{bmatrix} \dfrac{P_x}{\sqrt{P_x^2+P_y^2+P_z^2}} \\ \dfrac{P_y}{\sqrt{P_x^2+P_y^2+P_z^2}} \\ \dfrac{P_z}{\sqrt{P_x^2+P_y^2+P_z^2}} \end{bmatrix} \cdot \boldsymbol{D}^{-1} \cdot \begin{bmatrix} R_1 \\ -\dfrac{\lambda f_{1\text{dc}}}{2} \\ R_1 + \Delta R \end{bmatrix} \cdot \begin{bmatrix} R_1 \\ -\dfrac{\lambda f_{1\text{dc}}}{2} \\ R_1 + \Delta R \end{bmatrix}^{-1} \cdot \begin{bmatrix} 0 \\ P_x - S_{1x} \\ 0 \end{bmatrix}$$

$$\frac{\partial h}{\partial v_{1x}} = \frac{1}{\sqrt{P_x^2+P_y^2+P_z^2}} \begin{bmatrix} P_x \\ P_y \\ P_z \end{bmatrix} \cdot \boldsymbol{D}^{-1} \cdot \begin{bmatrix} 0 \\ P_x - S_{1x} \\ 0 \end{bmatrix} \quad (2.32)$$

同理：

$$\frac{\partial h}{\partial v_{1y}} = \frac{1}{\sqrt{P_x^2+P_y^2+P_z^2}} \begin{bmatrix} P_x \\ P_y \\ P_z \end{bmatrix} \cdot \boldsymbol{D}^{-1} \cdot \begin{bmatrix} 0 \\ P_y - S_{1y} \\ 0 \end{bmatrix} \quad (2.33)$$

$$\frac{\partial h}{\partial v_{1z}} = \frac{1}{\sqrt{P_x^2+P_y^2+P_z^2}} \begin{bmatrix} P_x \\ P_y \\ P_z \end{bmatrix} \cdot \boldsymbol{D}^{-1} \cdot \begin{bmatrix} 0 \\ P_z - S_{1z} \\ 0 \end{bmatrix} \quad (2.34)$$

由速度测量误差引起的高程误差为

$$\Delta h_v = \sqrt{\left(\frac{\partial h}{\partial v_{1x}} \times \Delta v_{1x}\right)^2 + \left(\frac{\partial h}{\partial v_{1y}} \times \Delta v_{1y}\right)^2 + \left(\frac{\partial h}{\partial v_{1z}} \times \Delta v_{1z}\right)^2} \quad (2.35)$$

由速度测量误差引起的平面误差为

$$\Delta xy_v = \sqrt{\left(\frac{\partial xy}{\partial v_{1x}} \times \Delta v_{1x}\right)^2 + \left(\frac{\partial xy}{\partial v_{1y}} \times \Delta v_{1y}\right)^2 + \left(\frac{\partial xy}{\partial v_{1z}} \times \Delta v_{1z}\right)^2} \quad (2.36)$$

3）斜距测量误差传递公式

由式（2.28）和式（2.31）可知

$$\frac{\partial h}{\partial R_1} = \frac{1}{\sqrt{P_x^2+P_y^2+P_z^2}} \begin{bmatrix} P_x \\ P_y \\ P_z \end{bmatrix} \cdot \boldsymbol{D}^{-1} \cdot \begin{bmatrix} R_1 & -\dfrac{\lambda f_{1dc}}{2} & R_1+\Delta R \end{bmatrix}^{\mathrm{T}} \quad (2.37)$$

由斜距测量误差引起的高程误差为

$$\Delta h_{R_1} = \frac{\partial h}{\partial R_1} \times \Delta R_1 \quad (2.38)$$

由斜距测量误差引起的平面误差为

$$\Delta xy_{R_1} = \frac{\partial xy}{\partial R_1} \times \Delta R_1 \quad (2.39)$$

4) 相位误差传递公式

对距离-多普勒方程（2.8）左右两边分别用 ΔR 对 R_1 求偏导可得

$$\begin{bmatrix} R_1 \\ -\dfrac{\lambda f_{1dc}}{2} \\ R_1+\Delta R \end{bmatrix} \cdot \frac{\partial R_1}{\partial \Delta R} = -\begin{bmatrix} 0 \\ 0 \\ R_1+\Delta R \end{bmatrix} \quad (2.40)$$

即

$$\frac{\partial R_1}{\partial \Delta R} = -\begin{bmatrix} R_1 \\ -\dfrac{\lambda f_{1dc}}{2} \\ R_1+\Delta R \end{bmatrix}^{-1} \cdot \begin{bmatrix} 0 \\ 0 \\ R_1+\Delta R \end{bmatrix} \quad (2.41)$$

$$\frac{\partial h}{\partial \Delta R} = -\frac{1}{\sqrt{P_x^2+P_y^2+P_z^2}} \begin{bmatrix} P_x \\ P_y \\ P_z \end{bmatrix} \cdot \boldsymbol{D}^{-1} \cdot \begin{bmatrix} 0 \\ 0 \\ R_1+\Delta R \end{bmatrix} \quad (2.42)$$

由相位误差引起的高程误差为

$$\Delta h_\varphi = \frac{\partial h}{\partial \Delta R} \times \frac{\Delta \varphi}{2\pi} \lambda \quad (2.43)$$

由相位误差引起的平面误差为

$$\Delta xy_\varphi = \frac{\partial xy}{\partial \Delta R} \times \frac{\Delta \varphi}{2\pi} \lambda \quad (2.44)$$

5) 星间基线测量误差传递公式

对距离-多普勒方程（2.8）左右两边分别用 B_x 对 R_1 求偏导可得

$$\begin{bmatrix} R_1 \\ -\dfrac{\lambda f_{1dc}}{2} \\ R_1+\Delta R \end{bmatrix} \cdot \dfrac{\partial R_1}{\partial B_x} = -\begin{bmatrix} 0 \\ 0 \\ P_x-B_x-S_{1x} \end{bmatrix} \quad (2.45)$$

即

$$\dfrac{\partial R_1}{\partial B_x} = -\begin{bmatrix} R_1 \\ -\dfrac{\lambda f_{1dc}}{2} \\ R_1+\Delta R \end{bmatrix}^{-1} \cdot \begin{bmatrix} 0 \\ 0 \\ P_x-B_x-S_{1x} \end{bmatrix} \quad (2.46)$$

$$\dfrac{\partial h}{\partial B_x} = -\begin{bmatrix} \dfrac{P_x}{\sqrt{P_x^2+P_y^2+P_z^2}} \\ \dfrac{P_y}{\sqrt{P_x^2+P_y^2+P_z^2}} \\ \dfrac{P_z}{\sqrt{P_x^2+P_y^2+P_z^2}} \end{bmatrix} \cdot \boldsymbol{D}^{-1} \cdot \begin{bmatrix} R_1 \\ -\dfrac{\lambda f_{1dc}}{2} \\ R_1+\Delta R \end{bmatrix} \cdot \begin{bmatrix} R_1 \\ -\dfrac{\lambda f_{1dc}}{2} \\ R_1+\Delta R \end{bmatrix}^{-1} \cdot \begin{bmatrix} 0 \\ 0 \\ P_x-B_x-S_{1x} \end{bmatrix}$$

则

$$\dfrac{\partial h}{\partial B_x} = -\dfrac{1}{\sqrt{P_x^2+P_y^2+P_z^2}} \begin{bmatrix} P_x \\ P_y \\ P_z \end{bmatrix} \cdot \boldsymbol{D}^{-1} \cdot \begin{bmatrix} 0 \\ 0 \\ P_x-B_x-S_{1x} \end{bmatrix} \quad (2.47)$$

同理：

$$\dfrac{\partial h}{\partial B_y} = -\dfrac{1}{\sqrt{P_x^2+P_y^2+P_z^2}} \begin{bmatrix} P_x \\ P_y \\ P_z \end{bmatrix} \cdot \boldsymbol{D}^{-1} \cdot \begin{bmatrix} 0 \\ 0 \\ P_y-B_y-S_{1y} \end{bmatrix} \quad (2.48)$$

$$\dfrac{\partial h}{\partial B_z} = -\dfrac{1}{\sqrt{P_x^2+P_y^2+P_z^2}} \begin{bmatrix} P_x \\ P_y \\ P_z \end{bmatrix} \cdot \boldsymbol{D}^{-1} \cdot \begin{bmatrix} 0 \\ 0 \\ P_z-B_z-S_{1z} \end{bmatrix} \quad (2.49)$$

由星间基线测量误差引起的高程误差为

$$\Delta h_B = \sqrt{\left(\dfrac{\partial h}{\partial B_x}\times\Delta B_x\right)^2+\left(\dfrac{\partial h}{\partial B_y}\times\Delta B_y\right)^2+\left(\dfrac{\partial h}{\partial B_z}\times\Delta B_z\right)^2} \quad (2.50)$$

由星间基线测量误差引起的平面误差为

$$\Delta xy_B = \sqrt{\left(\dfrac{\partial xy}{\partial B_x}\times\Delta B_x\right)^2+\left(\dfrac{\partial xy}{\partial B_y}\times\Delta B_y\right)^2+\left(\dfrac{\partial xy}{\partial B_z}\times\Delta B_z\right)^2} \quad (2.51)$$

参考文献

[1] 保铮,邢孟道,王彤. 雷达成像技术 [M]. 北京:电子工业出版社,2005.

[2] 王超,张红,刘智. 星载合成孔径雷达干涉测量 [M]. 北京:科学出版社,2002.

[3] 穆冬. 干涉合成孔径雷达成像技术研究 [D]. 南京:南京航空航天大学,2001.

[4] 楼良盛. 基于卫星编队 InSAR 数据处理技术 [D]. 郑州:解放军信息工程大学,2007.

[5] 王青松,黄海风,董臻. 星载干涉合成孔径雷达:高效高精度处理技术 [M]. 北京:科学出版社,2012.

[6] 史世平,常本义. 干涉合成孔径雷达地形测图原理及数字模拟 [J]. 测绘科技,1996 (1):8-14.

[7] RODRIGUEZ E, MARTIN J M. Theory and design of interferometric synthetic aperture radars [J]. IEE Proceedings F, 1992, 139 (2):147-159

[8] ROSEN P A, HENSLEY S, JOUG I R, et al. Synthetic aperture radar interferometry [J]. Proceedings of the IEEE, 2000, 88 (3):333-382.

[9] GENS R, VANGENDEREN J L. SAR interferometry-issues techniques applications [J]. Int. J. Remote Sensing, 1996, 17:1803-1835.

[10] 楼良盛,刘思伟,刘志铭. 基于 DGPS/IMU 的机载 InSAR 系统 DEM 生成技术 [J]. 测绘科学技术学报,2009,26 (5):344-346.

[11] FRANZ L. Radargrammetry for image interpretation:ITC Technical Report [R]. Enschede:Internat. Inst. for Aerial Survey and Earth Sciences, ITC, 1978.

[12] BARA M, MORA O, ROMERO M, et al. Generation of precise wide-area geocoded elevation models with ERS SAR data [J]//IEEE IGARSS'99, June 28-July 2, Hamburg, Germany, 1999.

[13] MORA O, AGUSTI O, BARA, et al. Direct geocoding for generation of precise wide-area elevation models with ERS SAR data [C]//ESA Special Publication, July 4-6, Los Angeles, 2000:449-455.

[14] SANSOSTI E. A simple and exact solution for the interferometric and stereo SAR geolocation problem [J]. IEEE Trancacyions on Geoscience and Remote Sensing, 2004, 42:1625-1634.

[15] 毛建旭. 合成孔径雷达干涉(InSAR)三维成像处理技术研究 [D]. 长沙:湖南大学,2002.

[16] 楼良盛,刘思伟,周瑜. 机载 InSAR 系统精度分析 [J].《武汉大学学报》信息科学版,2012,37 (1):63-67.

[17] 张永俊. 星载分布式 InSAR 系统误差理论与优化设计方法研究 [D]. 长沙:国防科学技术大学,2012.

第3章　InSAR 卫星对地观测体制

根据 InSAR 高程测量原理获取能用于产品生产的干涉数据，必须要有两个分开放置的雷达接收天线形成基线。对 InSAR 工作模式的传统的分类，是依据用于干涉的两个 SAR 原始数据是否在同一时间获取，在同一时间获取的称为单航过工作模式，在不同时间分别获取的称为双航过工作模式。

双航过工作模式一般是指单颗（或多颗同类型）卫星在两次不同时间获取地面同一区域 SAR 原始数据形成干涉。双航过 InSAR 又分为单星双航过和多星双航过，双航过 InSAR 的收发方式一定是自发自收。

单星双航过 InSAR 用同一颗 SAR 卫星对同一目标地面的两次 SAR 成像作为干涉图对。两次 SAR 成像之间的时间间隔，取决于卫星的重访时间。几乎所有的星载 SAR 系统都具有实现单星双航过干涉的能力，条件是两次成像的轨道之间的距离满足几何相干性要求。1994 年，美国、德国、意大利合作的航天飞机 SIR-C/X-SAR 系统就是采用单星双航过进行的 InSAR 实验[1-3]。

多星双航过 InSAR 用不同 SAR 卫星对同一目标地面的相继成像作为干涉影像对。这些卫星的轨道经过了专门的设计，以满足预先设定的相继成像的时间间隔，和几何相干性要求的轨道间距。至今，已运行或实验过的天基多星双航过系统有欧洲的星载 ERS-1/2、加拿大的星载 RadarSat-1/2 等。

双航过模式由于获取两幅干涉影像对不是同一时间，期间环境会发生许多变化，使得两次取得的数据之间的相干性失去保障（称为时间导致的相干性下降），同时两次获取数据时无法确保 SAR 工作频率完全一致，会引入干涉相位误差[4-5]。因此，双航过工作模式取得的 InSAR 成像可用数据的概率很小，不能算是真正的 InSAR 模式，故本书将不对双航过工作模式进行描述。

单航过模式是在一个卫星平台上安装两个 SAR 天线或在不同卫星平台上

安装 SAR 天线，在同一时间获取地面同一区域 SAR 原始数据形成干涉，干涉影像对相干性好。单航过 InSAR 可分为单卫星平台的双天线体制和多卫星平台的卫星编队体制，单航过 InSAR 系统 SAR 载荷的收发方式可以是一发双收也可以是自发自收。

3.1 双天线体制

双天线体制是在单个卫星平台上伸出一支能满足 InSAR 干涉要求的基线架，在基线架两端分别放两个雷达天线，形成干涉测量系统，单平台双天线体制如图 3.1 所示。

图 3.1 单平台双天线体制

双天线体制整个 InSAR 系统在同一平台上，可以共用同一时间系统、频率源、内定标器及发射链路，这便于控制和降低 SAR 载荷信号源和通道引起的干涉相位误差；同时也使 InSAR 系统 SAR 载荷设计相对简单。

尽管单星双天线 InSAR 系统的雷达载荷设计简单，但是，这种双天线模式的天基 InSAR 系统对天线架与天基平台的要求极为苛刻，技术难度很大，其基线过短；且悬臂结构的基线架的自由端，在卫星飞行中不可避免地会随机颤抖，将影响 InSAR 测图精度。根据 5.1 节基线设计对最优基线分析，一般要求大于 150m，而目前水平天线架长度只能到 60m 左右，难以达到最优基线要求。基线架的颤抖会发生侧滚、俯仰、偏航以及伸缩四个方面的变化，这主要会引起天线姿态和间距的变化。

支撑臂的侧滚和伸缩主要引起天线在距离向上的位移，即引起斜距的变化；而基线架的俯仰和偏航主要引起天线在方位向上位置的偏移。天线距离向位置偏移不仅对绝对测高精度有影响，还会对相对测高精度产生较大影响。其中，沿雷达视线方向的位置偏移将会对绝对测高精度产生影响，而沿雷达视线方位的位置偏移量又是随方位时间变化的，这将会在 DSM 中引入相对高程误差。此外，天线距离向位置偏移还会引起 SAR 图像积分旁瓣比的下降，从而影响干涉相位图的相干性。天线的位置偏移还会导致垂直有效基线发生变化，引入测高误差。

天线姿态的变化会使 SAR 图像的信噪比下降、多普勒频谱相对搬移、SAR 方位模糊度下降，从而影响到图像的相干性，影响系统的相对测高精度。

机载 InSAR 系统均采用双天线体制，因为机载 InSAR 系统最优基线要求短，且双天线间可以刚性连接。由于长期以来没有找到可行的实现空间长基线的技术方法，天基单平台双天线体制至今只在美国航天飞机上的 SRTM[4-6]实现过。

3.2 卫星编队体制

20 世纪 90 年代后期，一类新的卫星群组网技术受到了极大的重视，这就是编队卫星技术。编队卫星是随着空间技术领域的突破和迅速发展而出现的新概念。多颗在空间上间隔几米至几十千米的小卫星，整体构形相对稳定，系统采用绕飞轨道（即伴随轨道）方式，小卫星围绕一个"中心"运行，它们同时环绕地球运行，共同完成一项或多项任务。这种卫星系统不仅可完成传统单颗卫星的任务，而且还有可能实现传统单一卫星很难实现的功能。

这种编队卫星系统思想的出现，将会给空间技术领域带来很大的变革。与传统卫星相比，具有很多方面的优势。

1) 系统构架具有很强的适应力

由于星群的几何形状和卫星的数目都不受限，星群的配置可以根据任务需要而改变。通过重新配置星群的结构或位置就可以达到优化星群几何形状的目的，从而改变执行的任务或完成一个新的特殊任务，如二次探测时间的要求或是一个新的目标。

2) 系统性能可分阶段提高

对于一个需要巨额经费支持的任务而言，通过分次发射卫星，分阶段实施，使系统性能可以利用一个阶段性的配置慢慢提高，以适应逐渐复杂的外界环境。而开发费用可以在几年内延续使用，随着新技术的出现，在原有的可提供基本功能的基础上不断优化系统的性能。

3) 卫星可批量生产

由于系统中的小卫星的功能近似，有很多相同的单元，这就使得批量生产成为可能,从而降低生产成本。

4) 可按需发射

由于编队卫星系统的灵活性,当地球上发生特殊情况时,如地震、水灾,或是出于军事、政治目的,需要对某个地区进行监视或成像时,就可根据需要发射小卫星,完成任务。

这种新颖的系统方式为实现星载干涉测量提供了一条新的途径,把 InSAR 的天线分别放置在不同的卫星上,卫星在空间的轨道相对位置可以测量并得到保持,通过卫星轨道及编队构形设计使两颗卫星保持一定的基线距离,以满足 InSAR 实现干涉测量的一系列条件。这种多星组网观测可明显消除单颗 SAR 卫星重复轨道干涉的时间去相关效应,并且为解决星载 SAR 系统干涉问题提供一条新的思路。

天基 InSAR 工作的最优基线长度在几百米至千米量级,在单颗卫星上安装的两个天线间的间距远达不到这一量级,而通过对编队飞行的多颗卫星的轨道做联合的考虑和合理的设计,编队卫星的星间距离可以方便地实现基线长度的优化。系统实现数据同时获取,又可以完全避免时间干损。因此,基于卫星编队的方案将调和单平台双天线和双航过的矛盾,使它们互补,从而同时兼有单平台双天线和双航过的优点。

迄今为止的研究表明,基于卫星编队的方案,是综合技术难度、数据品质、测高精度和系统费用等因素后的优选方案,这种卫星编队体制的 InSAR 系统是当今星载 SAR 干涉技术的一个发展方向。微波测绘一号[7]、陆探一号和 TanDEM-X[8-15] 系统均采用卫星编队体制。但卫星编队 InSAR 体制还存在卫星编队模式、构形模式选择等问题。

3.2.1 卫星编队模式

理论上讲,编队飞行的两颗(或多颗)小卫星可以根据需要设计成任意的编队构形,但是,其中的绝大部分由于需要消耗大量的燃料来维持构形,没有实际应用价值。

实际应用中能够使用的都是基于自然轨道的构形。在自然飞行条件下,编队卫星的轨道构形必须服从 Hill 方程[16-18]。

编队卫星运行轨道示意图如图 3.2 所示。

Hill 方程如下:

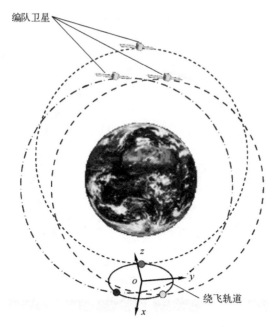

图 3.2 编队卫星运行轨道示意图

$$\begin{cases} x_i(t) = A_i \sin\left(\dfrac{2\pi}{T_0}t + \alpha_i\right) \\ y_i(t) = 2A_i \cos\left(\dfrac{2\pi}{T_0}t + \alpha_i\right) + \Delta y_i \\ z_i(t) = B_i \sin\left(\dfrac{2\pi}{T_0}t + \beta_i\right) \end{cases} \quad (3.1)$$

Hill 方程坐标系的原点位于卫星编队的中心（该中心若有一颗卫星，则称其为编队的中心卫星，若无卫星，则将该中心称为编队的虚拟中心），X 轴背向地球中心，Y 轴为中心卫星轨道的速度方向，Z 轴垂直于中心卫星轨道平面，构成右手坐标系。T_0 既是编队卫星间相互绕飞的周期，也是卫星绕地球飞行的轨道周期，i 表示第 i 颗参与编队的卫星，α、β 根据卫星编队数量，在 360°内取值。A、B 根据干涉所需有效基线确定其值。从 Hill 方程可知，在 XY 平面内，参与编队的卫星绕着一个长、短轴比为 2∶1 的椭圆飞行，这就是卫星绕飞编队构形。各卫星之间在卫星飞行方向的坐标是不同的，即在方位向，各卫星不在同一切轨平面内。

绕飞编队构形一般双（多）星采用对等设计，卫星之间的间隔为几百米至几千米，主星发射信号，主、辅星同时接收信号，在飞行过程中围绕虚拟中心转动，图3.3为双（多）星绕飞编队构形示意图。

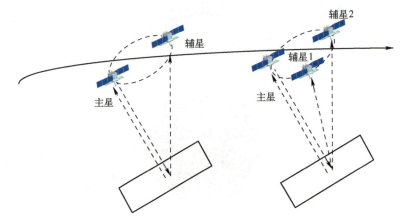

图3.3 双（多）星绕飞编队构形示意图

绕飞编队构形两星在自然绕飞地球一圈的同时，围绕虚拟椭圆中心飞行一圈，如图3.4所示。

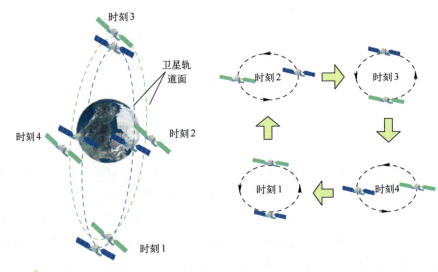

图3.4 绕飞编队构形示意图

绕飞编队构形可以灵活设定基线。绕飞编队可以根据需要实现基线不同长度、不同倾角的编队构形，使用灵活，便于实现高精度定位。

另外由于各卫星对等设计，编队构形维持容易，卫星间位置面质比基本相同，构形不容易发散，不需要频繁进行维持。

3.2.2 绕飞编队构形模式

绕飞编队构形在实现上有同轨道面和异轨道面两种模式。

对于近距离绕飞编队卫星系统,为了确保编队构形稳定,主、辅两星回归周期需相同,轨道倾角差 δi 应为 0,则辅星相对于主星的相对运动可以通过轨道坐标系(Hill 坐标系,X 轴为地心指向主星质心方向,Y 轴为卫星飞行方向,Z 轴为右手法则方向)下辅星与主星的相对位置来描述,即[19]

$$\begin{cases} \Delta x_H = -p\cos(u-\theta_{FF}) \\ \Delta y_H = 2p\sin(u-\theta_{FF}) + l \\ \Delta z_H = s\sin(u-\psi_{FF}) \end{cases} \quad (3.2)$$

式中:$p = a\delta e$,其中 a、e 分别为半长轴、偏心率;$l = a(\cot i \Delta i_y + \Delta u)$;$s = a\delta i$,其中 i 为轨道倾角;δe 和 θ_{FF} 分别为 Δe 矢量的大小和相位;δi 和 ψ_{FF} 分别为 Δi 矢量的大小和相位;Δu 为两星相对平纬度幅角。

相对偏心率矢量 Δe 为

$$\Delta e = \begin{pmatrix} \Delta e_x \\ \Delta e_y \end{pmatrix} = \delta e \begin{pmatrix} \cos\theta_{FF} \\ \sin\theta_{FF} \end{pmatrix} = e_2 \begin{pmatrix} \cos\omega_2 \\ \sin\omega_2 \end{pmatrix} - e_1 \begin{pmatrix} \cos\omega_1 \\ \sin\omega_1 \end{pmatrix} \quad (3.3)$$

相对倾角矢量 Δi 为

$$\Delta i = \begin{pmatrix} \Delta i_x \\ \Delta i_y \end{pmatrix} = \delta i \begin{pmatrix} \cos\psi_{FF} \\ \sin\psi_{FF} \end{pmatrix} = \begin{pmatrix} i_2 - i_1 \\ (\Omega_2 - \Omega_1)\sin i_1 \end{pmatrix} = \begin{pmatrix} \mathrm{d}i \\ \mathrm{d}\Omega\sin i_1 \end{pmatrix} \quad (3.4)$$

由式(3.2)可知,通过辅星相对主星运动轨迹在 $X_H O_H Y_H$ 平面内投影椭圆的短半轴 p、辅星相对主星运动轨迹在 Z_H 向上振幅 s、相对偏心率矢量的相位角 θ_{FF}、相对倾角矢量的相位角 ψ_{FF}、主星相对编队构形几何中心在主星切向上偏移量 l 这几个参数,下标"1"表示主星,下标"2"表示辅星即可进行编队构形设计。

绕飞编队构形在实现上有同轨道面和异轨道面两种模式。由式(3.4)可知,轨道倾角 i 和升交点赤经 Ω 只要有一项不同即为异轨道面编队,两个均相同则为同轨道面编队。

1)同轨道面编队

同轨道面编队下,卫星轨道具有相同的长半轴、偏心率、轨道倾角和升交点赤经,卫星之间的相对运动轨迹为绝对轨道平面内的一个椭圆,相对运动椭圆的长轴沿卫星飞行速度方向,其 Hill 方程中的 Z 轴方向的分量恒为零,示意图如图 3.5 所示。

采用同轨道面卫星编队方式时，所有卫星运行于同一个轨道平面上，卫星之间靠轨道偏心率矢量差来实现相互分离。由于受大气扰动与编队卫星间面值比偏差两方面因素影响，共面绕飞编队沿航迹向具有漂移不稳定性，再加之编队星间距离在 XOZ 平面内存在过零情况（星间相对运动轨迹与卫星绕地球运动轨迹间有交点），故具有碰撞隐患。

早期法国国家空间研究中心（CNES）的车轮（Cartwheel[20-27]）编队就是同轨道面卫星编队方式。

其系统设计由一颗传统主卫星和多颗小卫星组成。其组成方式有两种：一种是主卫星在前，沿着与传统卫星几乎相同的轨道飞行，后面跟多颗小卫星组成的编队，系统工作示意图如图 3.6 所示；另一种是主卫星和小卫星共同参与卫星编队，系统工作示意图如图 3.7 所示。这种卫星编队模式，利用由轨道构形产生的垂直向和水平向基线的稳定性，来获取完成数字高程图所需的数据。

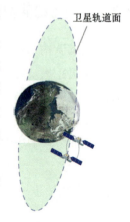

图 3.5 同轨道面编队示意图

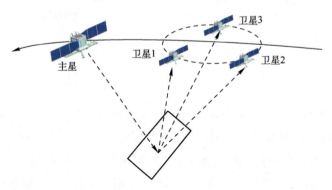

图 3.6 Cartwheel 编队构形（主星分离）系统工作示意图

该模式主星发射信号，多颗小卫星被动接收信号，在卫星向前运动过程中，小卫星绕虚拟中心转动，像车轮一样运动，因此称为车轮编队（Cartwheel）。Cartwheel 方案的系统目标是以最低的费用实现星基干涉 SAR 的各种应用，这些应用以高精度 DEM 为主，兼顾地面慢速运动目标成像和提高成像的分辨率。因此，对 Cartwheel 的研究，无论是轨道、卫星、还是雷达，主要是围绕 InSAR 测绘的 DEM 获取展开。

Cartwheel 编队整体成本低。辅星只接收信号，不发射信号，因此辅星结

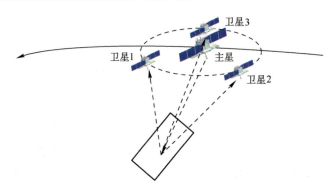

图 3.7 Cartwheel 编队构形（主星参与）系统工作示意图

构简单，使用的功耗少，可以做到重量小，成本低。由此，多颗卫星可形成多基线结构，多颗卫星可以形成多基线。多基线既可以进行无控定位，也可以对多基线数据进行融合，提高产品精度和可靠性。

但无法形成最优基线构形。根据 InSAR 定位原理，当基线倾角与侧视角相等并接近 45°时，系统定位精度最高。但 CartWheel 编队构形只有一种，无法根据用户需要进行灵活调整，形成的基线倾角始终是 90°。这种构形是编队中精度较差的构形（另外一种是基线倾角为 0°），实现高精度定位困难。

编队构形维持频繁。当两颗卫星的面积和质量比（面质比）值不同时，卫星在轨运行衰减情况不一致，构形容易发散，需要频繁进行编队构形维持。

2）异轨道面编队

异轨道面编队卫星之间靠轨道倾角差或升交点赤经差来实现相互分离，卫星之间的相对运动轨迹为与绝对轨道平面相交的一个椭圆，相对运动轨迹在绝对轨道平面内的投影仍是一个椭圆，长轴沿卫星飞行速度方向，如图 3.8 所示。

采用异轨道面卫星编队方式时，各卫星运行于略有不同的绝对轨道平面上，编队运动在 Hill 相对坐标系中三个方向皆有分量。考虑编队稳定性，通常采用等倾角设计原则，故绕飞编队的异面性主要通过编队星间的升交点赤经偏差实现。通过倾角矢量与偏心率矢量平行原则，可以使异轨道面绕飞编队星间距离在 XOZ 平面内始终大于安全距离，克服了摄动影响下编队构形沿航迹向不稳定漂移造成的碰撞风险，具有被动安全性。目前现

图 3.8 异轨道面编队

有编队卫星 InSAR 系统均采用异轨道面卫星编队方式。

3.3 SAR 载荷工作模式

在编队情况下，雷达天线数量多，SAR 载荷工作模式可以构成多种不同的收发组合，有自发自收、一发多收、多发多收等。从理论上讲，各种收发形式都可以实现 InSAR 的测高机理，因此，没有必要让一个系统同时具备适应多种收发形式的能力。无疑，采用不同的收发形式，将来载荷的硬件形式和工程能力都会有很大差别。

SAR 载荷工作模式要解决的关键问题是必须使每个天线都有办法知道自己收到的回波信号是由哪个天线发射，并必须能够把不同发射源的回波分离开来。这一问题在多发多收时最为复杂，其解决还需要同时考虑信号形式的问题。从目前天基 InSAR 的情况看，基本只考虑自发自收和一发多收两种形式。

InSAR 系统在双天线体制下，SAR 载荷总共只有一个信号发射系统，因此，SAR 载荷工作模式一定是一发双收。在卫星编队模式下，CartWheel 编队因辅星只有信号接收功能，SAR 载荷工作模式一定是一发双收；对等设计的编队卫星 InSAR 系统因主、辅星都具有信号接收功能，SAR 载荷工作模式有自发自收和一发双收两种。

3.3.1 自发自收

自发自收是指两个雷达都向目标地面发射电磁波，各自接收自己发射的回波来形成干涉数据对，如图 3.9 所示。

自发自收的主要优点，是各雷达接收自己发射信号的回波，SAR 信号处理中不存在本振同步的问题。其主要缺点是自发自收首先要能有效识别自己与其他卫星的回波能力，需采用两雷达发射正交信号或两雷达交替发射（ping-pong 工作方式）的识别方法；同时要求两个雷达的回波要有共同的多普勒频带范围，即要求两个雷达的波束在方位指向上保持约束关系。

发射正交信号在理论上无疑是可行的，两雷达发射同波段、同带宽且具有中心对称频谱的正交信号，各个雷达依靠波形匹配接收来区分自己和别人的信号。虽然目前尚未见到在两个（或多个）SAR 之间采用正交信号的实例，但是该技术目前在移动通信中已广泛使用。

采用发射正交信号的方法，双星信号接收后，每个天线收到两个相互正

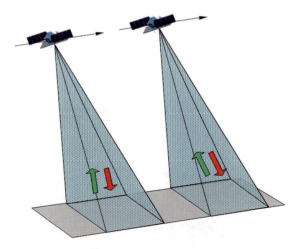

图 3.9 自发自收示意图

交的回波信号，经过成像处理可以得到两幅复图像，总计可以获得四幅 SAR 图像，和三个相位中心的信息，可以形成三个有效干涉图。其中，两幅干涉图在理论上是一致的，其干涉条纹的密集程度是一发双收干涉图的两倍。所以，在同一物理基线下，此方法可获得两个测高基线下的干涉图对，有利于提高干涉相位展开的精度。因为此方法会形成较复杂的干涉，其处理硬件、软件和系统都较一发双收的复杂。由于正交信号回波间在时间上相互交叉，为了有效分离各正交信号，抑制同信道干扰（其他雷达信号对本雷达信号的干扰），这些不同波形的正交信号不但其自相关函数的旁瓣要低，而且互相关要小。如果需要很低的互相关系数，可采用相位编码信号。相位编码通常需要通过计算机搜索得到，搜索可采用遗传算法，但它们仍存在局部最优问题需要进行研究和解决。

交替发射从本质上讲是通过时分复用来区分不同雷达的回波，即要求确保某时间上的回波一定是只能来自于一个确定的雷达。因此，它要求各雷达的回波在时间上不能发生重叠。交替发射是在机载 InSAR 上成功使用过的方法，是否适用于星载还需研究。即使交替发射方法能适用于星载，这时双星总的 PRF 将是单 SAR PRF 的两倍，必然会进一步加剧星载 SAR 成像中测绘带宽与分辨率的矛盾。

此外，从 InSAR 的角度讲，无论是采用正交信号还是交替发射，都对雷达天线波束的指向有相当苛刻的要求。因为自发自收时两个雷达各自的天线波束指向是相互独立的，稍有偏差就会使两个 SAR 的回波不来自于同一地面，不用太大偏差就会使两个 SAR 的方位波束指向超过方位相干角,使两个回波不再相干。

3.3.2 一发多收

一发双收是指由一个雷达向地面目标发射电磁波,两个雷达同时接收其地面的反射回波来形成干涉数据对,如图 3.10 所示。

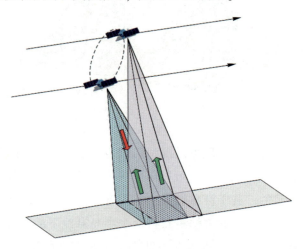

图 3.10 一发双收示意图

一发双收的主要缺点是更高的同步要求。由于 SAR 的合成孔径处理是相干处理,所以被动接收雷达回波的雷达要对其接收到的回波实现 SAR 成像,就必须要能够在整个合成孔径时间内精确掌握各回波的相位,实现精确掌握各回波的相位的方法是使接收雷达与发射雷达的本振频率同步,本振频率同步的精度要求要比 PRF 同步高得多。然而一发双收也有明显的优点。首先是只有一部雷达发射信号,信号来源自然明确,不存在识别自己与其他卫星的回波,以及与此相关的所有技术问题。因此,除了严格的同步要求,实现一发双收的技术难度不会超过普通的 SAR。其次,向地面发射的雷达波束只有一个,其反射信号成为回波被两个雷达接收,回波来自于同一目标地面。只要两颗星在空间的位置形成的基线合适,两个雷达接收到的回波就一定是相干的。因此,一发双收对雷达波束指向的精度要求低于自发自收。在天基环境中斜距很长,一发双收尤其适用于实现 InSAR 测量,微波测绘一号[4-6]、陆探一号和 TanDEM-X[19-24]系统 SAR 载荷均采用一发双收工作模式。

一发双收有利于多星编队时的工程实现。首先,基于编队卫星 InSAR 的基线长度，是靠编队卫星的星间距离形成的，一发双收的干涉基线长度是自发自收的一倍，所以编队小卫星的星间距离就可以扩大一倍。这可以极大地减小卫星发生碰撞的概率，同时也降低了卫星控制的难度。其次，一发双收留有双星对等均可收发的余地。采用双星对等，则各星的平均发射工作时间减半，雷达平均能耗降低。同时，系统运行的可靠性也增加，因为 SAR 最薄弱的环节是大功率的发射链路，双星对等时若一星的发射链路故障，依靠另一星发射，系统仍可进行干涉测高。

此外，在选用技术方法时，自然应考虑该方法从两颗星移植推广到三颗星的难易问题。若采用正交信号的自发自收方法，移植推广时要解决的相互正交的两个信号和两两正交的三个信号的问题，这两种信号可能是本质不同的。若采用交替发射的自发自收方法，移植推广时要面对 PRF 从两倍变成三倍的问题，时分复用的资源更紧张，将更激发该方法的弱点。若采用一发两收模式，移植推广时是要把一发两收换成一发多收，面对的只是双基雷达本振同步和多基雷达的本振同步的问题，实际上是一部被动雷达的本振与主动雷达同步和两部被动雷达的本振与主动雷达同步的问题。两部被动雷达的本振与主动雷达同步，在实现时就是把一部被动雷达的本振与主动雷达同步做两次，技术上差别不大。

参考文献

[1] JORDAN R L, HUNEYCUTT B L. The SIR-C/X-SAR synthetic aperture radar system [J]. IEEE Trans. on GRS, 1995, 33 (4): 829-839.

[2] STUHR F, JORDAN R, WERNER M. SIR-C/X-SAR: a multifaceted radar [C]//IEEE International Conference on Radar, May 8-11, Alexandria, Virginia, 1995: 53-61.

[3] STOFAN E R, EVANS D L. Overview of results of spaceborne imaging radar-C, X-band synthetic aperture radar [J]. IEEE Trans. on GRS, 1995, 33 (4): 817-828.

[4] WERNER M. Shuttle radar topography mission (SRTM): mission overview [J]. Telecommun, 2001, 55 (3): 75-79.

[5] FARR T G, HENSLEY S, RODRIGUEZ E, et al. The shuttle radar topography mission [C]// CEOS SAR Wrokshop, October 26-29, Toulouse, France, 2000: 361-363.

[6] RABUS B, EINEDER M, ROTH A, et al. The shuttle radar topography mission: a new class of digital elevation models acquired by spaceborne radar [J]. ISPRS Photogrammetry.

Remote Sensing, 2003, 5 (4): 241-262.

[7] 楼良盛, 缪剑, 陈筠力, 等. 卫星编队 InSAR 系统设计系列关键技术 [J]. 测绘学报, 2022, 51 (7): 1372-1385.

[8] MOCCIA A, KRIEGER G, HAJNSEK I, et al. TanDEM-X: a TerraSAR-X add-on satellite for single-pass SAR interferometry [C]//IGARSS, September 20-24, Anchorage, USA, 2004: 1000-1003.

[9] HAJNESK I, MOREIRA A. TanDEM-X: mission and science exploration [C]//EUSAR, April 17-19, Dresden, Germany, 2006.

[10] LOPEZ-DEKKER P, PRATS P. TanDEM-X first DEM acquisition: a crossing orbit experiment [J]. IEEE Geoscience and Remote Sensing Letters, 2011, 8 (5): 943-947.

[11] MOREIRA A. TanDEM-X: TerraSAR-X add-on for digital terrain elevation measurements [C]//Mission Proposal for a Next Earth Observation Mission, July 13-15, Beijing, China, 2003.

[12] KRIEGER G, MOREIRA A. TanDEM-X: asatellite formation for high-resolution SAR interferometry [J]. IEEE Trans. Geoscience and Remote Sensing, 2007, 45 (11): 3317-3341.

[13] ORTEGA-MIGUEZ C, SCHULZE D, POLIMENI M D, et al. TanDEM-X acquisition planner [C]//EUSAR, April 23-26, Nuremberg, Germany, 2012: 418-421.

[14] KRIEGER G, HAJNSEK I, PAPAPHANASSIOU K P, et al. Interferometry synthetic aperture radar (SAR) mission employing formation flying [J]. Proceedings of the IEEE, 2010, 98 (5): 816-843.

[15] SCHATTLER B. The joint terraSAR-X/tanDEM-X ground segment [C]//IEEE IGARSS, July 24-29, Vancouver, Canada, 2011.

[16] KRIEGER G, FIEDLER H, MITTERMAYER J, et al. Analysis of multistatic configurations for spaceborne SAR interferometry [J]. IEE Proc-Radar Sonar Nuvig, 2003, 150 (3): 87-96.

[17] FIEDLER H, KRIEGER G, JOCHIM E, et al, Analysis of bistatic configurations for spaceborne SAR interferometry [C]//EUSAR, June 4-6, Cologne, Germany, 2002: 29-32.

[18] JUST D, BAMLER R. Phase statistics of interferogram with applications to synthetic aperture radar [J]. Appl. Optics, 1994, 33 (20): 4361-4368.

[19] MITTERMAYER J, KRIEGER G, WENDLER M, et al. Preliminary interferometric performance estimation for the interferometric cartwheel in combination with ENVISAT ASAR [C]//CEOS Workshop, April 2-5, Tokyo, Japan, 2001: 2-5.

[20] MASSONNET D. Capabilities and limitations of the interferometric cartwheel [J]. IEEE Trans. Geosci. Remote Sensing, 2001, 39 (3): 506-520.

[21] KRIEGER G, WENDLER M, FIEDLER H, et al. Comparison of the interferometric performance for spaceborne parasitic SAR configurations [C]//EUSAR, January 1-3, Koenigswjnter, Germany, 2002.

[22] MASSONNET D. The interferometric cartwheel: a constellation of passive satellites to produce radar images to be coherently combined [J]. Int. J. Remote Sensing, 2001, 22(12): 2413-2430.

[23] ZINK M, KRIEGER G, AMIOT T. Interferometric performance of a cartwheel constellation for terraSAR-L [C]//ESA Fringe Workshop, December 1-5, Frascati, Italy, 2003.

[24] AMIOT T, DOUCHIN F, THOUVENOT E, et al. The interferometric cartwheel: a multi-purpose formation of passive radar microsatellites [C]//IEEE IGARSS, June 24-28, Toronto, Canada, 2002: 435-437.

[25] ZINK M. Definition of the terraSAR-L cartwheel constellation [C]//ESA TS-SW-ESA-SY-0002, ESTEC, January 3-6, Noordwijk, the Netherlands, 2003.

[26] MARTINERIE F, RAMONGASSIE S, DELIGNY B. Interferometric cartwheel payload: development status and current issues [C]//IEEE IGARSS, July 9-13, Sydney, Australia, 2001: 390-392.

[27] 曹喜滨,张锦绣,王峰. 航天器编队动力学与控制 [M]. 北京: 国防工业出版社, 2013.

第4章 系统相干性

为了能用干涉法在两幅 SAR 的复数图像间求取出反映地面高度的相位差,要求这两幅 SAR 复数图像之间必须是相干的。相干性要求是 InSAR 测高得以实施的前提,相干性是 InSAR 中最关键的因素。取得、保持和提高相干性,一直是贯穿 InSAR 技术始终的基本和核心的问题。

当两束光波在空间相遇,空间的光场是两束光的叠加。若光源的性质使得这两束光波在空间一点有恒定的相位差,则在该点光场的叠加强度与这个相位差有关,相位差为 $2k\pi$ 时强度最强($k=0,1,2,\cdots$),相位差为 $(2k+1)\pi$ 时强度最弱。若在空间的不同点上这个恒定的相位差大小不同,叠加的结果就成为在空间的不同点上光强弱的不同。若相位差沿空间走向有规则地变化(如线性增加等),则叠加结果将在此空间走向上形成明暗相间的条纹,相位差沿空间走向变化越快,条纹越密,反之亦然,这就是干涉现象。

沿空间走向存在的恒定的相位差,是干涉现象发生的前提条件,而且是相当苛刻的条件。它要求两个光源发出的光波必须是同频率的单色光,同时光源之间必须有确定的相位关系。理想情况是两个光源是点频同频且相差恒定的,这时称两束光是完全相干的。

点频源在实际中是不存在的(至少光子本身是有限长度的),微观运动的随机性也使得两个源之间的相差无法恒定(把同源光分成两束除外)。所以,实际用于干涉的光中,除了含有产生恒定相差的部分,都含有一定量不产生恒定相差的成分。这样的光称作是部分相干的。此时,干涉的结果是恒定相差部分产生的条纹,和不恒定相差部分产生噪声背景的叠加。相干性就是用来描述部分相干光中产生条纹的恒定相差成分所占的比例的。比例越高相干性越强,相干性越高叠加结果中条纹的成分越多。该相干性概念同样适合 InSAR 干涉测量。

4.1 InSAR 干涉与相干性

4.1.1 InSAR 干涉

一个单视复数 SAR 成像的结果 X_1 是复数[1-4]，即

$$X_1(x,y) = |X_1(x,y)| \exp[\mathrm{j} \cdot \varphi_1(x,y)] \quad (4.1)$$

其相位 φ_1 中包括有雷达波的传输延时 $-2\pi \cdot r_1/\lambda$ 和地面散射点的散射相位 $\zeta_1(x,y) = \arg[\sigma_1(x,y)]$，其中 r_1 为主雷达斜距。由于散射相位 $\zeta_1(x,y)$ 是无法预知的，通常只好将 φ_1 视为均匀分布的随机变量。

上述模型对参与干涉的另一个（被动的）SAR 图像也适用，即

$$X_2(x,y) = |X_2(x,y)| \exp[\mathrm{j} \cdot \varphi_2(x,y)] \quad (4.2)$$

$$\varphi_2(x,y) = -\frac{2\pi \cdot (r_1+r_2)}{\lambda} + \zeta_2(x,y) \quad (4.3)$$

InSAR 干涉的相位差是把两个 SAR 共轭相乘后取相角，所以

$$\varphi(x,y) = \arg(X_1 \cdot X_2^*) = -\frac{2\pi \cdot (r_2-r_1)}{\lambda} + \zeta_1(x,y) - \zeta_2(x,y) \quad (4.4)$$

式中：r_2 为辅雷达斜距。若对同一时间的同一地面有 $\zeta_1(x,y) = \zeta_2(x,y)$ 成立，则 $\varphi(x,y)$ 即为所希望的仅反映两个 SAR 斜距差的 $2\pi \cdot (r_2-r_1)/\lambda$。它是一个随 (r_2-r_1) 在空间 (x,y) 变化的确定性相位差，因此就有了产生干涉条纹的条件。显然，式（4.4）中的 $2\pi \cdot (r_2-r_1)/\lambda$ 代表就是 SAR 图像 X_1 与 X_2 之间的相干成分，而 $\zeta_1(x,y) - \zeta_2(x,y)$ 则代表不相干分量，所以 $\zeta_1(x,y)$ 与 $\zeta_2(x,y)$ 的差越大，X_1 与 X_2 之间的相干性越低。

值得提起注意的是 InSAR 的干涉与光的干涉不同。光干涉的基础是自然规律（惠更斯叠加原理），在数学上对应的是三角函数的和差化积，结果是用幅度起伏来给出条纹。而 InSAR 的干涉是人为施加的乘法运算（厄米积），数学上则类似于三角函数的积化和差，它不是（也不能）用幅度的起伏给出条纹，其结果必须要取相位，靠相位的主值给出条纹。

4.1.2 InSAR 相干性[5-6]

干涉程度是通过相干性得以体现。从每个 SAR 回波中含有的地面信息，可以解释 InSAR 的相干性的由来。

经过简单推导,可以得到单个 SAR 的回波 $f(t)$:

$$f(t) = h(t) * e(t) = \left[\sigma\left(\frac{ct}{2\sin(\theta-\alpha)}\right) \cdot \exp(-j2\pi f_0 t)\right] * w(t) \quad (4.5)$$

式中: *表示卷积; $h(t)$ 为系统冲击响应; $e(t) = w(t) \cdot \exp(j2\pi f_0 t)$ 为雷达发射的脉冲信号,其中 $w(t)$ 为带宽为 B 的低通信号,在频带 $[-B/2, B/2]$ 之外能量为零; f_0 为载频; $\sigma(\cdot)$ 为地面反向散射系数; c 为光速。

为表现出 $f(t)$ 中含有我们需要的沿地面走向 T 而变化的 $\sigma(T)$ 的情况,可将式 (4.5) 中的变量 t,按 $\frac{ct}{2 \cdot \sin(\theta-\alpha)} = T$ 代换,并记

$$f_T(T) = f\left(\frac{2\sin(\theta-\alpha)}{c}T\right), \quad w_T(T) = w\left(\frac{2\sin(\theta-\alpha)}{c}T\right)$$

则有

$$f_T(T) = \left[\sigma(T) \cdot \exp\left(-j2\pi f_0 \frac{2\sin(\theta-\alpha)}{c}T\right)\right] * w_T(T) \quad (4.6)$$

分别以 $F_T(f_T)$、$\Sigma(f_T)$ 和 $W(f_T)$ 表示 $f_T(T)$、$\sigma(T)$ 和 $w_T(T)$ 对 T 的傅里叶变换,由傅里叶变换的卷积和移位性可得

$$F_T(f_T) = \Sigma\left(f_T + f_0 \frac{2\sin(\theta-\alpha)}{c}\right) \cdot W_T(f_T) \quad (4.7)$$

由 $w(t)$ 和 $w_T(T)$ 之间的比例关系和傅里叶变换的比例性可知, $W_T(f_T)$ 在频带 $\left[-\frac{\sin(\theta-\alpha)}{c}B, \frac{\sin(\theta-\alpha)}{c}B\right]$ 之外能量为零。所以, $F_T(f_T)$ 是一个带宽为 $\frac{2\sin(\theta-\alpha)}{c}B$ 的极窄带的低通信号。

对式 (4.7) 可做如下解释:从谱上看,SAR 回波中含有的地面信息,是被带宽很窄的低通信号 $W_T(f_T)$ 切下来的,经过 $\frac{2\sin(\theta-\alpha)}{c}f_0$ 平移的,是地面雷达反向散射系数 $\sigma(T)$ 的谱 $\Sigma(f_T)$ 中的一小段,其中,频谱的平移量大小由载频 f_0 和天线视角 θ 共同决定。SAR 回波的内容在 $\sigma(T)$ 的谱 $\Sigma(f_T)$ 中的位置如图 4.1 所示。

InSAR 两个天线(记为天线 1 和天线 2)间存在的基线,使两个天线与地面同一点形成了不同的入射角(记为 θ_1 和 θ_2),不同的入射角对应于不同的频谱移动量。所以,两个天线收集的回波中所含有的地面信息的内容,切下了 $\sigma(T)$ 的谱的不完全相同的谱段,InSAR 回波中的地面谱内容如图 4.2 所示。

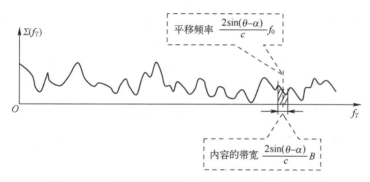

图 4.1　SAR 回波的内容在 $\sigma(T)$ 的谱 $\Sigma(f_T)$ 中的位置

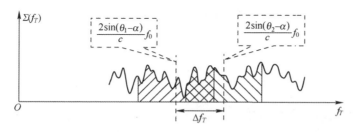

图 4.2　InSAR 回波中的地面谱内容

图 4.2 中 InSAR 回波的空间谱内容被分成了两边的天线 1 专有、天线 2 专有、和中间重叠的天线 1 和天线 2 共同拥有的三个部分。其中，中间重叠的部分就是 InSAR 的相干性的来源。

InSAR 的干涉是两个 SAR 的共轭相乘，因此干涉图的谱就对应于两个 SAR 的谱的互相关。由于两个 SAR 的谱有图 4.2 所示的关系，当互相关函数在 f_T 等于 Δf_T 时，两个 SAR 的谱的相同部分正好重合，使相关函数出现峰值。所以，有重叠部分，干涉图的谱就会有峰值，谱中的峰值在图像域中对应的就是干涉条纹。

Δf_T 越小，干涉图的谱中的峰值出现的频率越低，干涉图中的干涉条纹越稀。反之，Δf_T 越大，干涉图的谱中的峰值出现的频率也越高，干涉图中的干涉条纹越密。

也可以从另一个角度理解为何中间重叠部分就是 InSAR 相干性的来源。由于 SAR 的波长较其成像分辨单元的几何尺度要小很多，因此考虑一般地面的粗糙程度，将地面目标看作在一个分辨单元内，有多个相互独立的反射点，相邻分辨单元之间的反向散射特性统计独立，是能很好地符合实际情况的。这样，图像域中的信号样点之间，就可以用统计独立的宽平稳过程来描述。

因为傅里叶变换为线性变换,所以图像域的信号样点,经傅里叶变换进入空间频率域后,频率域中的样点之间也还是统计独立的宽平稳过程。因此,频率域中不重合的谱段的样点,就与重合谱段的样点之间统计独立,就不能成为相干成分。

图 4.2 中重叠部分的多少,取决于两个频谱移动量的差别 Δf_T 和单个 SAR 回波的带宽 $\dfrac{2\sin\theta_c}{c}B$。而 Δf_T 又取决于 $B_\perp$,Δf_T 与基线 $B_\perp$ 的关系为

$$\begin{aligned}\Delta f_T &= \frac{2f_0}{c}\left[\sin(\theta_2-\alpha)-\sin(\theta_1-\alpha)\right] \\ &\approx \frac{2f_0\cos\theta_c}{c}\Delta\theta = \frac{2f_0\cos\theta_c}{c\cdot S_0}B_\perp\end{aligned} \quad (4.8)$$

式中:$\theta_c = \dfrac{\theta_1+\theta_2}{2}$;$\Delta\theta = \theta_2-\theta_1$;$S_0$ 为天线到地面目标的距离。

4.1.3 InSAR 相干系数

相干系数是对相干性好坏的定量描述。对于 InSAR,有数种不同定义的相干系数,其中最常用的是最大似然相干系数 γ[7-8]。

$$\gamma(x,y) = \frac{|E[X_1\cdot X_2^*]|}{\sqrt{E[|X_1|^2]E[|X_2|^2]}} \quad (4.9)$$

显然,$0\leqslant\gamma\leqslant 1$。若 X_1 和 X_2 在某点有恒定的相位差($X_2 = C\cdot X_1$,C 为复常数),这时统计的结果才是 $\gamma = 1$。

由于实际中不可能有足够多的干涉图对用于 γ 的统计计算,因此式(4.9)的相干系数只有理论意义。实际中只能用邻域统计 $<\cdot>$ 取代集合统计 $E[\cdot]$ 来计算相干系数,即

$$\gamma(x,y) = \frac{|<X_1\cdot X_2^*>|}{\sqrt{<|X_1|^2>\cdot<|X_2|^2>}} \quad (4.10)$$

这也使得实际中使用的相干系数有了邻域性,即一点的相干系数的大小受到其相邻点的相干性好坏的影响。

由上边的讨论可知,InSAR 的相干性带有统计上的意义,相干系数也是一个统计意义的量。

4.2 影响相干性的因素

InSAR 系统是依靠相干性来完成测量的,因此它总希望能得出相干系数尽可能大的 X_1 和 X_2。但是,在系统取得 X_1 和 X_2 的过程中,诸多的因素和环节都在影响着 X_1 和 X_2,使得 X_1 和 X_2 之间的相干性逐步损耗,相干系数渐渐变小。

引起相干性损耗的因素有[8-11]:

(1) 信噪比干损: γ_{SNR}。
(2) 基线干损: γ_B。
(3) 多普勒干损: γ_d。
(4) 处理干损: γ_p。
(5) 时间干损: γ_t。
(6) 几何干损: γ_V。
(7) 大气干损: γ_A。

这些干损与整个系统的总干损 γ_{tot} 之间的关系为

$$\gamma_{tot} = \gamma_{SNR} \cdot \gamma_B \cdot \gamma_d \cdot \gamma_p \cdot \gamma_t \cdot \gamma_V \cdot \gamma_A \tag{4.11}$$

下面分别讨论各个因素。

4.2.1 信噪比干损

信噪比干损 γ_{SNR} 是由于雷达进入接收通道的信号中不可避免地带有噪声,而噪声是不相干成分,噪声的存在降低了整个信号的相干性。信噪比是指雷达接收总能量与噪声的比,显然,信噪比越高,干损越小。噪声所引起的相干性损耗通过信噪比体现,它们的关系为[1,8]

$$\gamma_{SNR} = \frac{1}{\sqrt{(1+SNR_1^{-1}) \cdot (1+SNR_2^{-1})}} \tag{4.12}$$

式中:SNR 为信噪比,可表示为[1]

$$SNR = \frac{\overline{P} G^2 \lambda^2 \sigma_0 t_i}{(4\pi)^3 k T r^4 \eta} \tag{4.13}$$

式中:$\overline{P}$ 为雷达平均发射功率;σ_0 为地面后向散射系数;λ 为雷达工作波长;k 为玻耳兹曼常数;t_i 为成像点驻留时间;T 为系统的噪声温度;η 为系统损耗;G 为天线增益,可表示为[3]

$$G(\psi,\varphi) = \left[\pi\sqrt{\varepsilon_0/\mu_0}/(\lambda^2 \overline{P})\right](1+\cos\psi)^2 \times$$
$$\left|\int_{A_a} E(x',y')\exp[j(2\pi/\lambda)\sin\psi(x'\cos\varphi+y'\sin\varphi)]dx'dy'\right|^2$$

(4.14)

式中：(r,ψ,φ)为地面(x',y')在天线极坐标系下的坐标；ψ为波束指向与天线法线的夹角；ε_0、μ_0为自由空间的介电常数和磁导率；$E(x',y')$为地面点(x',y')电场分布。

由于地面后向散射系数随地面场景不同而变化，信噪比无法全面描述SAR系统的性能，由此引入等效噪声系数（系统灵敏度$NE\sigma^0$）概念，其表达式为

$$NE\sigma^0 = \frac{\sigma^0}{SNR} = \frac{(4\pi)^3 kTr^4\eta}{\overline{P}G^2\lambda^2 T_i}$$

(4.15)

等效噪声系数与地面场景无关，可以直接反映SAR系统获得怎样的影像效果，是SAR系统重要参数，TanDEM-X[12-17]系统均值为-22dB，最差为-19dB；微波测绘一号均值为-24dB，最差为-20dB。

由式（4.13）可知，对于一个SAR系统，卫星轨道高度、雷达工作波长、分辨率及成像带宽是确定的，分辨率和成像带宽决定了雷达天线面积，地面后向散射系数与系统设计无关，故提高信噪比主要是靠提高雷达平均发射功率，即发射功率越大，雷达接收的信号越强，等效噪声系数越小，信噪比干损越小。同时也要尽量减少SAR系统链路引起的噪声，以提高系统的噪声温度。

为了减少信噪比干损，在InSAR卫星编队系统设计时，尽量提高系统平均发射功率，减少SAR系统链路引起的噪声，使等效噪声系数尽可能小。

4.2.2 基线干损

基线干损是由于基线的存在使得两个雷达的入射角不相等，二者收到的地面回波中有不重叠部分，不重叠部分是不相干的。它的存在是对重叠相干部分的干扰，导致了回波相干性的下降。

基线干损与基线之间的关系为

$$\gamma_B = \begin{cases} \dfrac{|B_{\perp C}-B_{\perp}|}{B_{\perp C}}, & |B_{\perp}| \leq B_{\perp C} \\ 0, & |B_{\perp}| > B_{\perp C} \end{cases}$$

(4.16)

实际上，InSAR 的成像处理过程中的预滤波，就是专门用来克服基线干损的。把两个 SAR 的回波谱中的不重叠部分滤除，仅将留下的相干部分进行成像，理论上可以避免基线干损。实际中由于处理上的误差和地面的起伏，基线因素引起的干损不能完全避免。通常将预滤波处理的误差导致的干损归并入处理干损，将地面的起伏导致的干损称作残留基线干损。

预滤波在避免基线干损的同时，也使得 SAR 成像的距离分辨率下降。其关系如下：

$$\delta y_{\text{filted}} = \frac{|B_{\perp C} - B_{\perp}|}{B_{\perp C}} \delta y, \quad |B_{\perp}| \leqslant B_{\perp C} \tag{4.17}$$

式中：δy_{filted} 是预滤波处理后的距离分辨单元；δy 是预滤波前（通常指 SAR）的距离分辨单元。

4.2.3 多普勒干损

多普勒干损的成因与基线干损相似，不同的是多普勒干损是方位向的，而基线干损是距离向的。

雷达波束中心指向与平台航向之间的夹角 φ，决定了回波的多普勒中心频率：

$$f_{\text{dc}} = -\frac{2 \cdot V}{\lambda} \cdot \cos\varphi \tag{4.18}$$

式中：V 是平台的飞行速度；λ 是雷达波长。

由天线方位向方向图导致的围绕多普勒中心频率的回波形成了 SAR 回波的方位多普勒谱。InSAR 的两个天线波束中心指向在方位向的差别，导致了它们回波的多普勒中心频率不同，因此，两个 SAR 回波的多普勒频带中包括两天线单有和两天线中间重叠共有的三个部分。只有中间重叠部分是相干的，两边的部分会导致干损。各部分的比例取决于两个 SAR 回波的多普勒中心频率差 Δf_{dc} 和方位多普勒带宽 B_{d}。Δf_{dc} 可表示为

$$\Delta f_{\text{dc}} = f_{\text{dc2}} - f_{\text{dc1}} = \frac{2 \cdot V}{\lambda} \cdot (\cos\varphi_1 - \cos\varphi_2)$$
$$\approx \frac{2 \cdot V \cdot B_{\text{d}} \cdot \sin\varphi}{\lambda \cdot S_0} \tag{4.19}$$

多普勒干损的大小与两个回波的 Δf_{dc} 和方位压缩用的多普勒带宽 B_A 有关

$$\gamma_{\text{d}} = \begin{cases} 1 - |\Delta f_{\text{dc}}|/B_A, & |\Delta f_{\text{dc}}| \leqslant B_A \\ 0, & |\Delta f_{\text{dc}}| > B_A \end{cases} \tag{4.20}$$

利用方位向的预滤波处理，同样可以避免多普勒干损。而且由于 Δf_{dc} 与地面坡度无关，除了可能的处理误差外不会有残留干损。

方位预滤波在避免多普勒干损的同时，也要付出分辨率的代价。其关系为

$$\delta x_{\text{filtered}} = (1 - |\Delta f_{dc}|/B_A)\Delta x, \quad |\Delta f_{dc}| \leq B_A \tag{4.21}$$

式中：Δx 和 $\delta x_{\text{filtered}}$ 分别是方位预滤波处理前后的距离分辨单元。

4.2.4 处理干损

处理干损是对 InSAR 成像数据处理过程中引入干损的总称。这些干损可能来自于下列环节中的处理误差：A/D 量化、数据压缩和解压、聚焦、方位和距离预滤波、配准和插值等。由于两个 SAR 在干涉之前是各自独立地进行上述环节的处理，在这些环节中两个 SAR 之间的误差是不可能相干的，所以才会导致干损。

对同一 SAR 的不同环节引入的误差，一般看成是统计独立的。所以，总的处理干损是各环节干损的独立叠加（总相干系数是各环节相干系数的积）。上述的处理环节可以划分为成像前和成像后两类：A/D 量化、数据压缩和解压、聚焦、方位和距离预滤波属于前者；配准和插值属于后者。由于 SAR 成像为相干过程，成像前各环节中的误差分量，在成像结果中已大大降低；再加上对于卫星平台，这些误差本身就不大。因此，处理干损的绝大部分是来自于配准和插值误差。1994 年，Just 和 Bamler 给出了配准去相干公式，即

$$\gamma_{\text{coreg}} = \begin{cases} \text{sinc}(\mu) = \dfrac{\sin(\pi\mu)}{\pi\mu}, & 0 \leq \mu \leq 1 \\ 0, & \mu > 1 \end{cases} \tag{4.22}$$

式中：μ 为错误配准像元数。

插值误差导致的干损主要取决于选用的插值函数。在圆高斯 SAR 回波假设下，插值运算的相干系数 γ_{Interp} 为

$$\gamma_{\text{Interp}} = \frac{\int |H(f)|^2 I(f) \, df}{\sqrt{\int |H(f)|^2 \, df \cdot \int |H(f)|^2 \, |I(f)|^2 \, df}} \tag{4.23}$$

式中：$H(f)$ 是 SAR 的系统传输函数；$I(f)$ 是插值函数的傅里叶变换。

4.2.5 时间干损

时间干损是指由于两次 SAR 成像的数据获取不在同一时间而引起的相干性损失。时间干损的成因，是目标地面微波散射系数随时间和环境的变化。

地面微波散射系数随时间和环境的变化由两部分组成。一部分是分辨单元内的微波散射系数变化，主要是地物几何形状或电特性变化（如植被在风雨中的摇曳或土壤被雨雪湿润等）的结果，这类变化是所有导致时间干损的因素中最主要的一个。另一部分是地面整体性变化（如地震、山体滑坡等），这类情况除特殊时间或特别需要外，通常可以不予以考虑。

在平稳和各向同性的假设下，分辨单元内的地面微波散射系数 σ 随时间变化的程度，由其时间自相关函数 $\gamma_t(\tau)$ 给出，即

$$\gamma_t(\tau) = \frac{\iint \sigma(x,y)|_{t=t_0} \cdot \sigma^*(x,y)|_{t=t_0+\tau} \mathrm{d}x\mathrm{d}y}{\iint |\sigma(x,y)|^2 \mathrm{d}x\mathrm{d}y} \tag{4.24}$$

可以近似地把 $\gamma_t(\tau)$ 的模，看作是由获取时间间隔为 τ 的两次 SAR 数据得出的像对之间的相干系数。$\gamma_t(\tau)$ 随 τ 下降得越快，同样时间间隔下时间干损就越严重，SAR 像对之间的相干性就越差。$\gamma_t(\tau)$ 主要取决于地物种类和环境状况，并表现出 24h 的周期倾向。

与其他干损不同，时间干损有严重的不可预见性。一般将各种时间干损的总和，概括地用下式近似描述：

$$\gamma_t(t) = \gamma_0 \exp\left(-\frac{t}{\tau_s}\right) \tag{4.25}$$

式中：τ_s 为相干时间；γ_0 为无时间干损时的相干系数；$\gamma_t(\tau)$ 为相隔时间为 t 时的相干系数。

相干时间 τ_s 刻画了总的时间相干性的好坏。τ_s 越大，时间干损越小，反之越大。τ_s 值的大小主要取决于目标地物和环境，而且还与雷达频率和入射角等有关。实验表明，τ_s 的值取范围在数十毫秒到数十天。一般性的规律是：①地物越容易变化 τ_s 越小。例如，沙丘就比石山的 τ_s 小，茂盛的作物就比裸露的田地 τ_s 小。②环境越恶劣 τ_s 越小。例如，暴雨时就比小雨时 τ_s 小，大风时就比无风时 τ_s 小。③雷达波长越短 τ_s 越小。例如，同样情况下 L 频段的 τ_s 可以是 X 频段的数倍。④τ_s 还与雷达波束的入射角有关。

实际中即使在相同的环境和条件下，同一目标地面的 τ_s 也可以有明显不

同，相干时间 τ_s 在工程上只有数量级的意义，没有精确测定的必要。

对于基于卫星编队的单航过 InSAR 系统，不存在时间干损。

4.2.6　几何干损

在通常的 InSAR 模型中，目标地面的反向电磁散射 σ，假设为仅发生在地表上，数学表达为

$$\sigma = \sigma(x,y) \cdot \delta(z-h(x,y)) \tag{4.26}$$

式中：$\delta(\cdot)$ 为狄拉克函数。

式（4.26）能很好地描述绝大多数的目标地面，但对部分森林地貌并不适合，因为森林对雷达波的散射不是集中发生在某个表面，而是分布在从树梢到地面的一个高度范围内（在此范围内散射体还会相互作用）。即造成反向散射的不是一个曲面，而是一个立体。由此而引起的相干性的下降称为几何干损（也有人称其为体散射干损）。

显然，几何干损的大小取决于散射特性在体积内的分布情况，而散射特性的体积分布又决定于森林地貌——树种、树高、长势、密度、季节、风力、风向、地面坡度等许多因素，要准确地表达散射特性的体积分布几乎是不可能的。一种近似的方法是假设同一块地面的体积散射具有相同高度上的分布 $p(z)$，而把体散射表达为

$$\sigma(x,y,z) = \sigma(x,y) \cdot p(z-h(x,y)) \tag{4.27}$$

式中：$h(x,y)$ 为地面高程。

不同的 $p(z)$ 用来描述不同的地物和环境。对于 $p(z)$ 中有单峰最大值的体散射分布，几何干损可用式（4.28）估算，即

$$\gamma_V = \frac{\int_{\delta_M} |p(z)| dz}{\int |p(z)| dz} \tag{4.28}$$

式中：分子部分的积分区间 δ_M 是 $p(z)$ 的单峰最大值的一个 δ 邻域，δ 的大小一般取系统垂直高度模糊的 1/8（对 X 波段的天基系统，参考值为 $\delta_M \leq 1m$）；分母部分的积分区间是整个 $p(z)$ 的非零范围（参考值为十几米到几十米）。

同一目标地面对不同的雷达波长，$p(z)$ 的形式也不同。例如，对于 X 波段，绝大部分的散射发生在树冠部分，进入树冠在树干和地面散射的成分很小；而对于 L 波段，绝大多数的入射能量会穿透枝叶层在地面发生散射。因

此，它们都属于有单峰最大值的 $p(z)$ 类型。客观地讲，在对体积干损的掌控上还有许多工作可做，对于其他形式的 $p(z)$ 分布，目前尚缺少明确的研究结论。

4.2.7 大气干损

大气干损是指由于大气状况随时间变化，使得微波在大气中传输的相位形变在不同的时刻不同，进而导致的在不同时间获取的两次 SAR 成像的数据间的相干性下降（也有人把大气干损划归为时间干损的一个组成部分）。

对于实际大气状况对电磁波传输影响的研究还不十分透彻。已有的实验研究表明，引起大气微波传输相位变化的最主要原因是大气中水蒸气含量和电离层状态的不同。

仅从相干性的角度看，大气干损对双航过 InSAR 有影响，对单航过则可认为 $\gamma_A = 1$。必须要指出的是，虽然相位变化不会引起单航过 InSAR 的干损，但可以影响其干涉相位差的值，进而导致错误的测高结果。换句话说，它不是通过相干性来影响干涉测量的。

与时间干损一样，对于基于卫星编队的单航过 InSAR 系统，因卫星间距较小，可以忽略大气干损对相干性的作用。

参考文献

[1] 保铮, 邢孟道, 王彤. 雷达成像技术 [M]. 北京: 电子工业出版社, 2005.
[2] 柯兰德, 麦克唐纳. 合成孔径雷达: 系统和信号处理 [M]. 韩传钊, 译. 北京: 电子工业出版社, 2006.
[3] 袁孝康. 星载合成孔径雷达导论 [M]. 北京: 国防工业出版社, 2003.
[4] 魏钟铨. 合成孔径雷达卫星 [M]. 北京: 科学出版社, 2001.
[5] 楼良盛. 基于卫星编队 InSAR 技术 [D]. 郑州: 信息工程大学, 2007.
[6] 穆冬. 干涉合成孔径雷达技术研究 [D]. 南京: 南京航空航天大学, 2001.
[7] LEE J S, HOPPEL K W, MANGO S A. Intensity and phase statistics of multilook polarimetric and interferometric SAR imagery [J]. IEEE Transaction on Geoscience and Remote Sensing, 1994, 32 (5): 1017-1027.
[8] ZEBKER H A, VILLASENOR J. Decorrelation in interferometric radar echoes [J]. Trans. Geosc. Remote Sensing, 1998, 30 (5): 950-959.

[9] 王超, 张红, 刘智. 星载合成孔径雷达干涉测量 [M]. 北京: 科学出版社, 2002.

[10] 王青松, 黄海风, 董臻. 星载干涉合成孔径雷达-高校高精度处理技术 [M]. 北京: 科学出版社, 2012.

[11] TERUHAFT R N, MADSEN S N, MOGHADDAM M, et al. Vegetation characteristics and ying togopraphy from interferometric Data [J]. Radio Science, 1996: 1449-1495.

[12] MOCCIA A, KRIEGER G, HAJNSEK I, et al. TanDEM-X: a TerraSAR-X add-on satellite for single-pass SAR interferometry [C]// IEEE IGARSS, September 20-24, Anchorage, USA, 2004: 1000-1003.

[13] HAJNESK I, MOREIRA A. TanDEM-X: mission and science exploration [C]// EUSAR, April 17-19, Dresden, Germany, 2006.

[14] KRIEGER G, MOREIRA A. TanDEM-X: a satellite formation for high-resolution SAR interferometry [J]. IEEE Transactions on Geoscience and Remote Sensing, 2007, 45 (11): 3317-3341.

[15] ORTEGA-MIGUEZ C, SCHULZE D, POLIMENI M D, et al. TanDEM-X acquisition planner [C]// EUSAR, April 23-26, Nuremberg, Germany, 2012: 418-421.

[16] KRIEGER G, HAJNSEK I, PAPAPHANASSIOU K P, et al. Interferometry synthetic aperture radar (SAR) mission employing formation flying [J]. Proceedings of the IEEE, 2010, 98 (5): 816-843.

[17] SCHATTLER B. The joint TerraSAR-X/TanDEM-X ground segment [C]// IEEE IGARSS, July 24-29, Vancouver, Canada, 2011.

第 5 章　卫星编队设计

InSAR 系统测绘能力实现要求系统主、辅雷达具备对同一目标地面进行相干性 SAR 成像的能力，所形成的相干 SAR 图像对的相位差主要通过主、辅雷达回波数据获取几何中的基线来实现。从产品精度误差传递式（2.10）和式（2.17）可知，基线越长，产品精度越高，那么系统在设计基线长度时，是否可以无限长，答案是否定的。当基线长度超过某一值时，在原理上就不能实现干涉测量，而这值即为极限基线，极限基线在 InSAR 系统的设计中是十分重要的参数。

基于卫星编队体制的 InSAR 系统，其基线通过卫星编队构形设计实现。卫星编队构形设计主要目的是依据系统满足测绘任务对基线的要求，明确编队构形设计约束条件，为稳定、高效的编队构形设计提供数学约束。依据编队构形设计输入条件，以及编队在轨运行期间的安全性、稳定性要求，主要约束因素可归纳为：构形稳定性、基线长度、系统覆盖区域、防撞安全性、电磁兼容性等。由此，可将卫星编队构形设计规划为一种多约束非线性优化问题，其中，编队卫星碰撞风险为在轨运行最大隐患，应优先保障。

为了降低优化问题困难，可以采取理论分析与优化算法相结合的设计思路：首先，从构形在轨受空间摄动力影响存在构形发散的现象出发，通过建立空间摄动力主部受摄相对运动学方程，并有针对性地开展受摄发散机理研究，给出等倾角的稳定构形设计原则，实现简化设计参数目标；其次，以满足系统设计约束为前提，以编队卫星防撞安全性为目标函数，利用收敛速度快的启发式多目标优化算法[1]求解系统综合效能最优构形参数，完成 InSAR 系统卫星编队构形稳定设计[2]。

5.1 基线设计

基线是实现 InSAR 的必要前提。因为基线可以产生地面同一点到两个天线的不同距离，因此产生了相位差，所以没有基线便没有 InSAR。干涉原理要求系统基线的设计必须满足对目标高度测量具有一定的精度要求，由此干涉系统基线必须有足够的长度，以保证相邻回波单元之间实际地形变化引起的到两部天线的距离差是可以识别的。另一方面，系统基线又必须保证形成 InSAR 影像的信号之间具有相干性，能够进行干涉测量。同时，避免干涉测量产生模糊现象。

因此综合考虑各种因素作用，合理设计基线以保证系统工作在最佳的状况是 InSAR 系统设计的重要问题之一。

5.1.1 基线定义

参与干涉的两副 SAR 天线连线即为基线。根据不同的用途及描述方式，通常可分为有效基线、极限基线及最优基线。

5.1.1.1 有效基线与极限基线

根据 InSAR 原理，InSAR 高程测量是利用了地面点到两个天线的斜距差 Δr，可表示为

$$\Delta r = r_2 - r_1 = B \cdot \sin(\theta - \beta) \tag{5.1}$$

如果斜距差 Δr 的变化用视角的变化 $d\theta$ 来表示，那么 Δr 的变化 $d\Delta r$ 可表示为

$$d\Delta r = B \cdot \cos(\theta - \beta) \cdot d\theta \tag{5.2}$$

可见，在由基线引起的地面点到两副天线斜距差的变化关系中，有效成分是 $B \cdot \cos(\theta - \beta)$，即有效基线 ($B_\perp$)。

为了确保能够形成干涉，基线长度有一个最大值的限制，这个最大基线长度称为极限基线（或临界基线）。极限基线可以从以下不同的角度来定义[3]。

1) 频谱偏移

空间不同位置的雷达天线对同一目标进行观测，所接收的目标回波信号是地面散射系数的不同频段分量。对于信号带宽有限的实际雷达系统，当两

个雷达天线测量的目标回波信号之间的频移 Ω 超过 SAR 系统的信号带宽 B_w 时，接收的回波信号之间完全失去相干成分，以信号相干性质为基础的干涉技术此时不可能形成干涉条纹。我们定义两个回波信号频移为 SAR 系统信号带宽时所对应的基线为极限基线。

InSAR 系统的几何关系如图 5.1 所示，其中，Y 轴表示地面坐标水平方向，Z 轴表示与地面垂直方向，$A_{1,2}$ 为雷达天线所在的位置（1 表示主雷达，2 表示辐雷达），$r_{1,2}$ 为天线相位中心到观测目标的斜距，$\theta_{1,2}$ 为天线的侧视角，B 为 SAR 系统基线，B_h 为基线 B 在水平地面方向的投影，$B_h = B \cdot \cos\alpha$，而 α 为基线与水平方向的夹角。

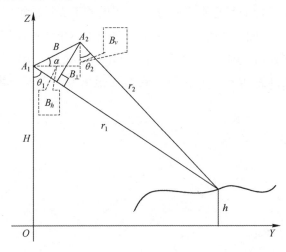

图 5.1　干涉合成孔径雷达系统几何关系图

通过对 SAR 回波信号进行傅里叶变换，可得到两次接收回波信号的频移为[4]

$$\Omega = \omega_0 \cdot \frac{\sin\theta_2 - \sin\theta_1}{2 \cdot \sin\theta} \approx f_0 \frac{\Delta\theta}{2 \cdot \tan\theta} \tag{5.3}$$

式中：f_0 为载频；θ 为平均视角。根据 InSAR 系统的几何关系有 $\Delta\theta \approx B_\perp / r$，所以式（5.3）可表示为

$$\Omega = \frac{f_0 \cdot B_\perp}{2 \cdot r \cdot \tan\theta} \tag{5.4}$$

当地形存在一定的坡度 γ 时，式（5.4）为

$$\Omega = \frac{f_0 \cdot B_\perp}{2 \cdot r \cdot \tan(\theta - \gamma)} \tag{5.5}$$

根据上述极限基线的定义，当两个回波信号之间的频移 Ω 超过 SAR 系统

的信号带宽 B_w 时所对应的基线为极限基线，由此可得

$$B_{\perp c} = \frac{2 \cdot B_w \cdot r \cdot \tan\theta}{f_0} \quad (5.6)$$

当地形存在一定的坡度 γ 时，式（5.6）为

$$B_{\perp c} = \frac{2 \cdot B_w \cdot r \cdot \tan(\theta - \gamma)}{f_0} \quad (5.7)$$

由式（5.7）可以看出，信号带宽大的系统所允许的基线选择范围比信号带宽小的系统要大。同时工作频率越低，系统所允许的基线选择范围越大。

2）分辨两个相邻单元

假设基线 B 与地面都是水平的（这一假设并不失一般性，只是为了表达式形式的简洁）。如图5.2所示，斜距 r 方向的分辨单元的间距为 ρ_r，ρ_r 由雷达发射的线性调频信号的带宽决定，对于给定的系统是一个定值。地面距离 Y 方向分辨单元的间距为 ρ_y，ρ_y 是雷达在地面距离方向上能分辨的最小距离。ρ_r 和 ρ_y 的关系为

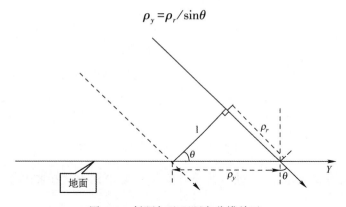

图5.2　斜距与地面距离分辨单元

用干涉法求出的两次成像的相位差为

$$\phi = \frac{2\pi}{\lambda}\Delta r = \frac{2\pi}{\lambda}B\sin\theta \quad (5.8)$$

将 ϕ 对 θ 求导，得到 ϕ 对 θ 的变化率为

$$\frac{d\phi}{d\theta} = \frac{2\pi \cdot B\cos\theta}{\lambda} = \frac{2\pi \cdot B_\perp}{\lambda} \quad (5.9)$$

地面距离向两相邻分辨单元间的入射角的差 $\Delta\theta$ 为

$$\Delta\theta = \frac{l}{r} = \frac{\rho_r}{r \cdot \tan\theta} \quad (5.10)$$

Δθ 导致的距离向两个相邻分辨单元间的干涉相位差 φ 的变化 Δφ 为

$$\Delta\phi = \frac{d\phi}{d\theta} \cdot \Delta\theta = \frac{2\pi \cdot B_\perp \cdot \rho_r}{\lambda \cdot r \cdot \tan\theta} \tag{5.11}$$

当 $B_\perp$ 增大时，Δφ 也线性地增大。但从干涉原理中可知，干涉得出的相位差为主值，当 Δφ 的绝对值大于 2π 时，如 |Δφ| = 2π+δ，在干涉相位中就仅剩下 δ。这样就导致无法知道 Δφ 的正确值。因此，若要保证由干涉得出的距离向最小分辨距离间距，相位差 φ 的变化值 Δφ 不出现异义，Δφ 的大小是受 2π 限制的，必须有

$$|\Delta\phi| = \left|\frac{2\pi \cdot B_\perp \cdot \rho_r}{\lambda \cdot r \cdot \tan\theta}\right| \leq 2\pi \tag{5.12}$$

式（5.12）对 Δφ 的限制，实际上是对 $B_\perp$ 的限制。即 $B_\perp$ 不能大于某个定值，若大于，则无法测高。这个定值就是极限基线 $B_{\perp c}$。整理得

$$B_{\perp c} = \frac{\lambda \cdot r}{\rho_y \cdot \cos\theta} \tag{5.13}$$

3）基线的空间去相关性

雷达干涉图像是由空间分离的两副天线获得的同一目标回波信号的相干叠加结果。影响相干性的因素很多，不同因素对系统相干性的影响是按相乘关系作用的，因此可分别考虑不同因素对系统相干性的作用。

假定基线是水平的，只考虑基线空间影响时的相干系数为[5]

$$\gamma = 1 - \frac{B \cdot \rho_y \cdot \cos^2\theta}{\lambda \cdot r} \tag{5.14}$$

当相干系数为 0 时，达到了相干极限，这时对应的基线为极限水平基线，即有

$$B_c = \frac{\lambda \cdot r}{\rho_y \cdot \cos^2\theta} \tag{5.15}$$

当基线存在倾角 α 时，式（5.15）为

$$B_c = \frac{\lambda \cdot r}{\rho_y \cdot \cos\theta \cdot \cos(\theta-\alpha)} \tag{5.16}$$

把 $B_{\perp c} = B_c \cdot \cos(\theta-\beta)$ 代入式（5.18）得

$$B_{\perp c} = \frac{\lambda \cdot r}{\rho_y \cdot \cos(\theta)} \tag{5.17}$$

极限基线与视角和地形坡度有关：随着视角的增大，极限基线增大；随着地形坡度的加大，基线极限减小。

4) 天顶脚印

假设一个地面分辨单元方位向尺寸为 ρ_a，距离向尺寸为 ρ_y，θ 为入射角，斜距为 r，则天线看到的距离向分辨单元为 $\rho_y \cos\theta$。该分辨单元可以看作一个连续向原天线发射回波的小天线，称为"天顶脚印"（celestial footprint）[5]。这个小天线发射的波束角在方位向为 λ/ρ_a，在距离向为 $\lambda/(\rho_y \cos\theta)$[6]。发射天线的两次位置应该位于其半波束内，否则两次接收到的信号将是不相干的。由此可得到垂直于斜距方向的基线最大长度为

$$B_{\perp c} = \frac{\lambda r}{\rho_y \cos\theta} \tag{5.18}$$

由于 $\rho_y = \frac{\rho_r}{\sin\theta} = \frac{c}{2 \cdot B_w \cdot \sin\theta}$，可以看出，式（5.7）、式（5.13）、式（5.17）和式（5.18）是等价的。它们是从不同的角度对极限基线的理解。

从以上分析可知，InSAR 技术是"成也基线，败也基线"。因此，极限基线在 InSAR 系统的设计中是十分重要的参数。

需要指出的是：

（1）极限基线应是对有效基线而言的，否则必须要同时给出基线倾角才能讨论极限基线问题。

（2）极限基线与地面坡度有关（迎坡的极限基线短于顺坡的极限基线）。

（3）在同样的干涉条件下，自发自收与一发双收的 InSAR 系统的极限基线长度不同，后者是前二者的两倍。

星载 InSAR 极限基线的长度通常在千米量级，经分析 SeaSat（L 波段）的极限基线为 5.5km，ERS-1（C 波段）的极限基线为 1059m，SRTM（X-SAR）的极限基线为 1025m，微波测绘一号和 TanDEM-X 系统的极限基线约为 6km。

5.1.1.2 最优基线

最优基线即为使 InSAR 系统工作在最佳状态时的基线。根据 InSAR 原理，相位误差对高程精度影响为[5,7]

$$m_h = \pm \frac{\lambda(r_1 + B\sin(\beta-\theta))\sin(\theta)}{2\pi B\cos(\beta-\theta)} m_\Phi \tag{5.19}$$

由式（5.19）可知，由于斜距 $r_1 \gg B\sin(\beta-\theta)$，故基线越长，相位误差对高程精度影响越小，从而提高了 DEM 的精度；但另一方面，随着基线的增

大，InSAR 系统的信号带宽变窄，引起 InSAR 系统的信噪比下降和距离向分辨力变差，同时相位噪声和随机干扰的影响也随之增大。故最优基线的选择既要考虑系统获取 DEM 精度，同时又要考虑系统性能。

在只考虑干涉合成孔径雷达系统参数，不考虑 SAR 信号本身存在的噪声及形成 InSAR 影像时的其他干扰（如目标的变化因素）影响时，定义干涉系统的最优基线为使目标高度估计方差最小时的系统基线。由于 InSAR 系统的基线、天线下视角、SAR 信号本身存在的噪声及形成 InSAR 时的其他干扰，都会对 InSAR 系统的相干性产生影响，因此 InSAR 系统最优基线的选择实际上是与具体的雷达系统状态密切相关的。

基于这些情况，最优基线 $B_{\perp OP}$ 与极限基线 $B_{\perp c}$ 之间的关系为[8]

$$B_{\perp OP} = (1 - \gamma_{OP}(1 + SNR^{-1})) \cdot B_{\perp c} \tag{5.20}$$

$$\gamma_{OP} = 0.618 - 1.171 \cdot SNR^{-1} \tag{5.21}$$

式中：γ_{OP} 为最佳相干系数；SNR 为信噪比。当 SNR = 10 时，$B_{\perp OP} = 0.44 B_{\perp c}$，当 SNR = 20 时，$B_{\perp OP} = 0.41 B_{\perp c}$。

5.1.2 基线选择

根据经验估计的方法，最优基线通常选择极限基线的 20% ~ 60%[9]。这是在比较理想情况下的理论关系，在实际设计最佳基线时，还需考虑植被几何干损和高山区干涉条纹太密难以处理等问题。

植被几何干损主要是体散射去相干，体散射去相干与植被高度和模糊高度有关，可表示为[10-11]

$$\gamma_{vol} = \frac{\int_0^{h_v} \sigma^0(z) \exp\left(j2\pi \frac{z}{h_{amb}}\right) dz}{\int_0^{h_v} \sigma^0(z) dz} \tag{5.22}$$

式中：h_v 为植被高度；h_{amb} 为模糊高度，也是 2π 的干涉相位差（一个条纹）所对应的地面高度；$\sigma^0(z) = \exp\left[-2\xi \dfrac{h_v - z}{\cos(\theta)}\right]$，其中 ξ 为消光系数。X 波段森林消光系数的经验值一般在 0.1 ~ 0.15dB/m 之间[12]，图 5.3 为消光系数分别为 0.10dB/m、0.115dB/m、0.15dB/m 时，模糊高度与几何去相干关系图。

由式（5.22）可知，高度模糊越大，植被几何干损越小。高度模糊可以

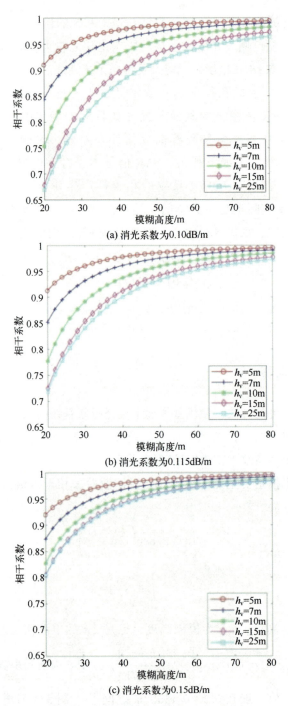

图 5.3 模糊高度与几何去相干关系图

从式（2.10）干涉相位差引起的高程误差获得，可表达为

$$m_h = \frac{\lambda(r_1 + B\sin(\beta-\theta))\sin(\theta)}{2\pi B\cos(\beta-\theta)} m_\Phi \qquad (5.23)$$

由于式（5.23）中 $r_1 \gg B\sin(\beta-\theta)$，故式（5.23）可表示为

$$m_h = \frac{\lambda r_1 \sin(\theta)}{2\pi B\cos(\beta-\theta)} m_\Phi \qquad (5.24)$$

根据模糊高度定义，将 $m_\Phi = 2\pi$ 代入式（5.24），则模糊高度 h_{amb} 可表示为

$$h_{amb} = \frac{\lambda r_1 \sin(\theta)}{2\pi B\cos(\beta-\theta)} \times 2\pi = \frac{\lambda r_1 \sin(\theta)}{B\cos(\beta-\theta)} = \frac{\lambda r_1 \sin(\theta)}{B_\perp} \qquad (5.25)$$

式中：$B_\perp = B\cos(\beta-\theta)$ 为有效基线或垂直基线，是设计基线的重要参数，有效基线和模糊高度成反比关系。

系统在进行基线选择时，模糊高度是需要考虑的重要因素。模糊高度不仅能反映植被的体散射问题，还能很好地反映干涉条纹稀密程度。对于森林区，模糊高度越大，几何干损越小。同时，模糊高度是一个干涉条纹所对应的地面高度值，故模糊高度越大，干涉条纹越稀，数据处理难度低，尤其是高山区的数据处理，在相同基线条件下，地面坡度越大，干涉条纹越密。因此，从相干性和数据处理方面分析，模糊高度越大越好。但对于一个 InSAR 系统并不是模糊高度越大越好，因为从产品精度误差传递公式（2.10）和式（2.17）可知，模糊高度越小，基线越长，产品精度越高。

因此，系统在基线设计时，对不同的地面区域可以设计不同的基线，高山区和较茂盛森林区域，可以选用短基线；较平的岩石、裸土、草地及农田等可以选用长基线，使获取的产品具有较高的精度。TanDEM-X[13-15]系统选用了模糊高度为45m、有效基线为190~330m，及模糊高度为30m、有效基线为285~495m 两种基线模式进行获取影像；同样，微波测绘一号开始选用了模糊高度约为26m、有效基线为350~650m 模式进行影像获取，由于热带雨林、高山区域获取影像干涉质量较差，后来改用模糊高度约为58m、有效基线为150~300m 模式进行影像获取。由图5.3可知，当穿透树高为10m时，相干性从0.85提升到了0.96，较好地改善了获取影像的干涉质量。由式（2.8）可知，受基线长度影响，高程精度下降50%左右，但这主要用于山区，其高程精度要求相对较低，可满足产品精度要求。

5.2 编队构形设计

5.2.1 卫星编队相对动力学分析

在编队飞行中，描述卫星间相对运动时作为参考基准的卫星称为主星，主星的轨道称为编队的参考轨道，相对主星作为编队飞行的成员卫星称为辅星。辅星相对于主星的运动轨迹可以是封闭曲线，也可以是一条直线，用相对位置速度表示的相对运动状态称为卫星编队相对动力学分析。

5.2.1.1 相对动力学模型

令 r_c 和 r_A 分别表示主星和辅星的地心距矢量，则其运动方程为[16-17]

$$\frac{d^2 r_c}{dt^2} + \frac{\mu}{r_c^3} r_c = a_c \tag{5.26}$$

$$\frac{d^2 r_A}{dt^2} + \frac{\mu}{r_A^3} r_A = a_A \tag{5.27}$$

式中：d/dt 表示在惯性坐标系 $O_E X_E Y_E Z_E$ 中求导；μ 为地球引力常数；a_c 和 a_A 表示摄动力和控制力引起的加速度。

辅星相对于主星的位置矢量可表示为

$$\Delta r = r_A - r_c \tag{5.28}$$

对式（5.28）在惯性坐标系中二次求导，得

$$\frac{d^2}{dt^2} \Delta r = \frac{d^2 r_A}{dt^2} - \frac{d^2 r_c}{dt^2} \tag{5.29}$$

根据牵连运动公式，有

$$\left(\frac{d^2}{dt^2} \Delta r \right) = \frac{d^2(\Delta r)}{dt^2} + 2n \times \frac{d(\Delta r)}{dt} + \frac{d(n)}{dt} \times \Delta r + n \times (n \times \Delta r) \tag{5.30}$$

式中：$d(\cdot)/dt$ 表示在相对坐标系中求导；n 为运动坐标系的角速度矢量；$d(\Delta r)/dt$ 和 $d^2(\Delta r)/dt^2$ 分别表示辅星与主星在相对运动坐标系中的相对速度和相对加速度矢量。

综合上述各式，可以得到

$$\frac{\mathrm{d}^2(\Delta \boldsymbol{r})}{\mathrm{d}t^2}+2\boldsymbol{n}\times\frac{\mathrm{d}(\Delta \boldsymbol{r})}{\mathrm{d}t}+\frac{\mathrm{d}(\boldsymbol{n})}{\mathrm{d}t}\times\Delta \boldsymbol{r}+\boldsymbol{n}\times(\boldsymbol{n}\times\Delta \boldsymbol{r})-\mu\left(\frac{\boldsymbol{r}_\mathrm{c}}{r_\mathrm{c}^3}-\frac{\boldsymbol{r}_\mathrm{A}}{r_\mathrm{A}^3}\right)=\boldsymbol{a}_\mathrm{A}-\boldsymbol{a}_\mathrm{c} \quad (5.31)$$

若主星沿近圆轨道运动,将其近似为沿圆轨道运动,则在相对运动坐标系中,主星角速度 $\boldsymbol{n}$ 和 $\dfrac{\mathrm{d}(\boldsymbol{n})}{\mathrm{d}t}$ 的分量为

$$\boldsymbol{n}=(0 \quad 0 \quad n)^\mathrm{T} \quad (5.32)$$

$$\frac{\mathrm{d}(\boldsymbol{n})}{\mathrm{d}t}=0 \quad (5.33)$$

式中:$n=\sqrt{\mu/a_\mathrm{c}^3}$。

设相对位置矢量 $\Delta \boldsymbol{r}$ 在相对运动坐标系 $Cxyz$ 中的分量为

$$\Delta \boldsymbol{r}=(x \quad y \quad z)^\mathrm{T} \quad (5.34)$$

则位置矢量 $\boldsymbol{r}_\mathrm{c}$ 在相对运动坐标系 $Cxyz$ 中的分量可以表示为

$$\boldsymbol{r}_\mathrm{c}=(r_\mathrm{c} \quad 0 \quad 0)^\mathrm{T} \quad (5.35)$$

由 $\boldsymbol{r}_\mathrm{A}$、$\boldsymbol{r}_\mathrm{c}$ 与 $\Delta \boldsymbol{r}$ 的相互关系可以得到在相对运动坐标系 $Cxyz$ 中 $\boldsymbol{r}_\mathrm{A}$ 可表示为

$$\boldsymbol{r}_\mathrm{A}=(r_\mathrm{c}+x \quad y \quad z)^\mathrm{T} \quad (5.36)$$

相对速度 $\mathrm{d}(\Delta \boldsymbol{r})/\mathrm{d}t$ 和加速度矢量 $\mathrm{d}^2(\Delta \boldsymbol{r})/\mathrm{d}t^2$ 在相对运动坐标系 $Cxyz$ 中的分量为

$$\frac{\mathrm{d}^2(\Delta \boldsymbol{r})}{\mathrm{d}t^2}=(\ddot{x} \quad \ddot{y} \quad \ddot{z})^\mathrm{T} \quad (5.37)$$

$$\frac{\mathrm{d}(\Delta \boldsymbol{r})}{\mathrm{d}t}=(\dot{x} \quad \dot{y} \quad \dot{z})^\mathrm{T} \quad (5.38)$$

结合以上各式,进而可以得到相对运动动力学方程的分量形式:

$$\begin{bmatrix}\ddot{x}\\\ddot{y}\\\ddot{z}\end{bmatrix}=-2\begin{bmatrix}0 & -n & 0\\n & 0 & 0\\0 & 0 & 0\end{bmatrix}\begin{bmatrix}\dot{x}\\\dot{y}\\\dot{z}\end{bmatrix}-\begin{bmatrix}0 & -n & 0\\n & 0 & 0\\0 & 0 & 0\end{bmatrix}\begin{bmatrix}-yn\\xn\\0\end{bmatrix}-\begin{bmatrix}0 & -\dot{n} & 0\\\dot{n} & 0 & 0\\0 & 0 & 0\end{bmatrix}\begin{bmatrix}x\\y\\z\end{bmatrix}+$$
$$\frac{\mu}{r_\mathrm{c}^3}\left(\begin{bmatrix}r_\mathrm{c}\\0\\0\end{bmatrix}-\frac{r_\mathrm{c}^3}{[(r_\mathrm{c}+x)^2+y^2+z^2]^{1/2}}\begin{bmatrix}r_\mathrm{c}+x\\y\\z\end{bmatrix}\right)+\left(\begin{bmatrix}a_{\mathrm{A}x}\\a_{\mathrm{A}y}\\a_{\mathrm{A}z}\end{bmatrix}-\begin{bmatrix}a_{\mathrm{c}x}\\a_{\mathrm{c}y}\\a_{\mathrm{c}z}\end{bmatrix}\right)$$

(5.39)

5.2.1.2 动力学模型线性化近似

基于一些假设可以简化动力学模型[18-19],假设如下:

（1）假设地球为均质圆球体，而且不考虑其他摄动因素；

（2）主星和辅星的轨道偏心率为 0 或者极小。

辅星到主星的距离远小于它们的轨道半径，在编队飞行情况下，两星相距约为几百米到几千米。

对 5.2.1.1 节的非线性方程进行线性化处理，有 $|\Delta r|/r_c \ll 1$，可将地球引力项线性化，并且先不考虑摄动加速度和控制加速度，则方程变为

$$\begin{bmatrix} \ddot{x} \\ \ddot{y} \\ \ddot{z} \end{bmatrix} = -2 \begin{bmatrix} 0 & -n & 0 \\ n & 0 & 0 \\ 0 & 0 & 0 \end{bmatrix} \begin{bmatrix} \dot{x} \\ \dot{y} \\ \dot{z} \end{bmatrix} - \begin{bmatrix} 0 & -n & 0 \\ n & 0 & 0 \\ 0 & 0 & 0 \end{bmatrix} \begin{bmatrix} -yn \\ xn \\ 0 \end{bmatrix} - \begin{bmatrix} 0 & -\dot{n} & 0 \\ \dot{n} & 0 & 0 \\ 0 & 0 & 0 \end{bmatrix} \begin{bmatrix} x \\ y \\ z \end{bmatrix} + \frac{\mu}{r_c^3} \begin{bmatrix} 2x \\ -y \\ -z \end{bmatrix} \tag{5.40}$$

$\dot{n}=0$，进一步线性化，方程可简化为

$$\begin{cases} \ddot{x} = 2n\dot{y} + 3n^2 x \\ \ddot{y} = -2n\dot{x} \\ \ddot{z} = -n^2 z \end{cases} \tag{5.41}$$

式中：$n=\sqrt{\mu/r_c^3}$ 为主星平均轨道角速度，该方程称为 C-W 方程或 Hill 方程。

5.2.1.3 动力学方程解析解

由 C-W 方程可知沿 z 轴（垂直于轨道平面）的相对运动是独立的，而在轨道平面内沿 x 轴和 y 轴的相对运动是耦合的。若将相对运动开始的时刻作为时间的零点，其相应的运动的初始条件为 x_0、y_0、z_0、$\dot{x}_0$、$\dot{y}_0$、$\dot{z}_0$，则对式积分可得 t 时刻的相对运动解析解：

$$\begin{cases} x = \left(\dfrac{\dot{x}_0}{n} - 2\dfrac{a_y}{n^2}\right)\sin nt - \left(3x_0 + 2\dfrac{\dot{y}_0}{n} + \dfrac{a_x}{n^2}\right)\cos nt + 2\left(2x_0 + \dfrac{\dot{y}_0}{n} + \dfrac{a_x}{2n^2}\right) + 2\dfrac{a_y}{n}t \\ y = 2\left(\dfrac{2}{n}\dot{y}_0 + 3x_0 + \dfrac{a_x}{n^2}\right)\sin nt + 2\left(\dfrac{\dot{x}_0}{n} - \dfrac{2}{n^2}a_y\right)\cos nt - 3\dfrac{a_y}{2}t^2 - \\ \quad 3\left(\dot{y}_0 + 2nx_0 + \dfrac{2a_x}{3n}\right)t + \left(y_0 - \dfrac{2}{n}\dot{x}_0 + \dfrac{4}{n^2}a_y\right) \\ z = \dfrac{\dot{z}_0}{n}\sin nt + \left(z_0 - \dfrac{a_z}{n^2}\right)\cos nt + \dfrac{a_z}{n^2} \end{cases} \tag{5.42}$$

当 $a_x = a_y = a_z = 0$ 时，按上面的方法对相对动力学方程进行一次、二次积分，则得到自由运动的解为

$$\begin{cases} x = \dfrac{\dot{x}_0}{n}\sin nt - \left(\dfrac{2}{n}\dot{y}_0 + 3x_0\right)\cos nt + 2\left(2x_0 + \dfrac{\dot{y}_0}{n}\right) \\ y = 2\left(\dfrac{2}{n}\dot{y}_0 + 3x_0\right)\sin nt + \dfrac{2}{n}\dot{x}_0\cos nt - 3(\dot{y}_0 + 2nx_0)t + \left(y_0 - \dfrac{2}{n}\dot{x}_0\right) \\ z = \dfrac{\dot{z}_0}{n}\sin nt + z_0\cos nt \end{cases} \quad (5.43)$$

$$\begin{cases} \dot{x} = (2\dot{y}_0 + 3nx_0)\sin nt + \dot{x}_0\cos nt \\ \dot{y} = -2\dot{x}_0\sin nt + (4\dot{y}_0 + 6nx_0)\cos nt - 3(\dot{y}_0 + 2nx_0) \\ \dot{z} = -nz_0\sin nt + \dot{z}_0\cos nt \end{cases} \quad (5.44)$$

由式（5.43）和式（5.44）可知，相对运动可分解为轨道平面（$X_HO_HY_H$ 平面）和垂直于轨道平面（Z_H 方向）的两个相互独立的运动。

对 xy 平面的运动进行研究，将式（5.43）、式（5.44）联立，可得

$$\left(\dfrac{x-x_{c0}}{a}\right)^2 + \left(\dfrac{y-y_{c0}+\dfrac{3}{2}x_{c0}nt}{2a}\right)^2 = 1 \quad (5.45)$$

式中

$$\begin{cases} x_{c0} = 4x_0 + 2\dot{y}_0/n \\ y_{c0} = y_0 - 2\dot{x}_0/n \\ a = \sqrt{(\dot{x}_0/n)^2 + (3x_0 + 2\dot{y}_0/n)^2} \end{cases} \quad (5.46)$$

若 x_{c0} 和 y_{c0} 均为 0，则主星平面内的相对运动为一椭圆，且椭圆中心是坐标原点，即主星的质心，称此相对运动为椭圆绕飞。

$$\begin{cases} x_{c0} = 4x_0 + 2\dot{y}_0/n = 0 \\ y_{c0} = y_0 - 2\dot{x}_0/n = 0 \end{cases} \quad (5.47)$$

该方程即是编队卫星椭圆绕飞的初始条件。

5.2.2 卫星编队相对运动学分析

两个飞行器进行近距离编队飞行，可通过相对运动方程进行处理。为了便于编队卫星描述的坐标系统一，规定对相对运动的描述都是相对于编队坐标系。

根据分析，为进行编队飞行，主星和辅星的轨道参数应当满足以下要求[20]：

(1) 轨道半长轴相同（即轨道周期相同），确保绕飞轨道闭合；
(2) 轨道倾角及偏心率有微小的不同，确保飞行时各卫星适当分离；
(3) 纬度幅角基本相同，确保相伴运动。

设轨道根数 a、e、i、Ω、ω、f、E 和 M 分别表示半长轴、偏心率、轨道倾角、升交点赤经、近地点幅角、真近点角、偏近点角和平近点角，$u=\omega+f$ 为纬度幅角。并将辅星与主星的轨道根数之差记为 $\Delta\sigma=\sigma_1-\sigma_2$（$\sigma$ 表示以上各轨道参数，下标 1 和 2 分别对应于主星和辅星）。若主星运行于圆轨道，则 $e_1=0$，于是，上述要求可以描述为

(1) $a_1=a_2=a$；
(2) e、Δi、$\Delta\Omega$、Δu 均为小量。

5.2.2.1 相对运动学模型

根据惯性系与编队坐标系定义，可得从惯性坐标系到编队坐标系 H 和辅星轨道坐标系 A 的转移矩阵分别为

$$\begin{cases} \boldsymbol{M}_{HE}=\boldsymbol{M}_3(u_1)\boldsymbol{M}_1(i_1)\boldsymbol{M}_3(\Omega_1) \\ \boldsymbol{M}_{AE}=\boldsymbol{M}_3(u_2)\boldsymbol{M}_1(i_2)\boldsymbol{M}_3(\Omega_2) \end{cases} \tag{5.48}$$

式中：$\boldsymbol{M}_j(\theta)$ 表示绕坐标轴 j ($j=1,3$) 旋转角度 θ 的初等转移矩阵，且

$$\begin{cases} \boldsymbol{M}_1(\theta)=\begin{pmatrix} 1 & 0 & 0 \\ 0 & \cos\theta & \sin\theta \\ 0 & -\sin\theta & \cos\theta \end{pmatrix} \\ \boldsymbol{M}_3(\theta)=\begin{pmatrix} \cos\theta & \sin\theta & 0 \\ -\sin\theta & \cos\theta & 0 \\ 0 & 0 & 1 \end{pmatrix} \end{cases} \tag{5.49}$$

于是，可以在编队坐标系 H 中建立相对运动方程为

$$\begin{bmatrix} x \\ y \\ z \end{bmatrix} = \boldsymbol{M}_{HE}\boldsymbol{M}_{AE}^{T}\begin{bmatrix} r_A \\ 0 \\ 0 \end{bmatrix} - \begin{bmatrix} r_H \\ 0 \\ 0 \end{bmatrix} \tag{5.50}$$

式中：r_H 和 r_A 分别为主星和辅星的地心距，且

$$r_H=a, \quad r_A=a(1-e_A\cos E_A) \tag{5.51}$$

以上是相对运动运动学方程，利用两颗卫星的轨道根数，在编队坐标系 H 中描述了辅星的相对运动。当给定两星的轨道根数时，可以通过式 (5.50) 迅速求解辅星相对于主星的运动轨迹。然而，其缺点也很明显，即该关系式

没有经过任何简化处理,展开式比较复杂,不便于解析地分析相对运动。

5.2.2.2 运动学模型线性化近似

下面利用编队飞行的特点,对运动学模型进行线性化一阶近似,进而得到比较简单的相对运动学方程。

若 $\Delta\theta$ 为小量,则有如下一阶近似:

$$\begin{cases} \cos(\theta+\Delta\theta) \approx \cos\theta - \sin\theta\Delta\theta \\ \sin(\theta+\Delta\theta) \approx \sin\theta - \cos\theta\Delta\theta \end{cases} \quad (5.52)$$

因为 Δi、$\Delta\Omega$、Δu 均为小量,所以有如下一阶近似:

$$\begin{cases} \boldsymbol{M}_3(u_2) = \boldsymbol{M}_3(u_1+\Delta u) = \boldsymbol{M}_3(u_1) + \Delta\boldsymbol{M}_3(u_1)\Delta u \\ \boldsymbol{M}_1(i_2) = \boldsymbol{M}_1(i_1+\Delta i) = \boldsymbol{M}_1(i_1) + \Delta\boldsymbol{M}_1(i_1)\Delta i \\ \boldsymbol{M}_3(\Omega_2) = \boldsymbol{M}_3(\Omega_1+\Delta\Omega) = \boldsymbol{M}_3(\Omega_1) + \Delta\boldsymbol{M}_3(\Omega_1)\Delta\Omega \end{cases} \quad (5.53)$$

式中

$$\begin{cases} \Delta\boldsymbol{M}_1(\theta) = \begin{pmatrix} 1 & 0 & 0 \\ 0 & -\sin\theta & \cos\theta \\ 0 & -\cos\theta & -\sin\theta \end{pmatrix} \\ \Delta\boldsymbol{M}_3(\theta) = \begin{pmatrix} -\sin\theta & \cos\theta & 0 \\ -\cos\theta & -\sin\theta & 0 \\ 0 & 0 & 1 \end{pmatrix} \end{cases} \quad (5.54)$$

带入精确运动学模型,并略去高阶项,略去 e 和 Δu 二阶以上小量,得线性化的相对运动学方程:

$$\begin{cases} x = -ae_2\cos(nt-\omega_2) \\ y = a[\Delta u(\tau) + 2e_2\sin(nt-\omega_2) + \Delta\Omega\cos i_1] \\ z = a_1[-\Delta\Omega\sin i_1\cos(nt) + \Delta i\sin(nt)] \end{cases} \quad (5.55)$$

联立前两式,可得 $X_H O_H Y_H$ 平面内的相对运动轨迹方程:

$$\left(\frac{x}{ae_2}\right)^2 + \left(\frac{y-y_{c0}}{2ae_2}\right)^2 = 1 \quad (5.56)$$

式中

$$y_{c0} = \Delta u(\tau) + \Delta\Omega\cos i_1 \quad (5.57)$$

可以看出 $X_H O_H Y_H$ 平面内的相对运动轨迹是一个椭圆,其中心在 $(0, y_{c0})$,长半轴和短半轴分别为 $2ae_2$ 和 ae_2,长半轴沿 Y_H 轴方向。

如果再令 $y_{c0}=0$,即

$$\Delta u(\tau)+\Delta\Omega\cos i_1=0 \tag{5.58}$$

则 $X_H O_H Y_H$ 平面内的投影椭圆的中心在坐标原点，即在主星质心。相应地，相对运动方程变为

$$\begin{cases} x=-ae_2\cos(nt-\omega_2) \\ y=2ae_2\sin(nt-\omega_2) \\ z=a[-\Delta\Omega\sin i_1\cos(nt)+\Delta i\sin(nt)] \end{cases} \tag{5.59}$$

对式（5.59）求导，可得相对运动速度：

$$\begin{cases} \dot{x}=ane_2\sin(nt-\omega_2) \\ \dot{y}=2ane_2\cos(nt-\omega_2) \\ \dot{z}=an[\Delta\Omega\sin i_1\sin(nt)+\Delta i\cos(nt)] \end{cases} \tag{5.60}$$

至此，从运动学方法出发，得到了辅星的相对运动学方程。不难验证，运动学方程和动力学方程的解析解是等价的，因此所描述的运动也是椭圆绕飞运动，只是采用的参数不同，约束条件也是等价的。

5.2.2.3 相对运动 e、i 矢量表示

为了更好地描述相对轨道运动学的空间几何关系，这里引入 e/i 矢量描述方法，首先定义相对轨道根数 $\Delta\boldsymbol{\alpha}$ 矢量[21]为

$$\Delta\boldsymbol{\alpha}=\begin{pmatrix} \Delta a \\ \Delta e_X \\ \Delta e_Y \\ \Delta i_X \\ \Delta i_Y \\ \Delta u \end{pmatrix}=\begin{pmatrix} a_2-a_1 \\ e_2\cos\omega_2-e_1\cos\omega_1 \\ e_2\sin\omega_2-e_1\sin\omega_1 \\ i_2-i_1 \\ (\Omega_2-\Omega_1)\sin i_1 \\ u_2-u_1 \end{pmatrix} \tag{5.61}$$

式中：下标 1、2 表示主、辅星绝对轨道六根数；Δu 表示相对平纬度幅角之差。同时，式（5.61）可以进一步做如下定义：

$$\begin{cases} \Delta e=e_2\cdot\begin{pmatrix}\cos\omega_2\\\sin\omega_2\end{pmatrix}-e_1\cdot\begin{pmatrix}\cos\omega_1\\\sin\omega_1\end{pmatrix}=\begin{Bmatrix}\Delta e_X\\\Delta e_Y\end{Bmatrix}=\delta e\begin{Bmatrix}\cos(\theta_{FF})\\\sin(\theta_{FF})\end{Bmatrix} \\ \Delta i=\begin{pmatrix}i_2-i_1\\(\Omega_2-\Omega_1)\sin i_1\end{pmatrix}=\begin{pmatrix}\Delta i\\\Delta\Omega\sin i_1\end{pmatrix}=\begin{Bmatrix}\Delta i_X\\\Delta i_Y\end{Bmatrix}=\delta i\begin{Bmatrix}\cos(\psi_{FF})\\\sin(\psi_{FF})\end{Bmatrix} \end{cases} \tag{5.62}$$

式中：δe 和 θ_{FF} 分别是 Δe 矢量的大小和相位。同理，δi 和 ψ_{FF} 分别是 Δi 矢量

的大小和相位。

同样，辅星相对于主星的相对运动可以通过双星编队坐标系下辅星与主星的相对位置 $\Delta\boldsymbol{r}=\boldsymbol{r}_2-\boldsymbol{r}_1$ 来描述，$\Delta\boldsymbol{r}$ 可以表示为

$$\Delta\boldsymbol{r}=(\Delta r_x,\Delta r_y,\Delta r_z)^{\mathrm{T}} \tag{5.63}$$

在编队坐标系下（编队构形参数含义如图 5.4 所示），相对位置与双星之间相对轨道根数存在对应关系，其转换公式如下：

$$\frac{\Delta\boldsymbol{r}}{a}=\begin{bmatrix} 1 & -\cos u & -\sin u & 0 & 0 & 0 \\ -1.5(u-u_0) & 2\sin u & -2\cos u & 0 & \cot i & 1 \\ 0 & 0 & 0 & \sin u & -\cos u & 0 \end{bmatrix}\begin{pmatrix} \Delta a/a \\ \Delta e_X \\ \Delta e_Y \\ \Delta i_X \\ \Delta i_Y \\ \Delta u \end{pmatrix} \tag{5.64}$$

考虑到 Δa 相比于 a 为小量（稳定构形情况下，Δa 近似为 0），对式 (5.64) 进行近似，以分量形式展开可得

$$\begin{cases} x_H/a \approx -\cos u \Delta e_X - \sin u \Delta e_Y \\ y_H/a \approx -2\sin u \Delta e_X - 2\cos u \Delta e_Y + \cot i \Delta i_Y + \Delta u \\ z_H/a \approx -\sin u \Delta i_X - \cos u \Delta i_Y \end{cases} \tag{5.65}$$

令 $p=a\delta e$，$l=a(\cot i \Delta i_Y+\Delta u)$，$s=a\delta i$，同时利用三角公式可得

$$\begin{cases} x_H \approx -p \cdot \cos(u-\theta_{\mathrm{FF}}) \\ y_H \approx 2p \cdot \sin(u-\theta_{\mathrm{FF}})+l \\ z_H \approx s \cdot \sin(u-\psi_{\mathrm{FF}}) \end{cases} \tag{5.66}$$

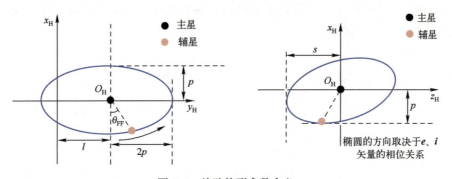

图 5.4　编队构形参数含义

式（5.66）表明编队卫星之间的相对运动可以分解为垂直轨道面的简谐运动与轨道面内的椭圆运动。在编队坐标系下 $X_H O_H Y_H$ 平面内椭圆的相位和大小由 Δe 矢量决定；l 为主星与椭圆的中心之间的偏移量。

当 l 为零而 Δe 矢量不为零时，编队卫星的相对运动在 XOY 平面内的轨迹是以主星为原点、长半轴为 $2a\delta e$、短半轴为 $a\delta e$ 的椭圆。δe 表示椭圆的大小，而 θ_{FF} 决定了两星初始相对相位关系，如图 5.5 所示。当 $u=\theta_{FF}$ 时，辅星在主星的正下方，而 $u=\theta_{FF}+\pi/2$ 时辅星在主星的前方。

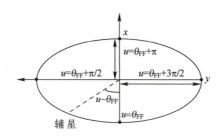

图 5.5　辅星相对主星的运动轨迹在轨道面内投影（$l=0$ 时）

同样，Δi 矢量引起垂直轨道面方向的简谐振动。根据 Δe 矢量与 Δi 矢量的相位关系，分情况进行说明。

Δe 矢量和 Δi 矢量平行，即 $\theta_{FF}=\psi_{FF}+k\pi, k=1,2,3,\cdots$；

Δe 矢量和 Δi 矢量垂直，即 $\theta_{FF}=\psi_{FF}+k\pi/2, k=1,3,5,\cdots$。

当 Δe 矢量和 Δi 矢量平行时，Δr_x 与 Δr_z 不会同时为 0；当 Δe 矢量和 Δi 矢量垂直时，Δr_x 与 Δr_z 会同时为 0。两星相对运动在垂直轨道平面内的投影如图 5.6 所示。由于大气模型精度以及控制残差的影响，编队卫星相对运动沿航迹方向具有很大的不确定性，所以只有当 Δe 矢量和 Δi 矢量平行时编队构形本身的几何尺寸才能有效保证两星在垂直航迹向的平面内最小距离大于安全距离。

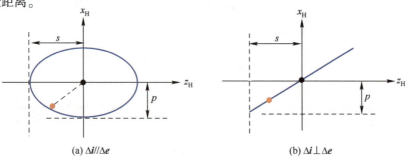

图 5.6　e、i 矢量平行和垂直情况下两星相对运动在垂直轨道平面内的投影

5.2.3 编队构形设计

根据编队构形 e、i 矢量运动学方程可知,编队构形参数的形式及具体含义如下:

(1) 绕飞椭圆短半轴:$p=a\delta e$,该参数决定了参考轨道面内绕飞椭圆的大小。

(2) 垂直轨道面方向运动振幅:$s=a\delta i$,该参数决定了绕飞轨迹在 z 方向运动的幅度。

(3) 初始相位差:$\beta=\theta-\varphi$,该参数和 p、s 共同决定了构形绕飞轨迹平面在惯性空间的指向。

(4) 绕飞椭圆初始相位:θ,该参数决定了初始时刻环绕星在绕飞椭圆上的位置。

(5) 绕飞椭圆中心沿航迹距离:$l=a(\Delta\lambda+\Delta\Omega\cos i)$,该参数决定了环绕星绕飞椭圆中心与参考星在沿航迹方向上的位置关系。

分布式卫星任务对编队构形的要求主要源自对星间基线的要求,如分布式 SAR 干涉测量任务。另外,从降低构形保持能耗的角度考虑,对构形稳定性的要求也会对编队构形提出一定的约束。目前提出的典型编队构形主要包括如下几类。

(1) 跟飞构形:环绕星和参考星在同一轨道上,两者间隔一定的距离。第一个实现在轨飞行的分布式卫星系统——EO-1 与 LandSat-7 组成的粗略编队就是采用了跟飞构形。跟飞构形只有 l 不为零,其他各构形参数均为零。

(2) 侧摆构形:由于相对运动无参考轨道面内分量,因此相对运动表现为垂直轨道面方向的简谐振动。采用侧摆构形的典型任务为 Pendulum 任务。为降低环绕星和参考星的碰撞风险,两星之间一般在沿航迹方向有一定距离。

(3) 共面伴飞构形:由于相对运动在参考星轨道坐标系中 z 向分量为 0,因此相对运动轨迹为参考轨道面内的绕飞椭圆,沿航迹方向的距离可以为 0 或者根据任务需要确定。ESA 提出的 Cartwheel 干涉测量系统采用的即是此类构形。

(4) 空间圆构形:相对运动轨迹为中心在参考星上的空间圆,环绕星和参考星之间的距离保持不变。空间圆构形的绕飞平面与参考星轨道坐标系的

x-z 平面垂直,与 y-z 平面的夹角为 30°或 150°。采用空间圆构形的典型任务为 TechSat-21 计划。

(5) 星下点圆构形:编队卫星绕飞轨迹在当地水平面（y-z 平面）的投影是以参考星为中心的圆。星下点圆构形的绕飞平面与参考星轨道坐标系的 x-z 平面垂直,与 y-z 平面的夹角为 26.5°或 153.5°。

表 5.1 列出了上述几种典型编队构形的参数取值,其中 r 为空间圆或星下点圆的半径[22-25]。

表 5.1 典型编队飞行构形参数

典型编队构形	p	s	θ	β	l
跟飞构形	0	0	0	0	l
侧摆构形	0	s	0	β	l
共面伴飞构形	p	0	θ	0	l
空间圆构形	$r/2$	$\sqrt{3}r/2$	θ	90°/270°	0
星下点圆构形	$r/2$	r	θ	90°/270°	0

针对上面 5 种典型编队构形,分别给出一组仿真示例,仿真参数如表 5.2 所列。

表 5.2 仿真参数

典型编队构形	p	s	θ	β	l
跟飞构形	0	0	0	0	1000
侧摆构形	0	1000	0	90°	500
共面伴飞构形	1000	0	90°	0	500
	1000	0	90°	0	0
空间圆构形（$r=1000$）	500	$500\sqrt{3}$	100°	10°	0
星下点圆构形（$r=2000$）	1000	2000	180°	-90°	0

5 种典型编队构形如图 5.7~图 5.11 所示,其中 x 轴为编队坐标系径向, y 轴为编队坐标系航迹向, z 轴为编队坐标系法向。

第 5 章 卫星编队设计

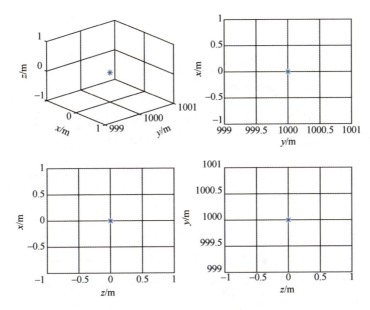

图 5.7 跟飞构形

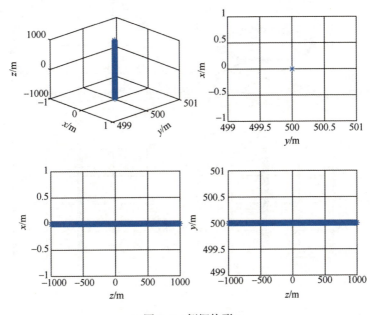

图 5.8 侧摆构形

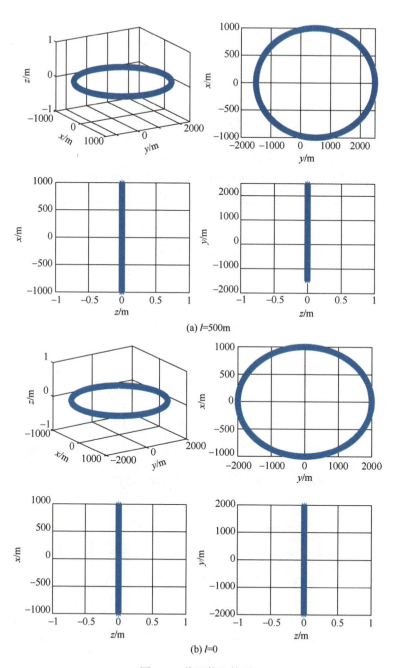

图 5.9 共面伴飞构形

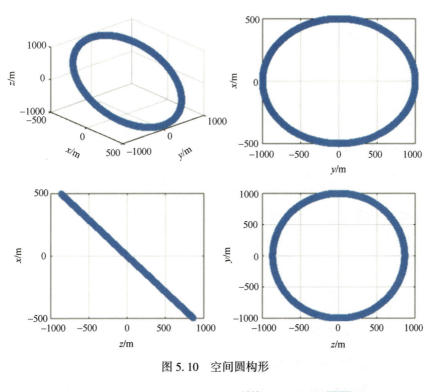

图 5.10 空间圆构形

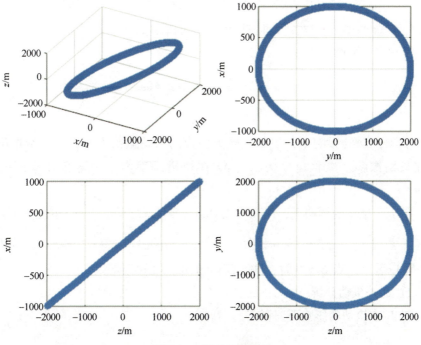

图 5.11 星下点圆构形

5.2.4 卫星编队构形受摄分析

前面给出了在二体假设下的编队飞行相对运动方程，得出了一些有用的结论。但是实际上，人造地球卫星在围绕地球的运行过程中会受到许多干扰，其中主要有地球非球形引力摄动、大气阻力摄动、日月引力摄动、太阳光压摄动等。不难理解，在摄动作用下，卫星编队飞行与二体假设下也有所不同。卫星编队飞行涉及两种运动，即卫星绕地球的运动和卫星"绕"卫星的运动。并且，卫星"绕"卫星的运动是两个卫星绕地球的运动的简单合成，是编队飞行中的研究重点。因此，在编队飞行的摄动分析中，重点研究环绕卫星对参考卫星的相对轨道在摄动影响下的变化情况[24]。

针对低轨编队卫星，主要分析地球扁率 J_2 项摄动对其面内与面外相对运动影响。

1）面内摄动分析

考虑 J_2 项摄动的影响，对 Δe 进行推导，具体结果如下：

$$\begin{cases} \Delta e_x = e_h\cos(\omega_{h0}+\dot{\omega}_h t) - e_c\cos(\omega_{c0}+\dot{\omega}_c t) \approx \delta e_0 \cos(\theta_0+\dot{\omega}_h t) \\ \Delta e_y = e_h\sin(\omega_{h0}+\dot{\omega}_h t) - e_c\sin(\omega_{c0}+\dot{\omega}_c t) \approx \delta e_0 \sin(\theta_0+\dot{\omega}_h t) \end{cases} \quad (5.67)$$

式中：下标"0"表示在初始时刻相关参数的取值。

根据式（5.67）可知

$$\begin{cases} p = a\delta e = a\sqrt{\Delta e_x^2 + \Delta e_y^2} = \delta e_0 \\ \theta = \theta_0 + \dot{\omega}_h t \end{cases} \quad (5.68)$$

即在 J_2 项摄动的影响下，卫星在轨道面内的运动振幅不变，但初始相位角存在长期漂移，漂移速率为 $\dot{\omega}_h$（Δe 在轨道平面内以一定角速率顺时针旋转）。

在 J_2 项摄动的影响下，伴飞轨迹中心与参考星之间的距离 l 变化如下：

$$l = a[(\Delta\lambda_0 + \Delta\Omega_0 \cos i_c) - 7A_c \sin 2i_c \cdot \Delta i \cdot t] \quad (5.69)$$

可以看出：当 $\Delta i \neq 0$ 时，l 随着时间的增大而逐渐增大。

2）面外摄动分析

在 J_2 项摄动的影响下，存在

$$\begin{cases} s = a\delta i = a\sqrt{(\Delta i_0)^2 + [(\Delta\Omega_0 + \Delta\dot{\Omega}t)\sin i_c]^2} \\ \sin\varphi = \dfrac{a(\Delta\Omega_0 + \Delta\dot{\Omega}t)\sin i_c}{s} \end{cases} \quad (5.70)$$

根据式（5.70）可知，当 $\Delta\dot{\Omega} \neq 0$ 时，J_2 项摄动将导致轨道面法向运动振幅增大。

与编队构形一般表达的式相比较，可以看出摄动对编队构形的长期作用主要体现在以下几个方面：

（1）J_2 项引力摄动作用下的近地轨道编队构形在参考轨道面内运动的振幅由偏心率与近地点幅角决定，基本保持不变，而轨道面法向振幅受升交点赤经漂移影响存在一个长期项漂移，因而不断变化；

（2）参考轨道面内运动的初始相位角为 θ_0，漂移速率为 $\dot{\omega}_h$，而轨道面法向相位角初值为 φ_0，即初始相位差 β 存在 $\dot{\omega}_h$ 的漂移速率；

（3）沿迹向漂移量为 $a(\Delta\lambda_0 + \Delta\Omega_0\cos i_c)$，漂移速率为 $(\Delta\dot{\lambda} + \Delta\dot{\Omega}\cos i_c)t - 7A_c a\sin 2i_c \cdot \Delta i \cdot t$。

选取如表 5.3 所列编队主星与辅星轨道参数进行为期一周的 J_2 项摄动影响分析，仿真结果如图 5.12、图 5.13 所示。

表 5.3　编队轨道根数

参　　数	主　　星	辅　　星
a/km	6896.195	6896.195
e	0.001075	0.00106488
Ω/(°)	100.000	100.007
i/(°)	97.47535	97.4741
ω/(°)	90.000	93.8539
M/(°)	0.000	356.147

根据仿真结果可以看出，相对运动在轨道面内投影的形状不变，但逐渐偏离坐标系原点，即 p 几乎不变，l 逐渐增大；相对运动在轨道法向的分量振幅逐渐变小，即 s 逐渐减小。

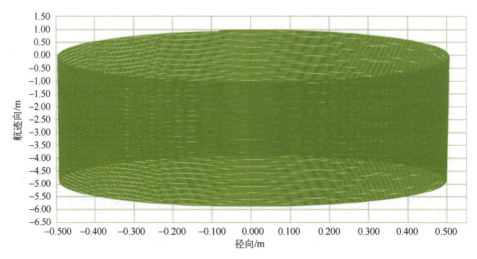

图 5.12 J_2 项摄动对轨道面内运动的影响

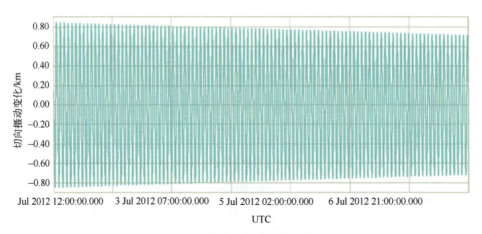

图 5.13 J_2 项摄动对轨道面外运动的影响

5.3 编队构形控制

5.3.1 卫星高斯控制方程

根据编队卫星相对运动学可知,编队卫星的相对运动是由卫星的相对轨道根数决定的,因此对卫星构形的维持和控制最终将落实在对卫星相对轨道根数的控制。从相对轨道控制的过程分析，主星是被动的，相对轨道机动是由辅星执行的。

针对近圆非赤道轨道卫星，可以采用简化的高斯方程[25-26]：

$$\begin{pmatrix} d\Delta a \\ d\Delta e_X \\ d\Delta e_Y \\ d\Delta i_X \\ d\Delta i_Y \\ d\Delta u \end{pmatrix} = \frac{1}{v} \begin{bmatrix} 0 & 2a & 0 \\ \sin u & 2\cos u & 0 \\ -\cos u & 2\sin u & 0 \\ 0 & 0 & \cos u \\ 0 & 0 & \sin u \\ 0 & -3v/a\Delta t & 0 \end{bmatrix} \begin{pmatrix} \Delta v_x \\ \Delta v_y \\ \Delta v_z \end{pmatrix} \quad (5.71)$$

式中：v 是卫星速度。

从式（5.71）可以看出，通过对辅星在双星编队坐标下三个方向的控制，可以实现对编队卫星6个相对轨道根数的控制。值得注意的是，控制 Δe 矢量时，采用沿航迹方向控制效率是沿径向的两倍，同时调整 Δa 只能采用沿航迹方向控制，所以调整平面内轨道根数采用对沿航迹方向控制，而对 Δi 矢量的控制采用轨道法线方向控制。

5.3.2 编队脉冲控制策略

结合工程实际介绍一种四脉冲控制方法[27]，该方法简便，便于实施，仅需获取始末构形参数即可计算出燃料消耗，在编队控制中只需航天器上沿轨道面法向与沿迹方向上的推力器工作即可。

5.3.2.1 平面外编队参数控制

根据卫星轨道动力学，平面外轨道参数即相对倾角矢量调整仅能通过垂直于轨道平面的推力控制完成。

由卫星的相对动力学方程可得

$$\begin{cases} d\Delta i_X = \dfrac{1}{na}\Delta v_z \cos u \\ d\Delta i_Y = \dfrac{1}{na}\Delta v_z \sin u \end{cases} \quad (5.72)$$

在 $u_1 = \arctan(\mathrm{d}\Delta i_Y/\mathrm{d}\Delta i_X)$ 或者 $u_2 = \arctan(\mathrm{d}\Delta i_Y/\mathrm{d}\Delta i_X) + \pi$ 时刻喷气，喷气的幅度选择为 $\Delta v_z = na\sqrt{\mathrm{d}\Delta i_X^2 + \mathrm{d}\Delta i_Y^2}$，在 u_1 时喷气为正向喷气，在 u_2 时喷气为反向喷气，就能够修正相对倾角矢量的偏差。

5.3.2.2 平面内编队参数控制

根据卫星轨道动力学，沿航迹向推力喷气可以同时控制相对半长轴、相对偏心率矢量以及相对纬度幅角；沿径向喷气只能控制相对偏心率，但是调整相对偏心率的效率只有航迹向的50%。因此，为减少燃料消耗，采用仅沿航迹向控制的方式。

按照控制次数少、控制效率高的原则，三脉冲就可以实现平面内轨道参数的联合控制。

平面内三脉冲控制考虑轨道根数之间的耦合影响，采用联合调整方式。通过3次相位间隔180°的脉冲控制，联合调整相对半长轴、相对偏心率矢量以及相对平纬度幅角。

假定调整量为 Δa（半长轴调整量）、Δe（偏心率矢量调整量）和 Δu（纬度幅角调整量），同时考虑到触发时刻与编队控制时刻的不一致导致 Δa 不为零引起沿航迹方向上的漂移。

根据上述约束，可以得到三脉冲的速度增量如下：

$$\begin{cases} \Delta v_1 = \dfrac{na}{8}\sqrt{\delta\Delta e_X^2 + \delta\Delta e_Y^2} - \dfrac{n}{8}\Delta a - \dfrac{na}{6\pi}(\Delta u - 1.5(u_1-u_0)\Delta a/a) \\ \Delta v_2 = -\dfrac{na}{4}\sqrt{\delta\Delta e_X^2 + \delta\Delta e_Y^2} + \dfrac{n}{4}\Delta a \\ \Delta v_3 = \dfrac{na}{8}\sqrt{\delta\Delta e_X^2 + \delta\Delta e_Y^2} + \dfrac{3n}{8}\Delta a + \dfrac{na}{6\pi}(\Delta u - 1.5(u_1-u_0)\Delta a/a) \end{cases} \quad (5.73)$$

式中：第1次喷气是在纬度幅角 $u_1 = \arctan(\delta\Delta e_Y/\delta\Delta e_X)$ 时刻；第2次喷气是在纬度幅角 $u_2 = \arctan(\delta\Delta e_Y/\delta\Delta e_X) + \pi$ 时刻；第3次喷气是在纬度幅角 $u_3 = \arctan(\delta\Delta e_Y/\delta\Delta e_X) + 2\pi$ 时刻；u_0 为触发时间对应的纬度幅角。

5.3.3 编队控制任务及流程

5.3.3.1 编队控制任务

编队控制包括编队初始化、编队保持以及编队重构[29]。其中，编队初始化控制是指卫星在完成初轨捕获及在轨测试后，对辅星进行编队控制，形成相对于主星绕飞编队构形的控制过程，主要是修正初轨捕获结束到初始编队构形之间的偏差。编队保持是指由于成像的需求卫星需要定期维持特定编队构形而进行的控制过程；编队保持的目的是消除轨道摄动及控制残差对编队构形的累积影响，以满足有效载荷成像对特定测量基线和覆盖纬度的要求。编队重构控制是指由于成像或覆盖纬度的需求卫星需要在两个不同的编队构形之间进行切换而进行的控制过程。编队重构目的是使两颗卫星从一种编队构形状态切换到另外一种构形状态，以满足有效载荷成像对测量基线和覆盖纬度的不同要求。

5.3.3.2 编队控制流程

首先，给出需要的编队构形状态，即期望的标称构形参数。控制系统根据全球卫星导航系统（GNSS）数据确定当前编队构形状态，并计算（地面计算后上注或者星上自主计算）当前构形与期望的标称构形参数之间的编队构形修正量（Δa、Δp、Δs、$\Delta \theta_{FF}$、$\Delta \psi_{FF}$、Δl）。

然后，编队控制策略根据构形修正量判断是否需要控制。若需要控制，则计算对应的喷气控制指令序列（包括控制时刻 T_i、喷气长度 Δt_i）。

最后，根据指令序列选择对应的编队推力器，并完成喷气控制。喷气控制产生的编队控制推力 F_b 会导致辅星的轨道发生改变。辅星轨道发生改变后，姿轨控的导航模块经过计算，解算出控后编队构形参数，从而可以判断出控后的效果，并为后续的编队控制做好准备。编队控制流程图如图 5.14 所示。

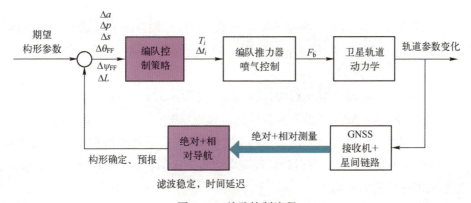

图 5.14　编队控制流程

5.4 编队安全性设计

编队安全性设计是通过构形设计和控制系统设计两方面措施分别实现的，具体如下：

（1）根据编队卫星相对运动学，设计编队构形，保证编队卫星在正常编队飞行状态下不发生碰撞；

（2）从相对导航与控制策略验证、限喷措施设计、编队初始化的安全接近设计、单机级保障措施以及故障诊断等方面出发，采取针对性措施，极大降低新技术、新单机和新状态带来的风险，使得两星碰撞为极小概率事件。

5.4.1 编队构形设计保障

编队构形设计就是利用卫星编队飞行运动学分析结论，设计相应的编队构形参数（p、s、θ_{FF}、ψ_{FF}、l），使得编队卫星满足载荷在特定观测纬度带上的基线要求，同时两星在正常编队飞行状态下不发生碰撞。

由卫星编队飞行机理分析可知，两星相对距离在 $X_H O_H Z_H$ 面内的投影可以表示为

$$r_{X_H O_H Z_H} = \sqrt{\Delta r_x^2 + \Delta r_z^2} = \sqrt{p^2 \cos(u-\theta_{FF})^2 + s^2 \sin(u-\psi_{FF})^2}$$
$$= \sqrt{\frac{p^2 + s^2 + p^2 \cos 2(u-\theta_{FF}) - s^2 \cos 2(u-\psi_{FF})}{2}} \quad (5.74)$$

由式（5.74）可知，两星相对距离在 $X_H O_H Z_H$ 面内投影的最小值由编队构形参数 p、s 以及 θ_{FF} 与 ψ_{FF} 的差值（即 Δe 矢量和 Δi 矢量的相位关系）确定。

当 Δe 矢量与 Δi 矢量平行时，$(r_{X_H O_H Z_H})_{\min}$ 为 p 和 s 中的最小值；

当 Δe 矢量与 Δi 矢量垂直时，$(r_{X_H O_H Z_H})_{\min}$ 为 0。

因此编队构形设计应该保证 Δe 矢量与 Δi 矢量平行或近似平行；同时 p 和 s 应该大于安全阈值，其设计裕度应考虑轨道摄动、相对导航精度以及编队控制精度等因素的影响。

5.4.2 控制系统设计保障

控制系统设计防撞主要从相对导航与编队控制策略的工作状态检查与验证、编队推力器限喷措施设计、编队初始化安全接近设计、单机可靠性措施，以及故障诊断进行专项设计，极大降低由于相对导航与控制算法验证不足、推力器限喷措施不到位、单机和系统故障等导致的两星碰撞风险。

1) 相对导航与编队控制策略的工作状态检查与验证

在编队飞行初期阶段，卫星采用星地大回路编队控制方式。该阶段重点完成相对导航算法的正确性验证、导航精度地面确认、编队推力器工作正确性验证、推力器精度标定等工作；同时，相对导航与编队控制策略必须在地面预先完成仿真验证后上注星上执行，执行后地面对控后的精度进行确认。这些工作状态检查与验证工作可以结合编队初始化进行。相对导航与编队控制的工作状态检查如图 5.15 所示。

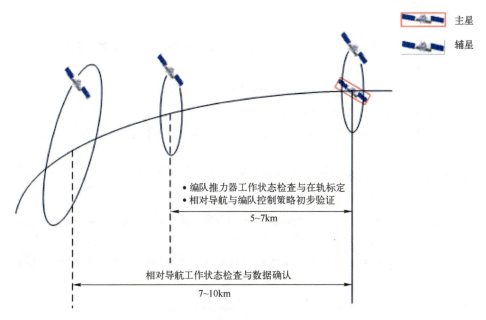

图 5.15 编队飞行初期阶段相对导航与编队控制的工作状态检查

在编队飞行中期阶段，由于星上已经成功完成数十次编队控制，相对导航、地面生成的编队控制策略、推力器状态与标定精度已经经过较为充分的在轨验证。此时星上可以自主生成导航与控制策略，并与地面生成的控制策略进行比对。

在编队飞行后期阶段，通过几次与地面生成的控制策略比对与改进，使星上自主编队控制策略逐渐得到验证。编队控制算法验证充分后方可将控制方式转为星上自主。

2）编队初始化安全接近设计

两星入轨后，在完成单星姿态建立、初轨捕获和在轨测试后，需要辅星从远离主星数十千米到数百千米的地方，逐步接近主星，通过编队初始化控制，最终形成近距离绕飞编队构形。

由于卫星入轨后编队控制策略尚未进行在轨验证，编队推力器亦未进行测试，所以从安全角度考虑编队初始化采用星地大回路控制方式，同时通过控制两星的接近速率，保证两星安全。

参考文献

[1] 叶发茂，孟祥龙，董萌，等．遥感图像蚁群算法和加权图像到类距离检索发［J］．测绘学报，2021，50（5）：612-620.

[2] 李楠，丛琳，陈重华，等．多约束条件分布式 InSAR 编队构形工程优化方法［J］．测绘学报，2022，51（12）：2440-2447.

[3] 刘思伟．星载 InSAR 基线选择［J］．武汉大学学报（信息科学版），2008，33：37-39.

[4] 保铮，邢孟道，王彤．雷达成像技术［M］．北京：电子工业出版社，2005：278-279.

[5] 袁孝康．星载合成孔径雷达导论［M］．北京：国防工业出版社，2003.

[6] 柯兰德，麦克唐纳．合成孔径雷达：系统和信号处理［M］．韩传钊，译．北京：电子工业出版社，2006.

[7] 楼良盛．基于卫星编队 InSAR 数据处理技术［D］．郑州：解放军信息工程大学，2007.

[8] GRAHAM L C. Synthetic aperture radar for topographic mapping［J］．IEEE，1974，62：763-768.

[9] ZEBKER H A, MADSEN S N. The TOPSAR interferometric radar topographic mapping instrument［J］．IEEE Trans. on Geoscience and Remote Sensing，1992，30（5）：933-940.

[10] TREUHAFT R N, SIQUEIRA P R. Vertical structure of vegetated land surfaces from interfero metric and polarimetric radar［J］．Radio Science，2000，35（1）：141-177.

[11] TREUHAFT R N, MADSEN S N, MOGHADDAM M, et al. Vegetation characteristics and underlying topography from interferometric radar [J]. Radio Science, 1996, 31 (6): 1449-1485.

[12] JAAN P, OLEG A. LIDAR-aided SAR interferometry studies in boreal forest: scattering phase center and wxtinction coeffcient at X- and L-band [J]. IEEE Transactions on Geoscience and Remote Sensing, 2012, 50 (10): 3831-3843.

[13] ERICA H P, GEORGIA F. A feasibility assessment for low-cost InSAR formation flying microsatellites [J]. IEEE Transactions on Geosci-ence and Remote Sensing, 2009, 47 (8): 2847-2858.

[14] STEFAN O, EADS A, WOLFGANG P, et al. The TerraSAR-X and TanDEM-X satellites [C]// 3rd International Conference on Recent Advances in Space Technologies, June 14-16, Istanbul, Turkey, 2007: 294-298.

[15] ZINK M, MICHAEL B, DAVID M. TanDEM-X mission starus [C]// IEEE International Geoscience & Remote Sensing Symposium July 24-29, Vancouver, Canada, 2011: 2290-2293.

[16] RUNGE H, GILL E. An interformetric SAR satellite mission [C]// 54th International Astronautical Congress, October 1-5, Bremen, Germany, 2003: 1-7.

[17] 陈杰, 周萌清, 李春生. 分布式 SAR 小卫星编队轨道设计方法研究 [J]. 中国科学 E 辑信息科学, 2004, 34 (6): 654-658.

[18] 姜卫平, 赵伟, 赵倩, 等. 新一代探测地球重力场的卫星编队 [J]. 测绘学报, 2014, 43 (2): 111-117.

[19] 郝继刚, 张育林. SAR 干涉测高分布式小卫星编队构形优化设计 [J]. 宇航学报, 2006, 27 (4): 654-658.

[20] KRIEGER G, MORERIA A, FIEDLER H, et al. TanDEM-X: a satellite formation for high-resolution SAR interferometry [J]. Journal of IEEE Transactions on Geoscience and Remote Sensing, 2007, 45 (11): 317-3341.

[21] 楼良盛, 刘志铭, 张昊, 等. 天绘二号卫星工程设计与实现 [J]. 测绘学报, 2020, 49 (10): 1252-1264.

[22] MASSONNER D. Capabilities and limitations of the inter-ferometric cartwheel [J]. IEEE Transactions on Geoscience and Remote Sensing, 2001, 39 (3): 506-520.

[23] ERICA H P, GEORGIA F, ROBERT E Z. A feasibility assessment for low-cost InSAR formation flying microsatellites [J]. IEEE Transactions on Geoscience and Remote Sensing, 2009, 47 (8): 2847-2858.

[24] 孙俊, 黄静, 张宪亮, 等. 地球轨道航天器编队飞行动力学与控制研究综述 [J]. 力学与实践, 2019, 41 (2): 117-136.

［25］胡敏，曾国强，姚红. 基于相对轨道根数的卫星编队重构控制研究［J］. 装备指挥技术学院学报，2010，21（1）：74-77.

［26］SIMONE D A, OLIVER M. Proximity operations of formation-flying spacecraft using an eccentricity/inclination vector separation［J］. Journal of Guidance, Navigation, and Control, 2006, 29（3）: 554-563.

［27］陈重华，李楠，完备，等. InSAR 编队卫星构形保持控制方法［J］. 测绘学报. 2022，51（12）：2448-2454.

第 6 章 编队卫星协同工作技术

编队情况下的 InSAR 是一个多基雷达系统,为了更好地减小系统的时间干损和大气干损,以及能保持多个雷达接收信号间有较好的相干性,编队卫星雷达的工作模式采用一发双收模式,即不存在区分两部雷达信号问题,也能使有效基线的长度增加一倍。在一发双收的编队 InSAR 方案中,因辅雷达要接收主雷达发射的信号,发射雷达与接收雷达之间必须要相互协调、相互配合。具体体现为辅星被动接收雷达的信号与主星雷达接收的信号应是地面相同区域的回波;为了使辅星雷达被动接收雷达的信号具有最高的信噪比,需要把辅星雷达天线波束脚印与主星雷达天线波束脚印照射在同一区域,或者使主、辅星 SAR 天线的波束在地面有足够的重叠;为了使辅雷达接收的回波能实现 SAR 成像,并使干涉相位差只体现主、辅星到地面同一点的距离差,需要被动雷达的本振信号与主动雷达的发射信号在相位上保持一定关系。为此,需要在两个雷达之间,建立起一定的同步关系。多基雷达之间的同步关系即为时间同步、相位(相参)同步和空间同步,通常合称为"三大同步"[1]。

6.1 时间同步技术

6.1.1 时间同步定义

接收天线要想取得所需目标的回波,需要精确地预知回波的到达时间,以便在恰当的时间对进入天线的电磁波进行采样。这就要求接收雷达必须事先知道发射雷达发射各脉冲的精确时刻,并使自己与发射雷达在时间上精确配合,这就是时间同步。

InSAR 卫星编队对地观测系统采用一发双收体制完成地面高程测量,要求主星与辅星同时采集同一地域的回波信号,这就需要主星与辅星用于采集回波的定时信号在时间上要精确对准,即需要实现双星定时信号的时间同步。时间同步包含两方面:其一是时间同步的建立,它是指在某一时间点,两同步时钟的时间读数相同;其二是时间同步的维持,它表示完成时间同步建立后,两同步时钟时间走时的准确性。

6.1.2 时间同步方法

InSAR 卫星编队对地观测系统时间同步一般采用秒脉冲(PPS)触发建立、GNSS 驯服晶振保持方法,即每次成像开机时,利用卫星 GNSS 提供的 PPS 信号作为星间同步脉冲信号进行一次初始同步,其后在开机成像期间利用 GNSS 驯服的高稳定度晶振实现时间同步保持。

GNSS 为 SAR 有效载荷提供时间同步参考信号,包括 GNSS 接收机输出的 PPS 信号和卫星 GNSS 时间数据、星间状态测量数据、两颗卫星 PPS 之间的相对时间差数据等。GNSS 接收机输出送给雷达的 PPS 的频度为每秒一次,在每次 SAR 开机成像前(首定标后),雷达定时信号产生模块接收到当前的 PPS 信号后,根据星间相对时差数据对 PPS 信号进行适当的延时处理,作为单次触发信号产生定时信号,使得两颗卫星的定时信号彼此同步。虽然每秒有一次时间同步信号,但雷达只是在成像前利用它触发一次。

微波测绘一号时间同步建立的实现流程如下[2]:

(1) 编队卫星上的 GNSS 接收机输出 PPS,并将各自 GNSS 原始数据利用星间链路对传,经解算后获得卫星位置、相对状态、GNSS 时间、相对时差等数据。

(2) GNSS 接收机输出经过驯服的 80MHz 信号通过同轴电缆送给 SAR 中央电子设备,作为基准频率产生的参考源;同时 GNSS 输出的 PPS 通过同轴电缆送给 SAR 中央电子设备的监控定时器,作为定时信号产生的同步触发信号。

(3) GNSS 接收机输出的相对时差等数据通过星上 1553B 总线由综合电子分系统转发给雷达监控定时器。

(4) SAR 中央电子设备利用 GNSS 驯服的 80MHz 信号二分频后的 40MHz 信号作为雷达定时信号产生的时钟信号。

(5) 监控定时器接收到 PPS 信号后利用本地 40MHz 信号进行选通,实现与 40MHz 时钟信号的同步。

（6）监控定时器由 1553B 总线接收到相对时差数据后，输出延时控制信号实现对 PPS 脉冲的延时调整，调整的原则是将超前的 PPS 延时，滞后的 PPS 不作调整。延时调整采用四舍五入的策略，调整后使得主星与辅星的 PPS 对齐。

（7）经延时调整对齐后的 PPS 分别触发产生主星与辅星的雷达定时 PRF 信号，实现雷达定时信号星间时间同步的建立。

星间时间同步建立过程中各种定时信号的时间关系示意如图 6.1 所示。

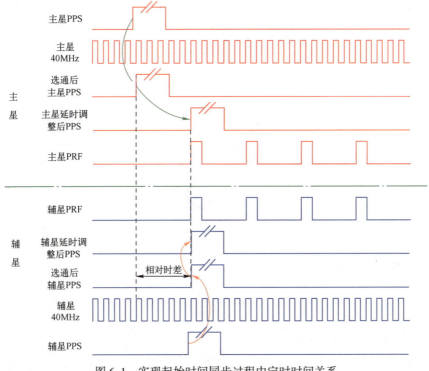

图 6.1　实现起始时间同步过程中定时时间关系

时间同步保持的目的是确保主、辅星间 SAR 载荷基准频率的高一致性，维持主、辅星 SAR 定时信号之间的差别。卫星 GNSS 输出的驯服晶振信号具有高度的频率一致性，InSAR 测绘成像期间主、辅星利用 GNSS 高频率一致性驯服主、辅星 SAR 载荷的基准频率，维持产生定时信号的差别，可以实现时间同步的保持。

6.1.3　时间同步要求分析

由图 6.2 时间同步影响示意图可知，在没有时间同步误差情况下，若雷

达 A_1 从地面点 P 开始接收回波信号,则雷达 A_2 也将从地面点 P 开始接收回波信号;若时间同步存在顺延误差 Δt,则当雷达 A_1 从地面点 P 开始接收回波信号时,雷达 A_2 将从地面点 P' 开始接收回波信号,从而引起地面测绘带宽的变化,变化的大小即为图 6.2 中地面点 P 到 P' 点的距离,故时间同步的要求根据系统对地面测绘带宽的精度要求而定。

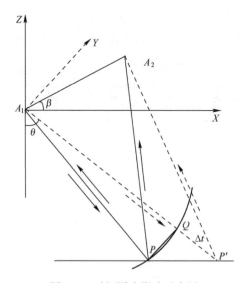

图 6.2 时间同步影响示意图

由图 6.2 可知[3]:

$$QP' \approx \frac{PP'}{\cos\theta} \tag{6.1}$$

式中:θ 为波束侧视角,则有

$$\Delta t = \frac{QP'}{c} \tag{6.2}$$

式中:c 为光速。考虑成像条带之间的接边问题,一般测绘带宽的精度要求为测绘带宽的 1/10。参考德国空间局的 TanDEM-X 系统,系统地面测绘带宽为 30km,则测绘带宽的精度要求为 3km。设波束侧视角 $\theta=45°$,则根据式(6.1)、式(6.2)可知,时间同步的要求为 $7\mu s$。

6.1.4 时间同步误差分析

根据时间同步机理,其误差从时间同步的建立和时间同步的维持两方面进行分析。

1) 时间同步建立误差[2]

根据起始时间同步的实现流程,中央电子设备子系统在实现起始时间同步过程中引入的误差主要有 PPS 选通误差、PPS 延时调整误差、PRF 触发延时误差、相对时差数据接收滞后引入误差、延时调整量化误差和相对时差数据误差。

起始时间同步误差链路如图 6.3 所示。下面分别对各项误差进行说明。

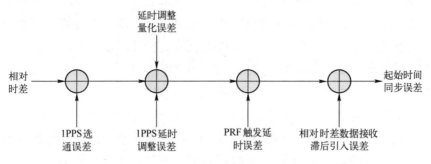

图 6.3　起始时间同步误差链路

(1) PPS 选通误差。主星与辅星 PPS 选通如图 6.4 所示。若定时时钟的频率为 40MHz,时间分辨率为 25ns,则在对外部 PPS 进行选通时产生的最大时间误差为 25ns。需要说明的是,虽然两颗卫星均需要对 PPS 进行选通,但选通引入的两颗卫星相对时间误差最大为 25ns。

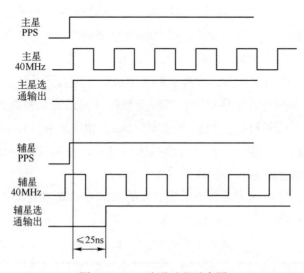

图 6.4　PPS 选通过程示意图

（2）PPS 延时调整误差。选通后需要对时间超前的 PPS 进行延时调整，延时调整一般通过卫星 FPGA 内部的同步时序逻辑电路实现，考虑 FPGA 内部电路延时，FPGA 器件每级触发器的延时时间为 1~2ns。由于延时调整采用同步时序逻辑电路实现，因此无论需要多少级触发器，延时调整带来的时间误差均为单级电路的延时，该误差项最大不超过 2ns。

（3）PRF 触发延时误差。经过延时调整将两颗卫星的 PPS 基本对齐后，将 PPS 送给雷达的定时信号产生器，触发产生雷达定时 PRF 信号。定时信号产生在 FPGA 内部实现，考虑 FPGA 内部电路延时，触发产生的 PRF 信号相对于 PPS 有所滞后，滞后时间为一级电路延迟，因此误差最大为 2ns。但由于主星与辅星均有该触发操作，因此触发产生的时间误差仅为电路延迟的不一致性部分，保守估计，该项误差可以按照 1ns 考虑。

（4）相对时差数据接收滞后引入误差。根据一般系统论证分析，相对时差数据的输出比当前 PPS 滞后一般不超过 4s。实现起始时间同步时利用 4s 前的相对时差数据对下一秒的 PPS 进行延时调整，这也会带来时间误差。在 SAR 开机进入成像之前，GNSS 接收机停止对晶振的驯服和 PPS 的时间调整，在此期间引入的时间误差增加量为 0.1×(不修正的秒数+5)ns。系统一般要求在进入成像之前 2s GNSS 停止驯服晶振和调整 PPS，即不修正的时间为 2s，则由于相对时差数据接收滞后带来的时间误差为 0.7ns。

（5）延时调整量化误差。SAR 中央电子设备子系统接收到卫星 1553B 总线送来的星间相对时差数据后，利用 40MHz 定时时钟对 PPS 进行延时调整，相当于对星间相对时差进行量化，量化间隔为 25ns，量化策略采用舍入量化，则延时调整量化引入的最大时间误差为 12.5ns。

（6）相对时差数据误差。同样，SAR 中央电子设备子系统接收卫星 1553B 总线送来的星间相对时差数据后，该时差数据并不是完全精确的，根据一般系统论证分析，该相对时差数据的精度为 5ns，相应的在 SAR 中央电子设备建立起始时间同步过程中，相对时差数据本身的误差也被传递到时间同步误差中，即相对时差数据本身引入的误差为 5ns。

综上所述，中央电子设备子系统引入的各部分的误差量级如表 6.1 所列。时间同步建立的误差优于 46.2ns。

表 6.1　时间同步误差因素

误差名称	误差值	备注
PPS 选通误差	≤25ns	40MHz 时钟

续表

误差名称	误差值	备注
PPS 延时调整误差	≤2ns	—
PRF 触发延时误差	≤1ns	—
时差数据接收滞后的时间误差	≤0.7ns	—
延时调整量化误差	≤12.5ns	半时钟周期
相对时差数据引入的误差	≤5ns	—
合计	≤46.2ns	—

2) 时间同步维持误差

对于时间同步维持误差，GNSS 驯服的定时时钟信号的主、辅星频率一致性为 5×10^{-11}，若雷达开机最长为 5min，其误差为 15ns。

综上分析可知，时间同步误差最大为 61.2ns，可以满足系统使用要求。

6.2 空间同步技术

6.2.1 空间同步定义

在一发双收模式下，辅星接收主星发射信号的地面回波，其回波双程天线方向图不仅与其自身天线发射方向图有关，还与主星天线接收方向图及波束同步方式密切相关。辅星雷达回波双程方向图对辅图像的信噪比有着重要影响，进而影响到主、辅 SAR 图像的信噪比去相干。此外，主、辅雷达回波双程天线方向图差异还将影响多普勒去相干。

空间同步目的是主、辅星接收的回波相干性最优。使主、辅星 SAR 天线的波束在地面有足够的重叠，以保障被动接收的辅星能够获取高信噪比的 SAR 回波信号；或使主、辅星 SAR 天线波束脚印照射在同一个测绘带内并使回波多普勒中心频率相同，以保障较高的多普勒去相干。由此，实现空间同步有最大能量法和最大相干法两种方案，这两种方案在距离向要求是相同的，其区别就是方位向要求不同，空间同步示意图如图 6.5 所示。

最大能量法的同步方案，即"辅瞄主"模式，通过对辅星导引规律的偏置，在不考虑波束指向误差的情况下，可使辅星波束脚印与主星波束脚印重合，从而使辅星接收到的回波能量达到最大。该方案下，主、辅星波束中心指向测绘带中心同一点，这时系统信噪比去相干影响较小，但对多普勒去相

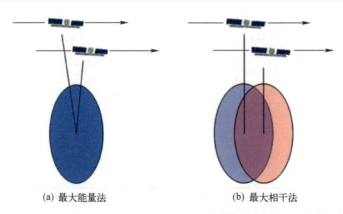

图 6.5 空间同步示意图

干影响较大。

与最大能量法相比,最大相干法并不要求主、辅星波束中心同时指向地面同一点,而要求主、辅星分别按照各自的偏航、俯仰二维导引规律将波束脚印照射在同一个测绘带内,并使主、辅星回波多普勒中心频率相同,保证较高的多普勒去相干。一般情况下,同步后的波束在方位向不完全重叠,主、辅星波束中心不指向同一点,辅星信噪比会有所下降,因此会影响信噪比去相干。

微波测绘一号两种方案均有。空间同步在卫星平台姿态控制精度和 SAR 天线波束指向精度的保障下,依靠平台姿态控制调整指向来实现。空间同步要求可以从天线波束指向偏差引起的信噪比干损和从主、辅星回波多普勒中心频率不同引起的多普勒干损进行分析。

6.2.2 空间同步方法

6.2.2.1 最大能量法

最大能量法空间同步的目的是使主、辅星 SAR 波束指向在地面场景的重合,以保障辅星 SAR 接收回波的能量足够。目前空间同步有两种技术实现方案。方案一是基于卫星平台的姿态测量与控制实现空间同步,由卫星平台与星间测量实施与保证;方案二是基于雷达回波多普勒中心频率估计和相控阵天线的波束电扫能力调整实现空间同步,由卫星平台、星间测量和 SAR 共同实施与保证。

1)基于平台姿态测量方法

依据卫星姿态测量、SAR 天线安装角度、相对位置、场景地面的纬度等信息,通过调整和控制平台姿态完成对 SAR 天线波束指向的调整和控制,实现主、辅星 SAR 波束指向在地面场景的重合。由于调整和控制过程仅依赖于高精度的姿态测量和控制精度，因此实现简单，便于控制，基于平台的姿态测量控制如图 6.6 所示。

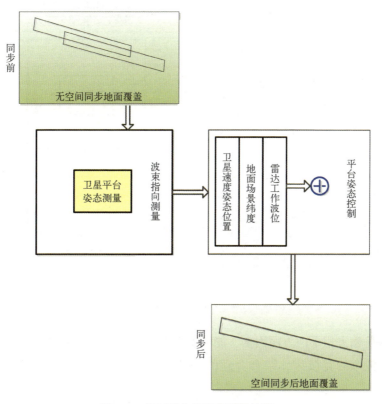

图 6.6　基于平台的姿态测量控制

2) 基于回波多普勒自适应方案

基于卫星速度、姿态、相对位置、场景地面的纬度等信息，空间同步的建立过程为：先由平台姿态控制实现粗同步（精度 0.1°），然后根据主、辅星 SAR 波束指向的偏差实时计算结果，由相控阵天线调整波束指向，实现高精度同步（精度 0.02°），基于回波的多普勒自适应方法如图 6.7 所示。

6.2.2.2　最大相干法

最大相干法空间同步要求主、辅星分别按照各自的偏航、俯仰二维导引规律将波束照射在同一个测绘带内。此模式下，方位向上，主、辅星回波多普勒中心频率残余误差基本相同，多普勒去相干较小，综合考虑信噪比去相

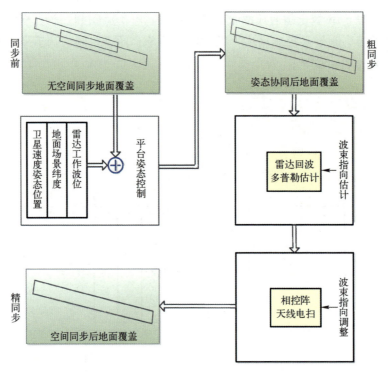

图 6.7 基于回波的多普勒自适应方法

干和多普勒去相干两方面因素,能够实现相干系数最优;距离向上,利用主、辅雷达波束的宽波束,结合合理的编队构形设计,实现主、辅波束的良好覆盖。

1) 最大相干法偏航和俯仰二维导引规律

多普勒中心频率是 SAR 卫星重要的成像参数,其定义为

$$f_\mathrm{d} = -\frac{2}{\lambda} \times \frac{\boldsymbol{V} \cdot \boldsymbol{R}}{|\boldsymbol{R}|}$$

式中:λ 为 SAR 波长;$\boldsymbol{V}$ 为卫星与目标的相对速度矢量;$\boldsymbol{R}$ 为 SAR 天线相位中心到目标斜距矢量。通常情况下,为了优化成像处理过程,提高图像质量,要求多普勒中心频率近似为 0。但由于地球自转的影响,使得卫星相对速度矢量和斜距矢量不垂直,从而使得多普勒中心频率不为 0,多普勒中心频率变化曲线如图 6.8 所示。

引入偏航和俯仰二维导引的目的是通过姿态偏置,使得多普勒中心频率为 0。经计算,理论上偏航和俯仰二维导引规律如下:

偏航角、俯仰角分别为

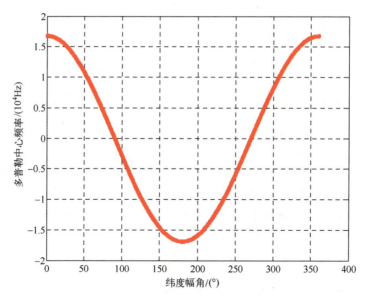

图 6.8 多普勒中心频率变化曲线

$$\psi = -\arctan\left(\frac{\omega_e r\cos u\sin i}{k(1+e\cos f)-\omega_e r\cos i}\right)$$

$$\theta = \arctan\left(\frac{ke\sin f}{\cos\psi[k(1+e\cos f)-\omega_e r\cos i]-\sin\psi\omega_e r\cos u\sin i}\right)$$

式中：u 为纬度幅角；i 为轨道倾角；f 为真近点角；r、k 分别为

$$r=\frac{a(1-e^2)}{1+e\cos f}, \quad k=\sqrt{\frac{\mu}{a(1-e^2)}}$$

式中：a 为轨道半长轴；e 为轨道偏心率；$\mu=398600\text{km}^3/\text{s}^2$。

由于上述二维导引规律较为复杂，工程上偏航角、俯仰角可简化为

$$\psi = -\arctan\left(\frac{\sin i\cos u}{N-\cos i}\right)$$

$$\theta = \arctan\left(\frac{e\sin f}{1+e\cos f}\right)$$

式中：$N=\omega_s/\omega_e$，其中 ω_s 为近地点幅角，ω_e 为地球自转角速度。

经二维导引后，多普勒中心频率剩余小于30Hz，满足成像对多普勒中心频率的需求，并且由于双星采用近距离编队，双星剩余多普勒中心可以相互抵消，实现多普勒去相干最小，相干系数最优。

2) 双星空间同步的实施

根据最大相干法的工作原理，空间同步的实施过程，主要涉及卫星两大

分系统：SAR 分系统和姿轨控分系统，姿轨控分系统是空间同步的执行系统，负责二维导引规律的实施，满足卫星姿态指向精度的要求；在此基础上 SAR 分系统需保证各个波位的波束指向精度满足相应的指标要求。

6.2.3 空间同步要求分析

6.2.3.1 最大能量法

最大能量法同步方案，空间同步就是要使副雷达天线波束的主瓣时刻指向主动雷达天线波束的主瓣所"照亮"的地面区域，这时系统信噪比去相干影响较小，但对多普勒去相干影响较大。其要求从主、辅星回波多普勒中心频率不同引起的多普勒干损进行分析。

多普勒去相干的大小与两个回波的多普勒中心频率差 Δf_{dc} 和方位压缩用的多普勒带宽 B_A 有关，可表示为[4-5]

$$\gamma_d = \begin{cases} 1-|\Delta f_{dc}|/B_A, & |\Delta f_{dc}| \leq B_A \\ 0, & |\Delta f_{dc}| > B_A \end{cases} \quad (6.3)$$

其中

$$\Delta f_{dc} = f_{dc2} - f_{dc1} = \frac{2 \cdot V}{\lambda} \cdot (\sin\varsigma_1 - \sin\varsigma_2) \approx \frac{2 \cdot V}{\lambda} \Delta\varsigma$$

式中：f_{dc}、ς 分别为回波的多普勒中心频率、雷达波束中心指向与距离向夹角；下标 1、2 分别表示主、辅雷达；$\Delta\varsigma$ 为主、辅雷达波束中心指向差；$B_A \approx 2V/L$，L 为雷达天线方位向长度。则式（6.3）可表示为

$$\gamma_d = \begin{cases} 1-\frac{L}{\lambda}\Delta\varsigma, & |\Delta f_{dc}| \leq B_A \\ 0, & |\Delta f_{dc}| > B_A \end{cases} \quad (6.4)$$

确保主、辅星回波多普勒中心频率相同通过卫星偏航、俯仰二维导引实现，而偏航、俯仰二维导引精度即为卫星平台姿态控制精度。根据式（6.4），从多普勒去相干情况可以对卫星姿态控制提要求，以确保最大相干法空间同步精度。设雷达天线方位向长度为 5.04m，波长为 3.12cm，若多普勒去相干要求不超过 0.95，则 $\Delta\varsigma$ 应优于 0.017。而 $\Delta\varsigma$ 为主、辅雷达波束中心指向差，需要主辅两星控制，故卫星平台控制精度应优于 0.012°。

6.2.3.2 最大相干法

最大相干法同步方案，主、辅星波束中心不指向同一点，辅星信噪比会

有所下降，其要求从主、辅星波束中心指向不同引起的信噪比去相干进行分析。

双基 SAR 对空间同步的基本要求是，天线波束指向在目标上形成的误差不大于天线足迹的 1/10。雷达波束角 ω 可用下式表示[6]，即

$$\omega = \frac{\lambda}{W} \tag{6.5}$$

式中：λ 为波长。

当 W 为天线长度时，ω 为方位向波束角；当 W 为天线宽度时，ω 为距离向波束角。

设波长为 0.0312m，雷达天线长度为 5.04m、宽度为 0.784m。则根据式（6.5）可得，方位向和距离向的波束角分别为 0.35°和 2.28°。

根据天线波束指向误差不大于天线足迹的 1/10 原则，考虑空间同步由两星共同完成，空间同步对方位向和距离向的指向精度要求分别为±0.018°和±0.114°，其方位向的要求明显高于距离向的要求。

6.2.4 空间同步影响分析

6.2.4.1 最大能量法

最大能量法空间同步对 InSAR 系统性能的影响为方位向分辨率。主、副雷达波束的指向的不同将决定着其回波的多普勒频带，进而决定了主、副雷达的回波间共同多普勒频带的大小，共同回波多普勒带宽的大小将分别决定方位分辨率。

对于地面某成像点，若主、副雷达指向与卫星飞行方向法平面的夹角为 α_1、α_2，则主、副雷达接收回波信号多普勒中心频率分别为 $f_{dc1} = (2V/\lambda)\sin\alpha_1$、$f_{dc2} = (2V/\lambda)\sin\alpha_2$（V 为卫星速度），其主、副雷达多普勒的频谱偏移为[4]

$$\Delta f_{dc} = |f_{dc1} - f_{dc2}| = \frac{2V}{\lambda}(\sin\alpha_1 - \sin\alpha_2) \approx \frac{2V}{\lambda}\Delta\alpha \tag{6.6}$$

式中：$\Delta\alpha = \alpha_1 - \alpha_2$ 为主、副雷达方位向指向偏差。方位向分辨率与多普勒带宽 B_d 有如下关系[7]：

$$\rho_a = \frac{V}{B_d} \tag{6.7}$$

则由于主、副雷达多普勒频谱偏移，其分辨率变为

$$\rho'_a = \frac{V}{B_d - \Delta f_{dc}} \tag{6.8}$$

把式（6.6）代入得

$$\rho_a' = \frac{V\lambda}{\lambda B_d - 2V\Delta\alpha} \tag{6.9}$$

由式（6.9）可知，随着主、副雷达方位向指向偏差的加大，方位向分辨率将变差。同样以 TanDEM-X 为例，卫星的速度为 7500m/s，若 SAR 方位向分辨率为 3m，则由式（6.7）可知，多普勒带宽应为 2500Hz，根据式（6.9），雷达天线方位向指向偏差对方位向分辨率的影响如图 6.9 所示。

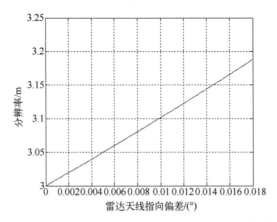

图 6.9　雷达天线方位向指向偏差对方位向分辨率的影响

6.2.4.2　最大相干法

最大相干法空间同步对 InSAR 系统性能的影响为高程测量精度影响。最大相干法空间同步不好，主、辅雷达天线方向图之间的峰值将错位，引起副雷达回波的信噪比下降，信噪比的下降导致主、副雷达图像间相干性的下降，从而影响高程测量精度。

从式（4.13）、式（4.14）可知，SAR 回波的信噪比与波束指向与天线法线的夹角 ψ 有关，当 $\psi=0$ 时，天线增益最大，SAR 回波的信噪比也最大。当空间同步不好时，副雷达天线指向与主雷达天线指向不一致，即副雷达的 ψ 不能为 0，从而使回波的信噪比下降。参考国内卫星系统参数[1]，对于一般的田地地面，信噪比为 7~8dB，天线波束指向错开天线足迹的 1/10，信噪比下降 0.2dB 左右。

信噪比下降会引起主、副雷达接收信号之间相关性下降，相关性是 InSAR 中最关键的因素。信噪比与信号相关系数的关系为[7-8]

$$\gamma = \frac{1}{\sqrt{(1+\mathrm{SNR}_1^{-1}) \cdot (1+\mathrm{SNR}_2^{-1})}} \tag{6.10}$$

式中：SNR_1 和 SNR_2 分别为主、被动雷达信噪比。设主、被动雷达信噪比相同，其信噪比对相关系数的影响如图 6.10 所示。从图 6.10 可知，当信噪比为 7~8dB 时，信噪比的变化对相关系数影响较大。

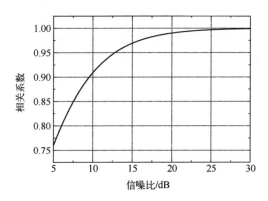

图 6.10 信噪比对相关系数的影响

相关性的好坏直接影响用于 InSAR 处理的相位精度，相位精度与信号相关系数的关系为[9-10]

$$m_\Phi = \pm \frac{1}{\sqrt{2N}} \frac{\sqrt{1-\gamma^2}}{\gamma} \tag{6.11}$$

式中：N 为复影像视数。相关系数对相位的影响如图 6.11 所示。

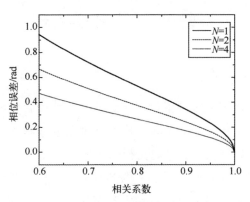

图 6.11 相关系数对相位的影响

根据 InSAR 高程测量原理，相位误差对 InSAR 高程测量精度的影响可以由下式给出：

$$m_h = \pm \frac{\lambda(r_1 + B\sin(\beta-\theta))\sin(\theta)}{2\pi B\cos(\beta-\theta)} m_\Phi \qquad (6.12)$$

式中：θ 为主雷达侧视角；β 为基线倾角；r_1 为成像点到主雷达天线相位中心的距离。设卫星轨道高度为 500km，雷达侧视角为 45°，雷达工作波段选择 X 波段，中心频率为 9.6GHz（波长为 3.2cm），雷达收发模式为一发多收时，根据有效基线的选择要求，其有效基线长度为 400m 左右，根据式（6.10）、式（6.11）和式（6.12），图 6.12 为复影像处理视数为单视时信噪比对 InSAR 高程测量精度影响情况。

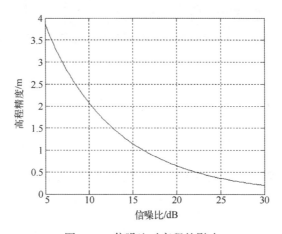

图 6.12　信噪比对高程的影响

6.3　相位同步技术

6.3.1　相位同步定义

合成孔径雷达是相干体制雷达，它要求参与孔径合成的所有回波脉冲之间在相位上保持确定和可知的关系，成像处理要依据这些相位间的关系对所有的回波进行相干积累，才能实现孔径的合成。所以在多基 SAR 系统，辅接收雷达必须要掌握主发射雷达所发射的各脉冲的相位，并使辅雷达自己的本振与主雷达的各脉冲在相位上保持稳定和可知的关系，辅雷达才可能对自己收到的回波实现 SAR 成像。这种使辅雷达的本振信号与主动雷达的发射信号在相位上保持一定的已知关系就是相位同步。对于 InSAR 系统除确保辅雷达收到的回波实现 SAR 成像外，还应确保辅雷达接收到主雷达发射的地面回波相位只与地面目标点到雷达天线的历程有关。

对一个相位不同步的被动雷达，如果能找出它信号的相位与相位同步要求的相位之间的差别，将这个差别反补到信号的相位中，就等价实现了与主动雷达的相位同步。

根据相位同步定义，相位同步的内涵分析如下：

设主星、辅星雷达的频率源相位分别为

$$\varphi_1 = 2\pi f_1 t + \varphi_{01} + n_1(t) \tag{6.13}$$

$$\varphi_2 = 2\pi f_2 t + \varphi_{02} + n_2(t) \tag{6.14}$$

式中：t 为主、辅雷达起始工作时刻；f_1、f_2 分别为主、辅雷达中心频率；φ_{01}、φ_{02} 分别为主、辅雷达载频的初始相位；$n_1(t)$、$n_2(t)$ 分别为 t 时刻主、辅雷达信号相位噪声。

则辅雷达接收到主雷达发射的地面回波相位为

$$\begin{aligned}\varphi_{12} = \varphi_2 - \varphi_1 &= \left\{2\pi f_2 t + \varphi_{02} + n_2(t) - \left[2\pi f_1 \left(t - \frac{r_1 + r_2}{c}\right) + \varphi_{01} + n_1(t)\right]\right\} \\ &= 2\pi(f_2 - f_1)t + 2\pi f_1 \frac{r_1 + r_2}{c} + \varphi_{02} - \varphi_{01} + n_2(t) - n_1(t)\end{aligned} \tag{6.15}$$

式中：r_1、r_2 分别为主、辅雷达天线到地面目标点距离；c 为光速。

对于多基 SAR 系统，根据 SAR 成像理论[9]，只要确保 $2\pi(f_2-f_1)t+\varphi_{02}-\varphi_{01}+n_2(t)-n_1(t)$ 相位不变或已知即可实现辅雷达回波信号 SAR 成像。而对于 InSAR 系统，根据 InSAR 测量原理，与高程相关的干涉相位应只与雷达回波历程 r_1、r_2 有关，故 InSAR 系统相位同步的目的就是要设法在接收雷达的相位 φ_{12} 中去掉与干涉相位无关的 $2\pi(f_2-f_1)t+\varphi_{02}-\varphi_{01}+n_2(t)-n_1(t)$ 相位。

6.3.2 相位同步方法

相位同步一般采用两卫星间双向信号直接对传的方法，获取主、辅雷达射频载波之间补偿相位差，可分为星上双向信号交替传输的同步信号采样和地面数据处理补偿两部分。星上部分主要完成主、辅星 SAR 载频相位差信息的获取；地面部分主要完成辅星 SAR 回波的相位补偿。双向信号交替对传的相位同步工作示意图如图 6.13 所示，微波测绘一号、陆探一号和 TanDEM-X[11-14]均采用该相位同步方法。

星上的相位同步系统由相位同步信号和相位同步链路两部分组成。相位同步信号完成用于相位同步的信号的产生；相位同步链路分为载荷内部硬件

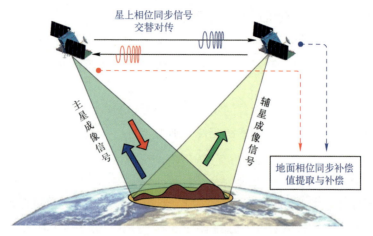

图 6.13 相位同步工作示意图

链路和星间空间链路两部分,共同完成相位同步信号在两星之间相互发射、接收与数据记录,其中空间链路部分通过喇叭天线形成对与编队构形相应的两星相对位置的相互空间覆盖。

为了使相位同步信号能够完全携带 SAR 探测信号的幅相特征,要求相位同步信号与 SAR 探测信号的形式尽可能相同。同时,尽可能利用已有的雷达硬件,降低系统的复杂性。在系统方案中设计时,相位同步信号和 SAR 探测信号由相同的信号产生单元产生,并使相位同步信号与 SAR 探测信号的时宽、带宽等参数完全相同。如此的设计,既不额外增加信号产生的硬件电路,又使相位同步信号尽可能多地携带了与探测信号相同的系统幅相信息。

微波探测一号卫星相位同步链路由 8 路独立工作的相位同步通道组成,分为四组,每组两路喇叭天线覆盖相同的空间范围,互为星间覆盖形成备份。四组喇叭天线共同覆盖了所有轨道构形下同步信号对传所需的立体角度范围,并留有适当的余量,实现了双星喇叭天线相互覆盖,确保各星能收到同步信号。

喇叭天线空间覆盖是相位同步星间空间链路设计的关键,其依据为卫星编队构形设计结果,并考虑了适当的余量,经过反复迭代和优化设计,形成了同步喇叭天线空间覆盖的设计结果。

相位同步载荷内部的硬件链路包括了相位同步的发射链路、接收链路和定标链路三部分。

(1) 发射链路。将雷达的激励信号进行功率功分、前置放大器放大后,送至同步通道,实现相位同步信号的发射。

(2) 接收链路。同步信号经过同步通信天线接收,被前置放大器放大后,信号依次经过功分器后，进入接收机，混频后，送至 AD 进行采样。

（3）定标链路。将定标信号送至子板级定标网络的功分器，经阵面合成后，与内定标器对应端口相连，实现相位同步内定标工作。

6.3.3 相位同步要求分析

相位同步建立后，虽然可以补偿因主、辅雷达频率差及初始相位等引起的主、辅雷达间相位误差，但相位同步本身也会产生相位误差。根据式（6.12）相位误差对高程的影响分析，参考国内卫星系统参数，设雷达侧视角为 45°，有效基线长度为 400m，相位误差对高程的影响如图 6.14 所示。

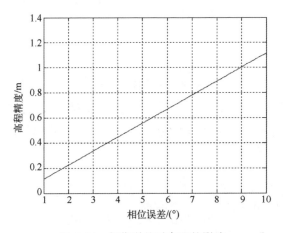

图 6.14 相位误差对高程的影响

根据系统产品精度要求，经误差分配论证与仿真验证，一般要求相位同步为 10°，由图 6.14 可知，对高程精度影响为 1.1m，相对于系统高程精度优于 10m 的设计要求，相位同步要求较为合理。且经 SAR 载荷研制过程中初样和正样的地面测试，在系统工作时相位同步周期选用 256PRF，初样测试结果最大误差为 6.11°，正样测试结果最大误差为 6.28°[1]，对照图 6.14，其对高程精度影响不大于 0.7m。

6.3.4 相位同步误差分析

根据两卫星间双向信号直接对传相位同步方案，主雷达记为 1、辅雷达记为 2，则主、辅雷达本身的载波相位为

$$\begin{cases} \varphi_1 = 2\pi f_1 t + \varphi_{01} + n_1(t) \\ \varphi_2 = 2\pi f_2 t + \varphi_{02} + n_2(t) \end{cases} \quad (6.16)$$

考虑相位同步系统的发射/接收通道引起的相位变化和同步天线方向图的变化引起的相位，则主雷达正向发射信号到辅雷达接收时（t_k时刻）的相位为

$$\varphi_1' = 2\pi f_1 \left(t_k - \frac{B(t_k)}{c} \right) + \varphi_{01} + n_1(t_k) + \varphi_{sysT1}(t_k) + \varphi_{ant1}(t_k) \tag{6.17}$$

式中：$B(t)$为主雷达发射信号时的基线长度；t_k为各正向传输信号的发射时刻；φ_{sysT}为相位同步发射通道引起的相位变化；φ_{ant}为同步天线方向图变化引起的相位。

同样，辅雷达反向发射信号到主雷达接收时（$t_k+\tau_{sys}$时刻）的相位为

$$\varphi_2' = 2\pi f_2 \left[(t_k+\tau_{sys}) - \frac{B(t_k+\tau_{sys})}{c} \right] + \varphi_{02} + n_2(t_k+\tau_{sys}) + \varphi_{sysT2}(t_k+\tau_{sys}) + \varphi_{ant2}(t_k+\tau_{sys}) \tag{6.18}$$

式中：τ_{sys}为主、辅星两次对发之间的时间延迟。

考虑接收机噪声引起的相位，主雷达正向发射（$t=t_k$时刻）被辅雷达接收（$t+\tau$时刻）解调后信号的相位为

$$\begin{aligned}
\varphi_{12} &= \varphi_2 - \varphi_1' \\
&= \left\{ 2\pi f_2 [(t+\tau)] + \varphi_{02} + n_2(t+\tau) + \varphi_{sysR2}(t+\tau) + \varphi_{ant2}(t+\tau) + \varphi_{SNR2}(t+\tau) - \right. \\
&\quad \left. \left[2\pi f_1 \left(t - \frac{B(t)}{c} \right) + \varphi_{01} + n_1(t) + \varphi_{sysT1}(t) + \varphi_{ant1}(t) \right] \right\}_{t=t_k} \\
&= 2\pi (f_2-f_1) t_k + 2\pi f_2 \tau + 2\pi f_1 \frac{B(t_k)}{c} + \varphi_{02} - \varphi_{01} + n_2(t_k+\tau) - n_1(t_k) + \\
&\quad \varphi_{sysR2}(t_k+\tau) - \varphi_{sysT1}(t_k) + \varphi_{ant2}(t_k+\tau) - \varphi_{ant1}(t_k) + \varphi_{SNR2}(t_k+\tau)
\end{aligned} \tag{6.19}$$

式中：τ为主、辅星间传输延迟，$\tau=B(t)/c$；φ_{sysR}为相位同步接收通道引起的相位变化；φ_{SNR}为接收机噪声引起的相位。

同样，辅雷达反向发射（$t=t_k+\tau_{sys}$时刻）被主雷达接收（$t+\tau$时刻）解调后信号的相位为

$$\begin{aligned}
\varphi_{21} &= \varphi_1 - \varphi_2' \\
&= \left\{ 2\pi f_1(t+\tau) + \varphi_{01} + n_1(t+\tau) + \varphi_{sysR1}(t+\tau) + \varphi_{ant1}(t+\tau) + \varphi_{SNR1}(t+\tau) - \right. \\
&\quad \left. \left[2\pi f_2 \left[(t) - \frac{B(t)}{c} \right] + \varphi_{02} + n_2(t) + \varphi_{sysT2}(t) + \varphi_{ant2}(t) \right] \right\}_{t=t_k+\tau_{sys}} \\
&= -2\pi(f_2-f_1)t_k - 2\pi(f_2-f_1)\tau_{sys} + 2\pi f_1 \tau + 2\pi f_2 \frac{B(t_k+\tau_{sys})}{c} + \varphi_{01} - \varphi_{02} +
\end{aligned}$$

$$n_1(t_k+\tau_{sys}+\tau)-n_2(t_k+\tau_{sys})+\varphi_{sysR1}(t_k+\tau_{sys}+\tau)-\varphi_{sysT2}(t_k+\tau_{sys})+$$
$$\varphi_{ant1}(t_k+\tau_{sys}+\tau)-\varphi_{ant2}(t_k+\tau_{sys})+\varphi_{SNR1}(t_k+\tau_{sys}+\tau) \quad (6.20)$$

取 $\hat{\varphi}_c=(\varphi_{12}-\varphi_{21})/2$ 为双向信号传输相位同步方法求出的补偿相位采样，则

$$\hat{\varphi}_c = 2\pi(f_2-f_1)t_k+\varphi_{02}-\varphi_{01}+\pi(f_2-f_1)(\tau_{sys}+\tau)+\pi\left[f_1\frac{B(t_k)}{c}-f_2\frac{B(t_k+\tau_{sys})}{c}\right]+$$

$$\frac{1}{2}[n_2(t_k+\tau)+n_2(t_k+\tau_{sys})]-\frac{1}{2}[n_1(t_k)+n_1(t_k+\tau_{sys}+\tau)]+$$

$$\frac{1}{2}[\varphi_{sysR2}(t_k+\tau)+\varphi_{sysT2}(t_k+\tau_{sys})]-\frac{1}{2}[\varphi_{sysR1}(t_k+\tau_{sys}+\tau)+\varphi_{sysT1}(t_k)]+$$

$$\frac{1}{2}[\varphi_{ant2}(t_k+\tau)+\varphi_{ant2}(t_k+\tau_{sys})]-\frac{1}{2}[\varphi_{ant1}(t_k+\tau_{sys}+\tau)+\varphi_{ant1}(t_k)]+$$

$$\frac{1}{2}[\varphi_{SNR2}(t_k+\tau)-\varphi_{SNR1}(t_k+\tau_{sys}+\tau)] \quad (6.21)$$

由于当前驯服晶振的频率准确度可以达到 5×10^{-11}，双星 SAR 载荷的频率一致性优于 1×10^{-10}，则式（6.21）可表示为

$$\hat{\varphi}_c \approx 2\pi(f_2-f_1)t_k+\varphi_{02}-\varphi_{01}+\pi(f_2-f_1)(\tau_{sys}+\tau)+\pi f_1\Delta\tau+$$

$$\frac{1}{2}[n_2(t_k+\tau)+n_2(t_k+\tau_{sys})]-\frac{1}{2}[n_1(t_k)+n_1(t_k+\tau_{sys}+\tau)]+$$

$$\frac{1}{2}[\varphi_{sysR2}(t_k+\tau)+\varphi_{sysT2}(t_k+\tau_{sys})]-\frac{1}{2}[\varphi_{sysR1}(t_k+\tau_{sys}+\tau)+\varphi_{sysT1}(t_k)]+$$

$$\frac{1}{2}[\varphi_{ant2}(t_k+\tau)+\varphi_{ant2}(t_k+\tau_{sys})]-\frac{1}{2}[\varphi_{ant1}(t_k+\tau_{sys}+\tau)+\varphi_{ant1}(t_k)]+$$

$$\frac{1}{2}[\varphi_{SNR2}(t_k+\tau)-\varphi_{SNR1}(t_k+\tau_{sys}+\tau)] \quad (6.22)$$

式中：$\Delta\tau$ 为主、辅星同步信号交替对传传输延迟之间的差，且

$$\Delta\tau=\frac{B(t_k)-B(t_k+\tau_{sys})}{c}$$

若双星 SAR 载荷的基准频率源为驯服晶振输出的高稳定、低相噪 80MHz 信号，则采用全相参直接频率合成方式产生 SAR 载荷内部各单机工作所需的各种频率、时钟信号，这些信号都由 80MHz 参考频率经过分频、倍频和混频等方式直接产生，要求短期频率稳定度 $\leq 1\times10^{-11}$。直接频率合成具有转换速度快、工作稳定可靠、输出相位噪声基底较低等优点。系统设计主、辅星两次对发之间的时间延迟 τ_{sys} 为 100μs，在这么短时间内，工程上可以认为信号噪声特性基本一致。则根据相位同步原理，要求补偿相位 φ_c 应为

$$\varphi_c = 2\pi(f_2-f_1)t_k + \varphi_{02} - \varphi_{01} + \frac{1}{2}[n_2(t_k+\tau) + n_2(t_k+\tau_{sys})] -$$

$$\frac{1}{2}[n_1(t_k) + n_1(t_k+\tau_{sys}+\tau)] \tag{6.23}$$

它与原理要求的补偿相位采样的差别 $d\hat{\varphi}_c$，即为双向信号传输相位同步方法的误差：

$$d\hat{\varphi}_c = \hat{\varphi}_c - \varphi_c = \pi(f_2-f_1)\tau_{sys} + \pi(f_2-f_1)\tau + \pi f_1 \Delta\tau +$$

$$\frac{1}{2}[\varphi_{sysR2}(t_k+\tau) + \varphi_{sysT2}(t_k+\tau_{sys})] - \frac{1}{2}[\varphi_{sysR1}(t_k+\tau_{sys}+\tau) + \varphi_{sysT1}(t_k)] +$$

$$\frac{1}{2}[\varphi_{ant2}(t_k+\tau) + \varphi_{ant2}(t_k+\tau_{sys})] - \frac{1}{2}[\varphi_{ant1}(t_k+\tau_{sys}+\tau) + \varphi_{ant1}(t_k)] +$$

$$\frac{1}{2}[\varphi_{SNR2}(t_k+\tau) - \varphi_{SNR1}(t_k+\tau_{sys}+\tau)] \tag{6.24}$$

式中：第一项为主、辅星频率差同步时延引起的误差，包括 SAR 基准频率和多普勒频率引起的误差；第二项为主、辅星频率差星间距离时延引起的误差；第三项为主、辅星相互发射同步信号时延引起的误差；第四项为主、辅星通道引起的误差；第五项为同步天线方向图变化引起的误差；第六项为同步信号信噪比引起的误差。

以微波测绘一号为例，要求完成一次相位同步信号对传需在 100μs 内完成，式（6.24）各项误差结果分析如下：

1) 频率差同步时延误差

微波测绘一号 SAR 工作频段选用 X 频段，中心频率为 9.6GHz，设计要求主、辅星基准源的频率一致性优于 1×10^{-10}，则 SAR 基准频率引起的频率误差为 0.96Hz，在 100μs 一次相位同步时间内引起的相位误差应为 0.035°。

2) 频率差星间距离时延误差

根据微波测绘一号卫星编队设计，主、辅星间距离基本在 2km 左右，在一次相位同步时间内，主、辅星频率差星间距离时延引起的相位误差应为 0.001°。

3) 信号互传时延误差

因星间相对速度不超过 1m/s，在 100μs 一次相位同步时间内引起的主、辅星交替对传距离差不超过 0.0001m，故主、辅星信号互传时延引起的相位误差应为 0.576°。

4) 通道误差

主、辅星通道引起的误差由内定标确定，微波测绘一号单星内定标指标要求为不大于2°,而实现一次相位同步有主星、辅星分别发射和接收两次,则主、辅星通道引起的误差为4°。

5) 同步天线方向图变化误差

根据编队微波测绘一号设计要求,两星相对运动视位角随时间变化率不超过0.2(°)/s,同步天线相位方向图随空间角度变化的相位变化率不超过0.2(°)/(°),在100μs一次相位同步时间内,主、辅星一个同步天线方向图变化引起的相位误差应为$4×10^{-6}$°,实现一次相位同步主星、辅星同步天线分别有发射和接收两次,可以忽略不计。

6) 信噪比误差

信噪比引起的误差一般采用信噪比去相干进行分析。信号相关系数γ_{SNR}与信噪比SNR的关系为[15]

$$\gamma_{SNR} = \frac{1}{1+SNR^{-1}} \quad (6.25)$$

而相位误差与信号相关系数γ_{SNR}的关系为[16-17]:

$$m_\Phi = \frac{1}{\sqrt{2}} \frac{\sqrt{1-\gamma_{SNR}^2}}{\gamma_{SNR}} \quad (6.26)$$

微波测绘一号设计要求相位同步信号信噪比优于30dB(线性值为1000),代入式(6.25)、式(6.26)可得,信噪比误差引起的相位误差为1.81°。

7) 插值误差

微波测绘一号受天线最小天线面积影响[18],每个回波信号的采集时间基本占用了脉冲重复频率(Pulse Repetition Frequency, PRF)的时间间隔,无法在一个PRF时间间隔既完成SAR成像信号的接收又完成相位同步信号的接收。实现一次相位同步只能占用一个SAR成像信号的发射、接收时间,这会引起SAR成像回波信号的缺失,影响SAR成像质量,这就要求相位同步频率不能过高。而相位同步需要插值实现每个发射SAR成像信号的相位补偿,若相位同步频率过低,将影响插值精度。插值误差可表示为[19]

$$\delta_i^2 = 2\gamma^2 \int_{f_{syn}/2}^{\infty} S_\varphi(f) |H_{az}(f)|^2 df \quad (6.27)$$

式中:$\gamma=f_0/f_{osc}$为上变频系数;f_{syn}为实际的相位同步频率;$S_\varphi(f)$为晶振的单边带相位噪声功率谱密度;$H_{az}(f)$为依赖于方位处理的传递函数,等效为低通滤波器,可用$H_{az}(f)=\sin(\pi T_a f)/(\pi T_a f)$来表示,$T_a$为方位积累时间。

根据微波测绘一号参数,系统延迟值为100μs,方位积累时间为0.5s;由于 PRF 通常在 3500~4500Hz，PRF 取 3500Hz。则在不同相位同步周期下，不同相位同步周期下的同步频率及插值误差计算结果如表 6.2 所列。

表 6.2　插值误差

序号	相位同步周期/PRF	相位同步频率/Hz	插值误差/(°)
1	128	27.3	0.003
2	256	13.6	0.013
3	512	6.8	0.043

经论证分析回波信号的缺失影响 SAR 成像相位精度及相位同步插值精度，确定微波测绘一号相位同步周期以 256PRF 为主，则相位同步误差分析结果如表 6.3 所列。

表 6.3　相位同步精度

序号	误差源	误差值/(°)
1	频率差同步时延	0.035
2	频率差星间距离时延	0.001
3	信号互传时延	0.576
4	通道差别	4
5	信号信噪比	1.81
6	同步喇叭天线方向图	4×10^{-6}
7	插值误差	0.013
	中误差	4.43

参考文献

[1] 楼良盛, 缪剑, 陈筠力, 等. 卫星编队 InSAR 系统设计系列关键技术 [J]. 测绘学报, 2022, 51 (7): 1372-1385.

[2] 黄艳, 张笑微, 丛琳, 等. 天绘二号时间同步误差分析与评估验证 [J]. 测绘学报, 2022, 51 (12): 2455-2461.

[3] 楼良盛, 汤晓涛, 牛瑞. 基于卫星编队 InSAR 时间同步对系统性能影响分析 [J]. 测绘科学与工程, 2007, 27 (2): 30-32.

[4] 王超, 张红, 刘智. 星载合成孔径雷达干涉测量 [M]. 北京: 科学出版社, 2002.

[5] RODRIGUEZ E, MARTIN J M. Theory and design of interferometric synthetic aperture

radars [J]. IEE Proceedings F, 1992, 139 (2): 147-159.

[6] KRIEGER G, WENDLER M, FIEDLER H, et al. Comparison of the interferometric performance for spaceborne parasitic SAR configurations [C]//EUSAR January 1-3, koenigswjnter, Germany, 2002.

[7] 保铮, 邢孟道, 王彤. 雷达成像技术 [M]. 北京: 电子工业出版社, 2005.

[8] ZEBKER H A, VILLASENOR J V. Decorrelation in interferometric radar echoes [J]. Trans. Geosc. Remote Sensing, 1998, 30 (5): 950-959.

[9] ZEBKER H A, FARR T G, SALAZAR R P, et al. Mapping the world's toptgraphy using radar interferometry: the TOPSAT mission [J]. Proceedings the IEEE, 1994, 82 (12): 1774-1786.

[10] RODRIGUEZ Z, MARTIN J M. Theory and design of interometric synthetic aperture radars [J]. IEE Proceedsings F, 1992, 193 (2): 174-159.

[11] STEFAN O, EADS A G, WOLFGANG P, et al. The TerraSAR-X and TanDEM-X satellites [C]//3rd International Conference on Recent Advances in Space Technologies June 14-16, Istanbul, Turkey, 2007: 294-298.

[12] ZINK M, BARTUSCH M, MILLER D. TanDEM-X mission starus [C]//IEEE International Geoscience & Remote Sensing Symposium, July 24-29, Vancouver, Canada, 2011: 2290-2293.

[13] GERARDO ALLENDE-ALBA. MONTENBRUCK O. Robust and precise baseline determination of distributed spacecraft in LEO [J]. Advances in Space Research, 2016 (57): 46-63.

[14] KRIEGER G, MOREIRA A, FIEDLER H, et al. TanDEM-X: a satellite formation for high-resolution SAR interferometry [J]. Journal of IEEE Transactions on Geoscience and Remote Sensing, 2007, 45 (11): 317-3341.

[15] ZEBKER H A, VILLASENOR J V. Decorrelation in Interferometric Radar Echoes [J]. IEEE Trans. Geosci. Remote Sensing, 1998, 30 (5): 950-959.

[16] ZEBKER H A, FARR T G, SALAZAR R P, et al. Mapping the world's topography using radar interferometry: the TOPSAT mission [J]. Proceedings the IEEE, 1994, 82 (12): 1774-1786.

[17] RODRIGUEZ Z, MARTIN J M. Theory and design of interferometric synthetic aperture radars [J]. IEE Proceedings F, 1992, 193 (2): 174-159.

[18] 楼良盛, 张昊, 张艳. 星载 SAR 系统分辨率与测绘带宽的设计 [J]. 测绘科学与工程, 2017, 37 (5): 47-50.

[19] KRIEGER G, MEMBER, YOUNIS M, et al. Impact of oscillator noise in bistatic and multistatic SAR [J]. IEEE Geoscience and Remote Sensing Letters, 2006, 3 (3): 424-428.

第 7 章　产品精度控制

从定位精度影响式（2.10）、式（2.17）可知，由于斜距 r_1 值比较大，影响定位精度较大的因素是基线倾角、基线长度及相位误差，故从系统控制产品精度要求出发，应解决好高精度基线测量和干涉相位误差控制问题。同时，为了消除系统误差，还应进行几何定标，以进一步提高系统产品精度。

基线测量主要有激光测量和 GNSS 测量方法。激光测量方法采用激光测距加激光波束指向测量技术，该方法优点是测距精度高，其缺点是测量装置复杂，且测量工程中需要寻找激光测量的合作目标，因两颗卫星相对位置一直在发生变化，这给寻找合作目标带来了一定的难度。GNSS 测量方法采用相对定轨技术，该方法相对简单，只要加装高精度双频 GNSS 测量装置即可，且精度较高，可以达到 2mm 左右，是当前基线测量的主要手段，微波测绘一号、陆探一号和 TanDEM-X 系统均采用该方法，本书只介绍该方法。

根据 InSAR 原理，干涉相位是主、辅星雷达获取的相位之差，由此，干涉相位误差应由主、辅星本身获取相位所带来的误差和主、辅信号间形成相干引起的误差两部分组成。

依据定位精度影响式（2.10）、式（2.17），几何定标主要是对斜距和基线进行定标。

7.1　高精度基线测量

基线测量对 InSAR 系统产品精度影响最大，深受系统设计者关注。基线测量有基于合作目标的测距测角和基于 GNSS 的相位差分相对定轨两种方法。由于 InSAR 卫星编队系统的卫星相对位置随时在变化，使基于合作目标的测距测角方法实现难度较大。同时，InSAR 系统对基线测量要求较高，微波测绘一号、陆探一号和 TanDEM-X 系统分别提出了 4mm 左右的精度要求，两颗卫星之间的距离基本大于 500m，这就要求测角精度优于 1.65s，实现该指标难度较大。微波测绘一号、陆探一号和 TanDEM-X 系统都选择了采用基于 GNSS 的相位差分相对定轨方法实现基线测量，当前结果可以实现 4mm 的指标要求。

在卫星编队的构形方式下，地面同一目标点在不同卫星上雷达成像时间的不一致导致对瞬间测量的基线值不能直接用于 InSAR 数据处理，需要对基线重新确定。因此，高精度基线测量包括基线确定和基线测量两部分。

7.1.1　基线确定

由 3.2.1 节 Hill 方程可知，在图 7.1 中的 xy 平面内，绕飞轨道是一个长、短轴比为 2∶1 的椭圆，故各卫星之间在卫星飞行方向的坐标是不同的，即在方位向各卫星不在同一平面内，这就使主、辅雷达回波的多普勒频率产生变化。具体表现为整个多普勒频带的移动，多普勒带宽示意图如图 7.1 所示。

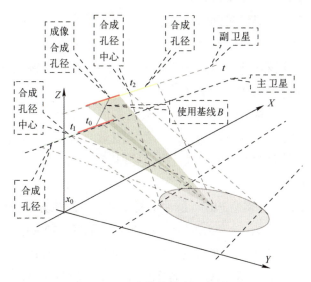

图 7.1　多普勒带宽示意图

图中 X 方向为卫星飞行方向。当采用以零多普勒频率为方位参考的方位压缩时，无论回波的多普勒中心频率是多少，成像结果的方位位置都在其相对于零多普勒的位置上。主雷达多普勒带宽为图中绿色部分的合成孔径需多带宽，其零多普勒频率成像时间为 t_1，辅雷达多普勒带宽为图中黄色部分的合成孔径需多带宽，其零多普勒频率成像时间为 t_2，地面同一目标点在主、辅卫星上雷达成像的时间是不一致的。此时，用于 InSAR 数据处理的基线应是主星 t_1 与辅星 t_2 时刻两颗卫星雷达天线相位中心之间的连线，本书中把该基线称为测量基线。此时存在方位向基线，若该成像结果直接用几何关系原理进行 DSM 解算，则需要把测量基线投影到主星 t_1 时刻成像面内，并需消除方位向基线引起的相位[1]。

在 InSAR 数据处理过程中，为了提高主、辅雷达复影像的相干性，在成像处理时需进行去相关的预滤波处理，即去掉主、辅雷达多普勒频带中不重叠部分[2-3]。通过处理后，成像所需的多普勒频带为主、辅雷达的共同多普勒频带部分，即为图 7.1 中红色部分的成像合成孔径所需多普勒频带，故 InSAR 高程测量需要的基线是图 7.1 中的基线 B，本书中把该基线称为使用基线，此时主雷达的成像时间应为 t_0。由测量基线求使用基线 B 的过程即为基线确定过程[4-5]。

由图 7.1 中可知，求 B 首先需知道主、辅雷达成像时共同多普勒带宽的中心点的时间（即成像时间），然后根据时间关系对测量基线进行内插，并作其他处理得到基线，主要步骤如下。

(1) 确定主雷达成像时间 t_0。对于一个雷达系统，雷达脉冲发射和接收时间可以准确记录，在对雷达接收的信号进行方位向脉压成像时，可以通过多普勒估计和预滤波处理，确定多普勒带宽中心点在雷达接收信号时间序列中的位置，从而确定主雷达成像时间。

(2) 求主雷达成像时间测量基线。根据主雷达成像时间，在基线测量的时间序列中求 t_0 时刻的测量基线。由于基线测量的采样频率比雷达脉冲发射频率要低得多，故要对测量基线进行内插处理。

(3) 确定辅雷达成像时间。通过复影像的配准，可以准确建立主、辅影像之间的空间关系，依据雷达 PRF（脉冲重复频率）及影像方位向分辨率，由空间关系推算出时间关系，参考主雷达成像时间，从而确定辅雷达成像时间。

(4) 确定使用基线。根据测量基线的指向角度，把 t_0 时刻的测量基线进行几何变换，转换成使用基线 B。若主、辅卫星的轨迹不平行，根据 InSAR 高程测量原理，还应把使用基线 B 投影到主雷达的成像面，并应消除方位向基线所引起的相位差。

基线确定框图如图 7.2 所示。

7.1.2 基线测量

由于 GNSS 获取的观测数据来自 GNSS 天线相位中心，相对定轨定的是卫

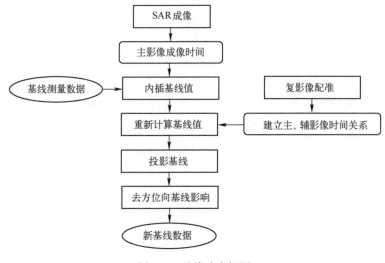

图 7.2 基线确定框图

星质心位置，而 InSAR 处理使用的基线是 SAR 天线相位中心连线，故需把 GNSS 观测数据从天线相位中心位置转换到卫星质心，再把相对定轨后的数据转换到 SAR 天线相位中心位置，完成星间高精度状态测量。基线测量的主要过程包括 GNSS 和 SAR 天线相位中心的确定、坐标转换、相对定轨四部分[6]。

7.1.2.1 GNSS 天线相位中心确定

GNSS 天线较小，相位中心可以直接在暗室进行标定[6]。GNSS 天线需要在卫星底板上进行天线相位中心的标定，由于卫星底板尺寸大，要求测试系统静区≥1.4m，推算可知，远场距离需要大于 16.5m。微波测绘一号选择多探头球面近场测试系统进行相位中心标定，多探头球面近场测试系统的工作频带覆盖 L 波段，测试静区 2m，满足标定要求。该天线测试系统通过半圆上的离散探头采样及被测天线转台转动采集到天线多个切面的近场数据，经过近远场变换得到天线远场方向图，标定天线相位中心。

GNSS 天线相位中心稳定度在设计时，采用十字交叉振子形式单元作为中心辐射体，同时采用阻抗变换设计、加载设计、结构优化设计，确保天线宽频点工作；通过加强天线扼流圈深度和宽度，确保低仰角增益性能；在加工时，通过控制振子臂长度、扼流圈深度和宽度的误差及对移相性能筛选，保证天线相位中心稳定度。

7.1.2.2 SAR 天线相位中心确定

由于天基 SAR 天线大，目前一般采用相控阵天线，这样波束由多个 T/R

组件合成，相位中心无法直接在实验室进行标定，只能通过分析确定。IEEE标准中天线相位中心的定义为：天线附近存在一个点，如果将它作为辐射远场的球面圆心，则辐射球面上场分量的相位应基本是个常数，至少在辐射的关键区域满足。根据相控阵天线的特点与使用方式，相控阵天线的相位中心定义为：使得相控阵天线远场能量波束宽度内相位平坦的参考点，一般相位平坦度应优于 2°。显然相控阵天线的相位中心具有如下特点：

（1）它取决于一定角度内（波束宽度）远场相位，而不反映全空间的相位关系；

（2）相位中心不描述远场相位值的绝对大小，只描述波束宽度内各角度相位的相对值。

由此可以认为相控阵天线的相位中心应为天线阵面几何中心。现通过仿真分析和实物测试进行验证。

1）仿真分析

分别计算 1 根波导、2 根波导、3 根波导、6 根波导的相位方向图，记录相位曲线，首先计算单根波导的相位中心，然后计算阵列的相位方向图，验证前面的结论。具体如下：

（1）1 根波导。仿真模型如图 7.3 所示。

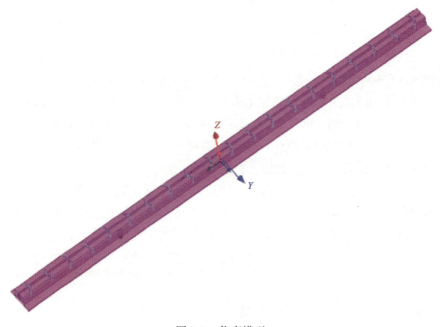

图 7.3　仿真模型

调整坐标原点位置至辐射口面下方 4.2mm 处,侧视图如图 7.4 所示。

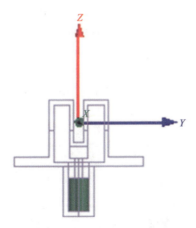

图 7.4　单个波导仿真模型侧视图

可以计算得到远场相位方向图如图 7.5 所示。

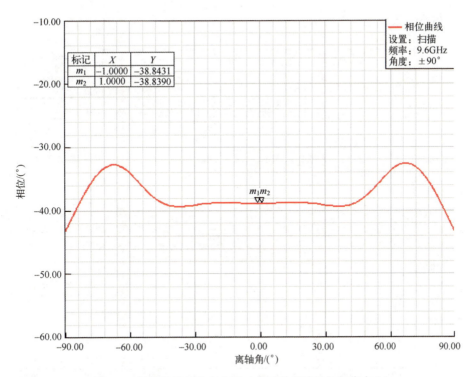

图 7.5　单根波导相位方向图(相对单根波导的相位中心)

图 7.5 中可见,相位平坦,相位差异小于 0.1°,因此该点就是单根波导天线的相位中心。

(2) 2 根波导。2 根波导的仿真模型侧视图如图 7.6 所示,选取 2 根波导相位中心连线的中心作为坐标原点。

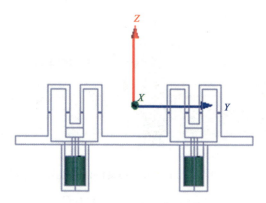

图 7.6　2 根波导仿真侧视图

仿真结果如图 7.7 所示。

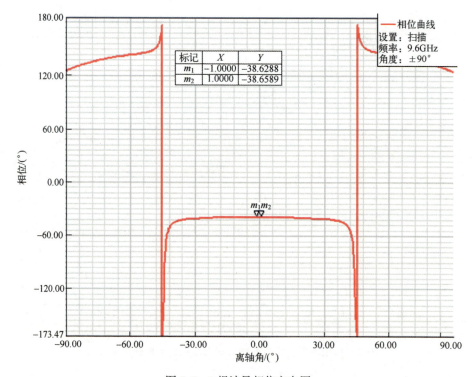

图 7.7　2 根波导相位方向图

以 2 根波导相位中心连线的中心作为相位参考点时,远场相位差异小于 0.1°,因此可见此时该点确实是 2 根波导的相位中心。

(3) 3 根波导。3 根波导的仿真模型侧视图如图 7.8 所示,将 3 个相位中心所在直线的中心作为计算参考点。

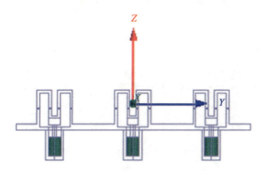

图 7.8　3 根波导仿真侧视图

仿真结果如图 7.9 所示。

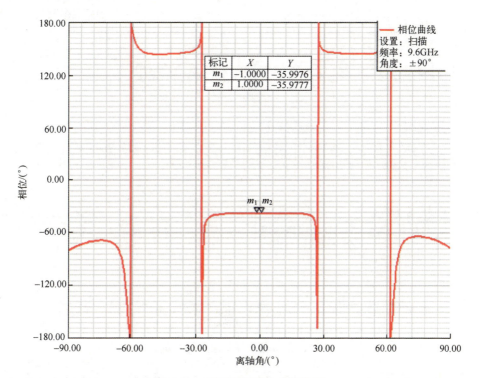

图 7.9　3 根波导相位方向图仿真

仿真表明，3个相位中心所在直线的中心作为相位参考点时，相位差异小于0.1°，因此3根波导相位中心连线的中心就是阵列的相位中心。

（4）6根波导。仿真6根波导，其模型侧视图如图7.10所示，选取了6个相位中连线的中心作为计算参考点。

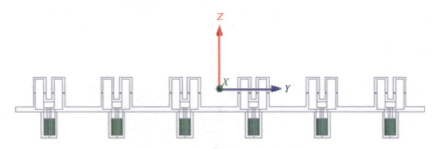

图7.10 6根波导仿真模型侧视图

图7.11中，以6根波导天线相位中心所在直线的中心为参考点时，相位差异小于0.1°，因此该点就是这6根波导天线相位中心。

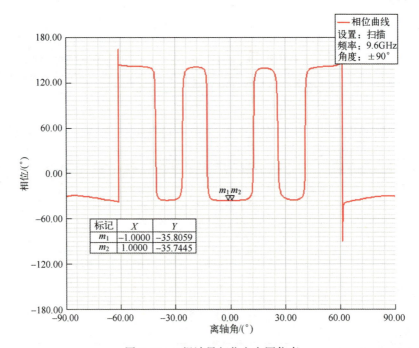

图7.11 6根波导相位方向图仿真

据此类推，阵列天线辐射单元相位中心平面的几何中心就是该阵列的相位中心。

2）试验测试

为验证理论分析与仿真的结论，分析计算了 SAR 天线（波导、水平极化）的相位方向图，以单元相位中心平面的几何中心作为阵列的相位中心，测试其远场相位方向图，计算波束宽度内的相位平坦度，如表 7.1 所列。

表 7.1 相位平坦度计算

波位号	波位代码	波束指向/(°)	波束宽度/(°)	相位平坦度/(°)
Bp017	S17	−2.40	1.76	0.55
Bp018	S18	−1.60	1.76	1.65
Bp019	S19	−0.80	1.76	1.60
BP020	S20	−0.02	1.76	1.64
Bp021	S21	0.75	1.76	1.38
Bp022	S22	1.50	1.76	0.54
Bp023	S23	2.25	1.76	0.95
Bp024	S24	2.97	1.77	0.53
Bp025	S25	3.77	1.77	1.44
Bp026	S26	4.57	1.77	1.27
Bp027	S27	5.37	1.77	0.83
Bp028	S28	6.20	1.77	1.50
Bp029	S29	7.02	1.78	0.58
Bp030	S30	7.81	1.78	1.58
Bp031	S31	8.58	1.78	1.30
Bp032	S32	9.29	1.79	1.13
Bp033	S33	9.99	1.79	0.84
Bp034	S34	10.67	1.79	1.49
Bp035	S35	11.33	1.80	1.03
Bp036	S36	11.94	1.80	0.78
BP037	S37	12.55	1.81	0.65
BP038	S38	13.13	1.81	0.96
BP039	S39	13.70	1.81	1.34

可见，在不同的扫描角下，波束宽度内的相位平坦度很高，最大为 1.65°，因此该点确实是天线阵面的相位中心。

7.1.2.3 坐标转换

坐标转换的任务是将以 GNSS 天线相位中心观测数据转换为 SAR 天线相位中心测量值。其方法为将 GNSS 天线相位中心在卫星本体坐标系中的偏移量转换到以质心为原点的卫星轨道坐标系中，然后从卫星轨道坐标系转换到惯性坐标系；同样将 SAR 天线相位中心在卫星本体坐标系中的偏移量转换到以质心为原点的卫星轨道坐标系中，然后从卫星轨道坐标系转换到惯性坐标系；根据 GNSS 和 SAR 天线相位中心在惯性坐标系的偏移量，实现将 GNSS 观测数据转换为 SAR 天线相位中心测量值的任务。

故坐标转换是通过计算 GNSS 天线和 SAR 天线相位中心偏差实现的，天线相位中心偏差在惯性坐标系中可表示为

$$r_E = M_{OE} M_{BO} r_S \quad (7.1)$$

式中：M_{OE} 为卫星质心轨道坐标系到惯性坐标系的转换矩阵；M_{BO} 为卫星本体坐标系到卫星质心轨道坐标系的转换矩阵，即卫星姿态矩阵；r_S 为卫星本体坐标系下的 GNSS 天线或 SAR 天线相位中心坐标矢量，该值在地面精确测定。

卫星本体坐标系定义为：原点在卫星质心，X 轴为卫星前进方向，Y 轴指向右方，Z 轴指向地心，X、Y、Z 轴成右手系，如图 7.12 所示。

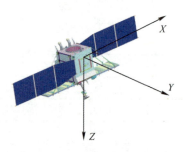

图 7.12　卫星本体坐标系

卫星质心轨道坐标系定义为：原点在卫星质心，Z_g 轴指向地心（径向的相反方向），Y_g 轴指向轨道负法线方向，X_g 与两者垂直，形成右手坐标系，如图 7.13 所示。

在卫星正常飞行时，卫星本体坐标系会与卫星质心轨道坐标系之间存在三轴夹角，即偏航、俯仰与横滚角。

惯性坐标系定义为：原点在地球质心，基本平面为地球平赤道面，X 轴指向春分点，Z 轴垂直于基本平面指向北极，Y 轴与 Z 轴和 X 轴构成右手系，

如图 7.14 所示。

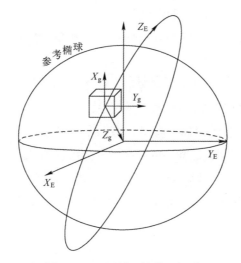

图 7.13 卫星质心轨道坐标系

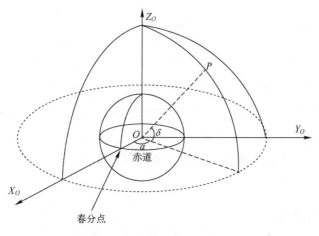

图 7.14 惯性坐标系示意图

7.1.2.4 相对定轨

相对定轨可以消除或削弱许多共同误差，从而得到高精度的基线信息，其基本原理如下[7]：

B 星相对 A 星的卫星运动方程可表示为

$$\begin{cases} \dot{X}_{AB} = F(X_{AB}, t) \\ X_{AB}(t_0) = X_{AB0} \end{cases} \quad (7.2)$$

式中：X_{AB} 为 B 星相对 A 星的状态（包括相对位置、速度及动力学参数）；X_{AB0} 为 t_0 时刻 B 星相对 A 星的状态。

将式（7.2）在参考状态 $X_{AB}^*(t)$ 处展开，并令 $\delta X_{AB}(t) = X_{AB}(t) - X_{AB}^*(t)$，略去二次以上高阶项，则有

$$\delta X_{AB}(t) = M_{AB}(t, t_0) \delta X_{AB}(t_0) \qquad (7.3)$$

式中：$M_{AB}(t, t_0)$ 为相对状态转移矩阵；$X_{AB}^*(t) = X_B^*(t) - X_A^*(t)$，$X_A^*(t)$、$X_B^*(t)$ 分别为两颗卫星绝对轨道参考状态，在固定参考星轨道条件下，可以推导出相对状态转移矩阵就是辅星的状态转移矩阵，因此式（7.3）可以写为

$$\delta X_{AB}(t) = M_B(t, t_0) \delta X_{AB}(t_0) \qquad (7.4)$$

式中：$M_B(t, t_0)$ 为 B 星状态转移矩阵。若 t 时刻两颗编队卫星同时共视了 m 颗 GPS 卫星，则可形成 $m-1$ 个双差观测方程，即

$$Y = H \cdot \delta X + \varepsilon \qquad (7.5)$$

式中：Y 为双差残差；H 为观测矩阵；δX 为估计参数。δX 不仅包括位置参数，还包括速度及动力学参数。

将 t 时刻观测方程映射到 t_0 时刻，有

$$v(t) = H \cdot \delta X - Y = H \frac{\partial X}{\partial X_0} \delta X_0 - Y = H \cdot M \cdot \delta X_0 - Y = \widetilde{H} \cdot \delta X_0 - Y \qquad (7.6)$$

式中：δX_0 为初始位置、速度及动力学参数；M 为编队卫星状态转移矩阵。

系统设计时，应重点关注 GNSS 和 SAR 天线相位的确定精度和稳定性。一般系统要求 GNSS 天线相位中心的安装标定精度为 0.3mm（三轴），稳定度为径向 2mm；SAR 天线相位中心的安装标定精度为 0.3mm（三轴），稳定度为（0.15mm，0.15mm，0.36mm）。

7.1.3 精度分析

7.1.3.1 基线确定误差分析

根据基线确定方法，基线确定误差主要包括系统绝对时间引起误差和干涉影像配准引起误差，影响主要在卫星飞行方向。

1）绝对时间引起误差

绝对时间由 GNSS 输出时间误差（相对 UTC）和雷达回波记录时间误差组成。

（1）GNSS 输出时间误差。GNSS 输出提供给雷达的时间误差主要由 GNSS 获取的绝对时间误差、形成 PPS 脉冲误差及内部线路传输时差组成。GNSS

获取的绝对时间误差与卫星导航定位精度有关，根据目前的定位精度，时间误差可以控制在 15ns 内；形成 PPS 脉冲误差与卫星基准频率系统有关，若卫星系统用铷钟作为基准频率，根据当前铷钟水平，其最大误差为 16ns；内部线路传输时差与传输的线路有关，由于线路固定，主要时差可以直接测量并进行补偿，其余部分可以在卫星完成研制后测试获得。微波测绘一号经测试 A 星为 34.7ns、B 星为 27.2ns，则 GNSS 输出时间误差 A 星为 65.7ns、B 星为 58.2ns。

（2）雷达回波记录时间误差。雷达回波记录时间误差无法测试，只能通过分析得到。图 7.15 给出了微波测绘一号回波数据时标的实现过程，从图中可以看出，从 PPS 脉冲时刻到回波采样起始时刻之间的实际时间延迟就是图中的 Δt。时间延迟 Δt 中，数据形成器在采集回波时，首先将外部输入定时信号 SP 延迟了 935.5ns，之后利用延时后的 SP 信号启动回波采样，该延时时间是固定的，在确定雷达绝对时间时可以补偿，因此不会对雷达回波记录时间产生影响。从图 7.15 中可以看出，时标数据的生成涉及外部 PPS 脉冲的选通、数据形成器对采样数据处理过程中对定时信号 SP 的延时（响应时间）、实际采样起始时刻的确定等环节，这些环节中均会引入大小不同的时间误差，这些误差确定了雷达回波记录时间误差。

（3）PPS 脉冲选通引入时间误差。在对外部 PPS 脉冲进行选通的过程中，由于外部 PPS 脉冲来源于 GNSS 接收机，而选通用 40MHz 定时信号 SP，这样在 PPS 脉冲选通过程中会造成一个不确定的延迟。由于待测量的时标数据误差（即时间延迟 Δt）的起点为选通前的 PPS 脉冲前沿，而本地时钟计数器计数的起点也为选通后的 PPS 脉冲前沿，故两者之差就会在时标数据中引入最大不超过定时信号周期 25ns 的误差。

另外，考虑到外部 PPS 脉冲存在一定的上升/下降沿时间，会对实际选通后的 PPS 脉冲时刻引入额外的时间误差，本系统要求外部 PPS 脉冲的上升沿时间误差最大不超过 5ns。

（4）数据处理响应时间误差。数据形成器在采集回波时，定时信号 SP 的延迟是在 FPGA 内部实现的，一旦 FPGA 程序状态确定，信号在 FPGA 内部经过的路径就固定了，则该延时时间也是固定的，在确定雷达绝对时间时可以补偿。但还存在 FPGA 器件内部每级触发器的延迟时间，查阅本系统使用的 Virtex-4 系列 FPGA 数据手册可知，器件内部每级触发器的延迟时间为 0.7ns，而数据处理响应时间的估计误差最大不会超过一级触发器的延时时间，因此

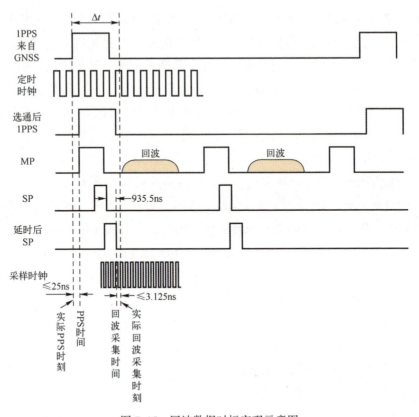

图 7.15 回波数据时标实现示意图

数据处理中的响应时间的误差最大不超过 0.7ns。

（5）采样起始时刻确定误差。数据形成器的 FPGA 内部是利用延时后的 SP 信号开启对回波采样数据的后续处理，相当于延时后的 SP 信号为回波采样启动的开门信号，实际的采样时刻取决于采样时钟（320MHz）与延时后 SP 信号的延时关系，两者之间的时间差不超过采样时钟的一个周期，即实际采样起始时刻确定的最大时间误差为 3.125ns。

另外，考虑到回波采样时钟信号存在一定的上升/下降沿时间，会对实际采样起始时刻引入一定的时间误差，查阅生成采样时钟的期间数据手册得知，采样时钟上升沿/下降沿的典型值为 170ps，由此引入的实际采样起始时刻的时间误差最大不超过 170ps。

综合以上，雷达回波记录时间误差为 25ns+5ns+3.125ns+0.7ns+0.17ns = 33.995ns。

结合 GNSS 输出时间误差测试结果，本系统单星绝对时间基准误差最大为

65.7ns+34ns=99.7ns，双星应为 140.96ns。

若卫星采用 500km 的太阳同步轨道，卫星速度为 7km/s，则 140.96ns 引起的卫星飞行距离为 0.001m。

2) 影像配准引起误差

在干涉处理中，需进行复影像配准处理找到主、辅相同影像。复影像配准处理一般分粗配准和精配准。粗配准处理实现配准精度为像素级的复影像配准处理，采用基于幅度互相关法的粗配准处理方法；精配准实现配准精度为亚像素级的复影像配准处理，采用联合雷达几何法和互相关法的精配准处理进行复影像的精配准处理。

根据当前复影像配准处理水平，一般卫星系统要求配准精度优于 0.1 像素，若方位向采样间隔为 1.7~2.0m，则影像配准在卫星飞行方向引起的误差小于 0.2m。

综上，基线确定误差链路如图 7.16 所示，引起的卫星飞行方向基线误差为 $\sqrt{0.001^2 + 0.2^2} \approx 0.2\text{m}$。

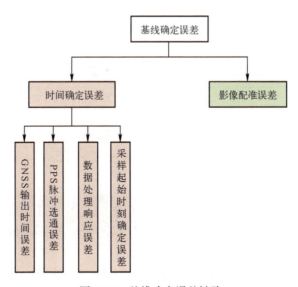

图 7.16 基线确定误差链路

7.1.3.2 基线测量误差分析

1) GNSS 天线相位中心确定和测量误差

GNSS 天线相位中心确定误差主要来源于 GNSS 天线相位中心的不稳定性，故 GNSS 天线相位中心确定和测量误差主要包括 GNSS 天线相位中心稳定度和

GNSS天线加装卫星本体位置测量误差。

由于 GNSS 天线将接收来自不同角度的导航定位卫星信号,在暗室标定相位中心时,需要在不同水平和俯仰角采样测试。同时,考虑 GNSS 天线加装在卫星本体位置与中继天线较近,中继天线会对天线相位中心产生影响,且中继天线工作时将在 $-45°\sim +45°$ 范围内进行扫描。微波测绘一号在测试过程中,在卫星本体底板上同时安装 GNSS 和中继天线,中继天线在 $-45°$、$0°$、$+45°$ 三种扫描位置处,在水平方向 $0°\sim 360°$ 内以 $5°$ 为分辨率、俯仰向 $0°\sim 90°$ 内以 $1°$ 为分辨率,分别在 1227.6MHz、1268.52MHz、1561.098MHz、1575.42MHz 四个 GPS 工作频点,对 GNSS 天线相位中心进行采样,获取相位中心值,统计稳定度。两台 GNSS 天线测试结果如表 7.2 所列。

表 7.2 GNSS 天线相位中心稳定度

GNSS 天线	中继天线扫描位置	各频点相位中心稳定度/mm			
		1227.6MHz	1268.52MHz	1561.098MHz	1575.42MHz
编号 Z01-01	$-45°$	1.17	1.10	0.90	0.82
	0	1.20	1.08	0.86	0.81
	$+45°$	1.22	1.09	0.85	0.81
编号 Z01-02	$-45°$	1.15	1.00	0.86	0.79
	0	1.17	1.05	0.85	0.79
	$+45°$	1.17	1.05	0.86	0.79

GNSS 天线加装卫星本体位置测量采用 LEICAAT960 绝对激光跟踪仪,其精度为 $0.015\text{mm}+0.006\text{mm/m}$,测量距离一般不超 4m,测量精度可在 0.04mm 内。

由表 7.2 可知,GNSS 天线相位中心稳定度最大为 1.22mm,则 GNSS 天线相位中心确定和测量矢量误差最大为 $\sqrt{1.22^2+0.04^2}=1.22\text{mm}$。

2) SAR 天线相位中心确定和测量误差

(1) SAR 天线相位中心确定误差。由于 SAR 天线较大,无法标定,通过仿真和实物测试,认为 SAR 天线阵面几何中心即为天线相位中心,故 SAR 天线相位中心的确定误差由天线电讯和结构误差组成。

① 电讯误差。电讯误差主要是 T/R 组件、波导天线的电误差导致远场相位平坦度的变化。波导天线在研制完成后就固定不变,可以通过精测调试消除其影响。目前 T/R 组件的步进为 $0.5\text{dB}/5.62°$,随机误差不会大于步进,设 T/R 组件随机误差 $0.56\text{dB}/6.7°(1\sigma)$,微波测绘一号测试了 1000 次相位平

坦度，统计结果如图7.17所示。

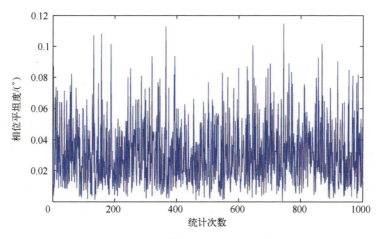

图7.17 T/R组件对相位平坦度的影响

从图7.17可知，T/R组件对相位平坦度的影响在0.12°之内，影响很小，因此电讯误差对相位中心的精度影响可以忽略。

② 结构误差。天线单元相位中心平面与天线物理口面具有固定的差异，因此辐射口面的结构精度直接反映了相位中心的精度，其结构的几何中心误差即为相控阵天线的相位中心误差。

结构误差因素包括天线加工、天线安装、展开机构、热变形等误差。根据目前的工艺水平，微波测绘一号对各项因素要求如表7.3所列。

表7.3 天线结构误差因素

因　　素	加工	安装	展开	热变形	合计
X/mm	0.06	0.06	0.11	0.03	0.15
Y/mm	0.03	0.06	0.11	0.03	0.14
Z/mm	0.06	0.13	0.23	0.13	0.30

（2）SAR天线相位中心位置测量误差。天线在工艺装配工装上完成后，微波测绘一号采用移动式三坐标仪对三块子板框架四个角的基准点进行测量，构建整个框架的几何坐标原点。然后再用移动式三坐标仪对框架波导进行上下取点测量，获取在构建坐标系下的坐标值，求平均，求得框架波导的几何中心坐标值，从而得出了在框架几何坐标系下的波导几何中心坐标值。根据移动式三坐标仪的说明，其测量误差为0.05mm。则SAR天线相位中心确定

和测量误差为(0.16mm,0.15mm,0.30mm)，矢量误差为0.37mm。

3) 坐标转换误差

对式（7.1）微分得

$$\Delta r_{\mathrm{E}} = M_{\mathrm{OE}} \Delta M_{\mathrm{BO}} r_{\mathrm{b}} + M_{\mathrm{OE}} M_{\mathrm{BO}} \Delta r_{\mathrm{b}} \tag{7.7}$$

式（7.7）等号左边为天线相位中心相对于卫星质心在惯性坐标系中的位置误差 Δr_{E}，它是由等号右边的两项误差引起的：右边第一项为姿态误差 ΔM_{BO} 对归算的影响，右边第二项为天线相位中心位置误差 Δr_{b} 对归算的影响。考虑到 $|M_{\mathrm{OE}} M_{\mathrm{BO}}|=1$，即天线相位中心位置误差 Δr_{b} 将直接对归算产生等精度的影响。若卫星的姿态测量精度指标为 $0.01°(3\sigma)$，以微波测绘一号卫星为例，GNSS 和 SAR 天线相位中心在卫星本体坐标系下 A 星偏移量为（-492.08mm,-229.74mm,-1528.80mm）和（3.40mm,474.76mm,652.49mm），B 星为（-491.93mm,-228.84mm,-1530.04mm）和（2.74mm,476.27mm,651.12mm），两星偏移量基本一致，取 A 星偏移量计算得到姿态误差的影响小于 0.4mm。

4) 相对定轨误差

相对定轨涉及的误差源可以分为六类：①GNSS 卫星相关误差，包括 GNSS 卫星星历及钟差误差等，IGS 提供的 GPS 最终精密星历轨道精度优于 5cm，钟差精度优于 0.1ns；②信号传播误差，主要为电离层延迟，可以采用双频组合消除电离层误差影响；③用户卫星及载荷相关误差，包括卫星质心误差和姿态测量误差、GNSS 接收机天线安装误差、GNSS 接收机天线相位中心误差、GNSS 接收机观测噪声；④描述卫星运动的力学模型不精确而引起的力学模型误差，力学模型误差通过采用尽可能精确的力学模型和经验参数吸收；⑤计算过程中引进的数值计算误差；⑥状态方程和观测方程线性化带来的误差，数值计算误差及线性化误差可以忽略。其中，除载荷和卫星平台相关误差外，其他误差与 GRACE 卫星的相对定轨误差源一致。卫星相对定轨精度检测采用国际上通用的方法，即由两家单位分别研制的处理软件进行独立计算，通过对比两款软件处理结果，获得相对定轨精度。两款软件采用不同的动力学策略和处理方案，从而保证了各自相对定轨结果的独立性。两款软件对 GRACE 卫星观测数据的相对定轨结果比较表明，其相对定轨精度为 1.3mm，与实际报道 GRACE 相对定轨精度一致[7]。微波测绘一号卫星利用两款软件对 7 月 14 日到 8 月 2 日观测数据处理结果进行了比较，其结果如表 7.4 所列。

表 7.4 相对定轨精度测试结果

时间及中误差	精度/mm			
	径向（Z）	沿轨（Y）	法向（X）	矢量
7月14日	1.16	0.99	0.41	1.58
7月15日	1.35	1.01	0.43	1.74
7月16日	0.64	1.56	0.44	1.75
7月17日	0.78	1.16	0.42	1.47
7月18日	0.82	0.82	0.38	1.22
7月19日	0.74	0.98	0.44	1.30
7月20日	0.76	0.83	0.41	1.20
7月21日	0.97	1.01	0.40	1.48
7月22日	0.95	0.84	0.45	1.35
7月23日	0.68	0.96	0.50	1.28
7月24日	0.65	0.92	0.47	1.22
7月25日	0.63	0.99	0.49	1.28
7月26日	0.89	1.65	0.49	1.94
7月27日	1.14	1.17	0.43	1.69
7月28日	0.75	1.15	0.42	1.44
7月29日	0.63	1.34	0.37	1.53
7月30日	1.07	0.69	0.53	1.38
7月31日	0.69	0.91	0.49	1.24
8月1日	1.23	0.70	0.48	1.50
8月2日	1.33	0.96	0.39	1.69
中误差	**0.92**	**1.06**	**0.44**	**1.48**

综上所述，基线测量误差链路如图 7.18 所示。GNSS 天线相位中心确定和测量误差按三轴等权分配，则 1.22mm 矢量误差三轴分量为（0.7mm，0.7mm，0.7mm），基线测量误差如表 7.5 所列。

表 7.5 基线测量误差

误差项	误差/mm			
	X	Y	Z	矢量
GNSS 天线	0.70	0.70	0.70	1.22
SAR 天线	0.16	0.15	0.30	0.37
坐标转换	0.40	0.40	0.40	0.69
基线测量	0.44	1.06	0.92	1.48
中误差	**0.93**	**1.34**	**1.26**	**2.07**

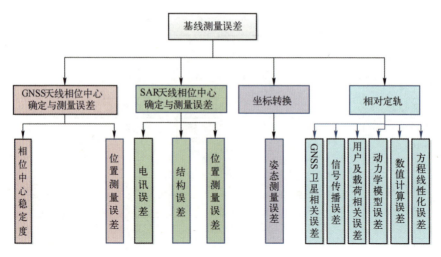

图 7.18 基线测量误差链路

7.2 干涉相位误差控制

7.2.1 干涉相位误差分析

设主、辅雷达获取复影像的相位分别为 Φ_1、Φ_2，则干涉相位有

$$\Phi = \Phi_1 - \Phi_2 \tag{7.8}$$

由式（7.8）可知，干涉相位误差包含主、辅星 SAR 本身产生的误差、数据处理产生的误差及主、辅信号间相干性引起的误差。

相关性的好坏直接影响用于 InSAR 处理的相位误差，相位误差与信号相关系数 γ 的关系为[8-9]

$$m_\Phi = \pm \frac{1}{\sqrt{2N}} \frac{\sqrt{1-\gamma^2}}{\gamma} \tag{7.9}$$

式中：N 为复影像视数。

故 InSAR 卫星编队系统影响产品精度的相位误差主要包括 SAR 系统信号产生阶段的信号源误差，硬件设备传输过程的通道误差，主、辅信号间去相干引起的误差及数据处理引起的误差，其分布如图 7.19 所示。SAR 系统的信号源误差通过相位同步进行消除，相位同步和失相干问题前面已介绍，这主要介绍 SAR 系统通道误差和数据处理引起的误差。

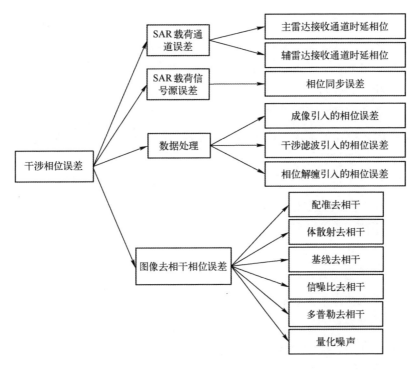

图 7.19 相位误差源分布图

7.2.2 SAR 系统通道误差

由于 InSAR 卫星编队系统在一发双收载荷工作模式下，引起主、辅星干涉相位误差的发射通道相同，可以相互抵消，故 SAR 系统的通道误差主要是主、辅星的接收通道误差。SAR 系统的通道误差可以通过内定标进行标定，并根据标定值进行改正消除。

内定标是标定雷达成像信号在 SAR 载荷发射与接收通道中的幅相变化。这些幅相变化叠加在回波信号上，不仅导致地面目标的反射强度出现误差，而且导致干涉相位出现误差，直接影响测高精度[10-11]。

内定标实现方法有延迟内定标和非延迟内定标两种。在延迟内定标方法中，内置了光纤延迟线、放大器等有源部件，开机相位具有随机性，而且相位稳定性差、温漂大、链路对消性差，难以实现高精度内定标要求；在非延迟内定标方法中，采用全无源的设计，可实现更好的幅度和相位稳定性，定标精度高，但需要解决回波链路与定标链路隔离度和不同模式下 SAR 载荷链路功率电平匹配等问题[3]。为了确保内定标相位精度，微波测绘一号、陆探一号和 TanDEM-X 系统均采用非延迟内定标技术，内定标需要完成的功能包括：①标定系统收发通道（除天线波导子阵外的发射通路和接收通路）总增益的相对变化量；②标定系统收发通道（除天线波导子阵外的发射通路和接收通路）相移的相对变化；③复制系统 LFM 信号以供成像处理生成距离向脉冲压缩的参考信号，用于系统误差校正。

根据内定标功能要求，内定标工作方式一般需要设计以下 14 种：

(1) 噪声定标；

(2) 参考定标；

(3) 全阵面发射定标；

(4) 全阵面接收定标；

(5) 单子板发射定标；

(6) 单子板接收定标；

(7) 单模块发射定标；

(8) 单模块接收定标；

(9) 单 T/R 发射定标；

(10) 单 T/R 接收定标；

(11) 相位同步发射定标；

(12) 相位同步接收定标；

(13) 成像中发射定标；

(14) 成像中接收定标。

其中：噪声定标主要实现对接收机通道的噪声的标定；参考定标主要是实现对中央电子设备的激励信号的标定；各种发射定标主要是实现对雷达系统天线阵面的全部或一部分或相位同步通道发射链路传输特性标定和雷达状态的监测；各种接收定标主要是实现对雷达系统天线阵面全部或一部分或相位同步接收链路传输特性的标定和雷达状态的监测。

通过对部分或全部内定标工作方式进行组合，可以产生各种组合定标模式。

除噪声定标不产生线性调频信号外，其他内定标方式下均由中央电子设备的信号产生模块根据工作参数指令，产生满足要求的线性调频信号，将其调制到射频载波上，然后放大到所需的功率电平，送至天线阵面或内定标器。并按照不同的内定标方式与目的，通过对驱动放大器、T/R 组件、前置放大器、内定标器的工作状态以及接收机接收通道的控制，构建不同的内定标信号链路。

按照内定标链路的不同,所有的内定标模式分为发射定标、接收定标、参考定标、噪声定标、同步发射定标和同步接收定标六类。除噪声定标外,上述几类内定标的信号路径如图 7.20 所示。

内定标一般由内定标网络和内定标器组成的定标链路实现。内定标网络设计需要考虑对 SAR 信号硬件通道进行定标,也可对相位同步通道进行定标。方案应充分考虑不同定标方式的信号流和信号电平的需要,保证内定标性能[5]。

内定标器用于标定雷达开机期间,以及多次开机之间通道幅度和相位的变化量,并据此进行补偿,因此内定标器的设计就成为影响雷达通道幅度和相位标定性能的关键环节。内定标器是内定标信号链路中的核心单元,它完成各种内定标模式的回路转换和电平转换。

为了提高内定标的精度,可以采用首尾定标结合成像中定标的高精度内定标方法。该方法是在首尾定标的基础上,在 SAR 成像工作期间,周期性地插入内定标工作过程,以高精度地获取成像工作期间雷达系统硬件通道的相位漂移规律,并以此为基础通过专门的内定标算法处理,最终实现高精度的内定标补偿。

内定标技术相位误差控制措施包括:尽量简洁设计、少用器件,优选稳相电缆组件,以尽量短的电长度设计内定标器;主、辅星 SAR 采用相同的软硬件设计,通过地面测试和筛选,确保主、辅星 SAR 硬件相位特性的高一致性;通过采用长加电、提前开机预热、有源部件温度补偿等方式,使系统的相位特性变化在工作期间控制在可承受的范围内;通过针对性的热控系统设计,使内定标系统工作环境温度控制在一定范围内,保证相位稳定性和一致性。

内定标直接产生相位误差,其要求可以根据系统产品精度要求指标分配确定,一般要求内定标器精度温补后不大于 0.5°,整个内定标相对相位稳定性要求不大于 2°。

7.2.3 数据处理相位误差

根据轨道数据和控制点三维坐标真值计算成像多普勒时刻地面点对应的雷达斜距,然后根据式(7.10)计算地面点无模糊相位真值,有

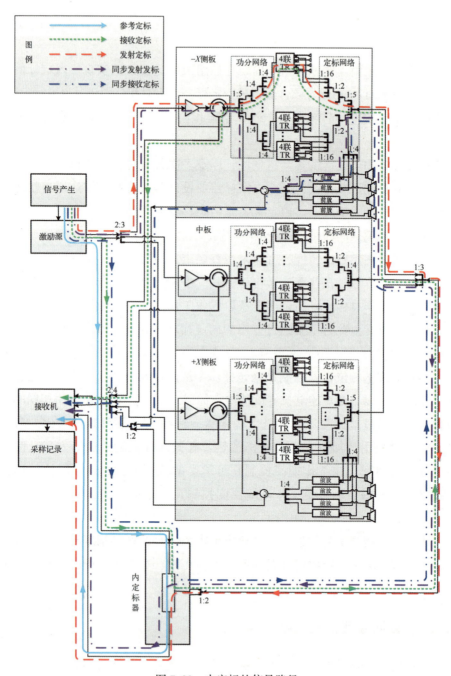

图 7.20 内定标的信号路径

$$\varphi_{\text{ideal}} = -\frac{4\pi R}{\lambda} \quad (7.10)$$

式中：R 表示雷达斜距；λ 表示雷达波长。根据控制点无模糊相位真值计算其模糊分量（在 $-\pi \sim \pi$ 区间内）与地面点图像相位相减即可得到地面点保相精度。

从信号处理角度分析，影响分布式 InSAR 数据处理地面点相位精度的主要误差源包括双基 SAR 成像几何误差和影像配准误差。

7.2.3.1 双基成像几何误差

影响星载 SAR 双基成像相位精度的主要因素有：多普勒中心频率估计误差、方位调频率估计误差以及斜距测量误差等。

1) 多普勒中心频率估计误差

多普勒中心频率与目标和卫星之间的相对速度成正比，由式（7.11）给出。

$$f_{\text{dc}} = \frac{2}{\lambda R}(\boldsymbol{V}_{\text{sat}} - \boldsymbol{V}_{\text{tar}}) \cdot (\boldsymbol{P}_{\text{sat}} - \boldsymbol{P}_{\text{tar}}) \quad (7.11)$$

式中：f_{dc} 为多普勒中心频率；λ 为雷达载频对应的波长；$\boldsymbol{V}_{\text{sat}}$ 和 $\boldsymbol{V}_{\text{tar}}$ 为多普勒中心频率穿越目标时刻的传感器（天线相位中心）和目标的速度；$\boldsymbol{P}_{\text{sat}}$ 和 $\boldsymbol{P}_{\text{tar}}$ 分别为多普勒中心时刻传感器和目标的位置。

多普勒中心频率是构造方位向匹配滤波器的一个重要参数，当存在多普勒中心频率估计误差时，方位匹配滤波器的中心频率偏离信号频谱能量峰值，如图 7.21 所示。图 7.21 中 A 和 B 分别对应多普勒中心频率没有误差和存在误差时的情况。可以看出，在存在多普勒中心频率误差的情况下，目标主响应区的压缩能量会降低，而模糊区的能量会增加，造成目标相干积累损失，从而降低 SAR 图像的方位分辨率，同时造成 SAR 图像方位模糊度增大并影响 SAR 图像的均值、方差和动态范围。由于噪声频谱是平坦的，其单位带宽的能量并不发生变化，因而多普勒中心频率估计误差将会恶化 SAR 图像的信噪比，进而影响信噪比干损。

多普勒中心频率估计误差对方位分辨率展宽的影响如图 7.22 所示。

2) 多普勒调频率估计误差

SAR 系统接收的点目标的回波经过解调后的基带信号可表示为

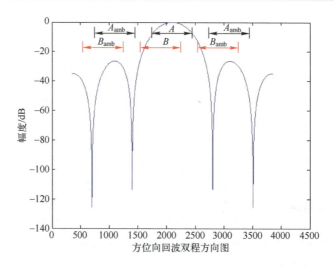

图 7.21　多普勒中心频率误差对 SAR 成像聚焦的影响

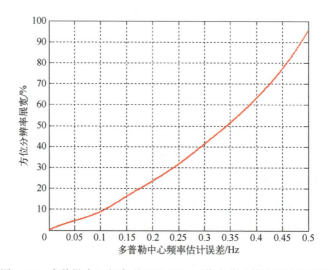

图 7.22　多普勒中心频率误差对 SAR 图像方位分辨率展宽的影响

$$s(\tau,t_m) = A_0 \omega_r\left(\tau - \frac{2R(t_m)}{c}\right)\omega_a(t_m - t_{mc}) \times \\ \exp\left(-j\frac{4\pi f_0 R(t_m)}{c}\right)\exp\left(j\pi K_r\left(\tau - \frac{2R(t_m)}{c}\right)^2\right) \tag{7.12}$$

式中：系数 A_0 为一个复常数；$\omega_r(\tau)$ 为距离向包络；$\omega_a(t_m)$ 为方位向包络；τ 为距离向快时间；t_m 方位向慢时间；$R(t_m)$ 为 t_m 时刻的瞬时斜距；t_{mc} 为波束中心偏离时刻；f_0 为雷达中心频率；K_r 为距离向调频率。瞬时斜距 $R(t_m)$ 由式（7.9）给出。

$$R(t_m) = \sqrt{R_0^2 + V_r^2 t_m^2} \approx R_0 + \frac{V_r^2 t_m^2}{2R_0} \quad (7.13)$$

式中：R_0 为场景中心斜距；V_r 为卫星等效速度。

根据式（7.12）和式（7.13）距离压缩后的信号为

$$s_{rc} \approx A_0 p_r\left(\tau - \frac{2R(t_m)}{c}\right)\omega_a(t_m - t_{mc}) \times$$
$$\exp\left(-\mathrm{j}\frac{4\pi f_0 R_0}{c}\right)\exp(-\mathrm{j}\pi K_a t_m^2) \quad (7.14)$$

式中：K_a 为方位向信号调频率，由式（7.15）给出：

$$K_a \approx \frac{2V_r^2}{\lambda R_0} \quad (7.15)$$

方位向调频率估计误差对 SAR 图像方位向分辨率展宽的影响如图 7.23 所示，其中红色曲线表示未加窗函数，绿色曲线表示加了 $\beta = 2.5$ 的 Kaiser 窗函数。

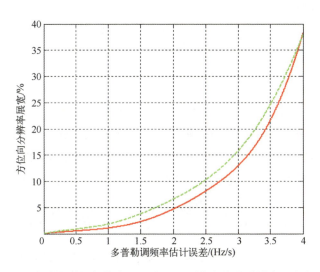

图 7.23 多普勒调频率估计误差对 SAR 图像方位向分辨率展宽的影响

SAR 复图像的相位误差与多普勒调频率误差的关系为

$$\Delta\phi = \frac{1}{3}\pi\Delta K_a\left(\frac{T_s}{2}\right)^2 \quad (7.16)$$

式中：T_s 为合成孔径时间；ΔK_a 为方位向调频率误差。因此，多普勒调频率误差对 SAR 复图像相位误差的影响如图 7.24 所示。

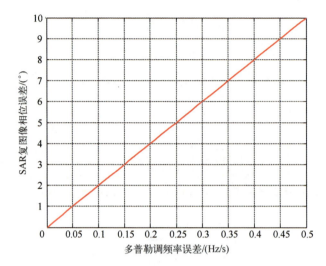

图 7.24　多普勒调频率误差对 SAR 复图像相位误差的影响

3) 斜距测量误差

传感器到目标的斜距是由信号穿过大气的传播时间决定的，由式（7.17）给出：

$$R = c(\tau - \tau_e)/2 \qquad (7.17)$$

式中：τ_e 为信号经过雷达发射机和接收机的时延；τ 为从一个控制信号被送到激励器产生脉冲到其回波被 ADC 数字化的整个时延时间。斜距误差的来源主要是估计传感器电时延 τ_e 的误差和信号穿过大气层的传播定时误差。

斜距误差将导致方位调频率估计误差，由式（7.18）给出。

$$\Delta K_a = \frac{2V_r^2}{\lambda(R+\Delta R)} - \frac{2V_r^2}{\lambda R} = \frac{2V_r^2}{\lambda R(R+\Delta R)} \Delta R \approx \frac{2V_r^2}{\lambda R^2} \Delta R \qquad (7.18)$$

式中：V_r 为卫星等效速度；λ 为雷达发射信号中心频率对应的波长；R 为雷达到目标的斜距。由式（7.18）可得斜距误差与多普勒调频率误差的关系如图 7.25 所示。

结合式（7.14）SAR 复图像相位误差与多普勒调频率误差的关系，可以得出 SAR 复图像相位误差与斜距误差的关系式如下：

$$\Delta \phi = \frac{2\pi \cdot V_r^2}{3\lambda R^2} \cdot \left(\frac{T_s}{2}\right)^2 \cdot \Delta R \qquad (7.19)$$

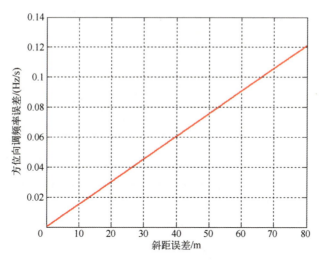

图 7.25　斜距误差对多普勒调频率误差的关系

因此，斜距测量误差对 SAR 复图像相位误差的影响如图 7.26 所示。

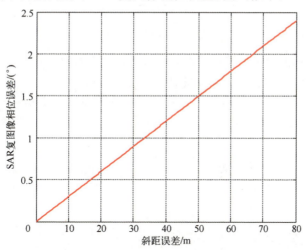

图 7.26　斜距测量误差对 SAR 复图像相位误差的影响

4）卫星位置测量误差

卫星位置测量误差将导致 SAR 图像目标定位误差。卫星位置测量误差导致的目标方位定位误差由式（7.20）给出：

$$\Delta T_{az} = \Delta T_x + \Delta T_z \tag{7.20}$$

式中：ΔT_{az} 表示 SAR 图像目标方位定位误差；ΔT_x 表示卫星位置沿航向误差引起的目标方位定位误差；ΔT_z 表示卫星位置沿高度 H 向误差引起的目标方

位定位误差。ΔT_x 和 ΔT_z 由式 (7.21) 给出，即

$$\begin{cases} \Delta T_x = \dfrac{\Delta R_x R_t}{R_s} \\ \Delta T_z = \dfrac{R V_g V_e}{V_r^2} (\cos\xi_t \sin\alpha_i \cos\theta) \Delta\theta \end{cases} \quad (7.21)$$

式中：ΔR_x 表示卫星位置沿航向误差；R_t 表示目标到地心的距离；R_s 表示卫星到地心的距离；V_g 表示地速；V_r 表示等效速度；ξ_t 为目标地心纬度；α_i 为轨道倾角；θ 为波束中心下视角；$\Delta\theta$ 为由卫星沿高度向误差引起的视角变化。$\Delta\theta$ 由式 (7.22) 给出，即

$$\Delta\theta = \arccos\left[\dfrac{R^2 + R_s^2 - R_t^2}{2R_s R}\right] - \arccos\left[\dfrac{R^2 + (R_s + \Delta R_z)^2 - R_t^2}{2(R_s + \Delta R_z) R}\right] \quad (7.22)$$

卫星位置测量误差对 SAR 图像目标距离向定位误差的影响由式 (7.23) 给出，即

$$\Delta T_{rg} = \dfrac{\Delta R_y R_t}{R_s} + \dfrac{R \Delta\theta}{\sin\eta} \quad (7.23)$$

式中：ΔT_{rg} 表示由卫星位置测量误差导致的目标距离向定位误差；ΔR_y 表示垂直航向卫星位置测量误差；η 表示局部入射角。

根据式 (7.21)、式 (7.22) 和式 (7.23)，卫星位置测量误差对 SAR 图像目标方位定位误差的影响如图 7.27 所示。

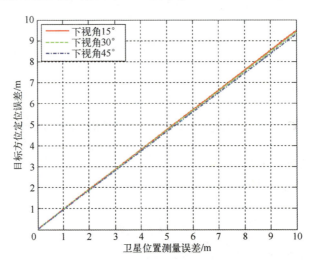

图 7.27 卫星位置测量误差对 SAR 图像目标方位定位误差的影响

5）卫星速度误差

卫星速度测量误差将导致多普勒中心频率估计误差和多普勒调频率估计误差。卫星速度误差与多普勒调频率误差的近似关系由式（7.24）给出，即

$$\Delta k_a^{(v)} \approx \frac{4v}{\lambda R}\Delta v \tag{7.24}$$

卫星速度测量误差对多普勒调频率估计误差的影响如图 7.28 所示。

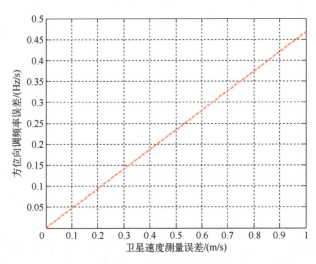

图 7.28　卫星速度测量误差对多普勒调频率误差的影响

结合式（7.16）中多普勒调频率误差对 SAR 复图像相位精度的影响关系，可以得出，卫星速度误差对 SAR 复图像相位精度的影响关系式如式（7.25）所示，即

$$\Delta\phi = \frac{4\pi \cdot v}{3\lambda R} \cdot \left(\frac{T_s}{2}\right)^2 \cdot \Delta v \tag{7.25}$$

SAR 复图像相位误差随卫星速度测量误差的变化曲线如图 7.29 所示。

7.2.3.2　影像配准误差

SAR 影像配准过程是以一幅 SAR 影像作为参考影像（主影像），将另一幅 SAR 影像（辅影像）重采样至主影像的坐标系，使主、辅影像中坐标相同的像素对应于同一地面分辨单元。

目前 InSAR 图像配准方法主要有基于影像互相关配准方法、基于雷达成像几何的配准方法和基于上下子带谱分割的配准方法。复图像相干法的性能

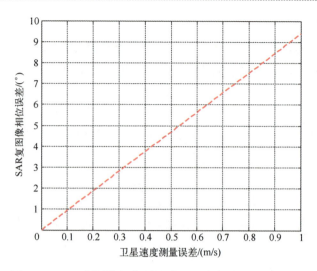

图 7.29　SAR 复图像相位误差随卫星速度测量误差的变化

严重依赖于数据质量，且在复杂地形区域高分辨率 SAR 图像配准时面临性能下降的问题；雷达几何法的性能与数据质量无关，但受卫星定轨精度和先验辅助 DEM 高程精度的影响。

影像相关配准方法是利用主、辅影像的空间相关性进行配准，影像偏移量直接通过相关图像中最大值的位置获取。影像相关法配准可以用实数影像（即影像的幅度或强度）进行相关配准，也可以直接用复数影像进行相关性配准。

复图像相干法配准精度的 Cramer-Rao 界如下：

$$\sigma_{\mathrm{CCC}} = \sqrt{\frac{3}{2N}} \cdot \frac{\sqrt{1-\gamma^2}}{\pi\gamma} \tag{7.26}$$

式中：γ 为相干系数；N 为相干系数估计中使用的样本数。

图 7.30 给出了不同估计样本数时，复图像配准误差随相干系数的变化曲线。可以看出，随着参与相干系数估计样本数的提高，复图像相干法的配准精度也将提高；当图像对之间的相干性较高（>0.75）时，复图像相干法的配准精度可优于 1/20 像素；但对于低相干区域，复图像相干法的配准精度下降较快且稳健性变差。

实数影像相关配准精度的 Cramer-Rao 下限如下：

$$\sigma_{\mathrm{ICC}} = \sqrt{\frac{3}{2N}} \cdot \frac{\sqrt{2+5\gamma^2-7\gamma^4}}{\pi\gamma^2} \tag{7.27}$$

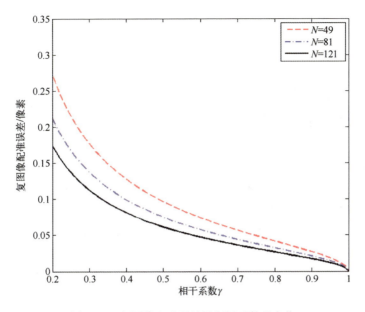

图 7.30 复图像配准误差随相干系数的变化

实数影像相关配准方法稳健性较强,受到失相干等噪声的干扰较小。

分析配准误差对干涉相位误差的影响可以结合干涉条纹频率进行分析。例如,干涉相位平均间隔 N 像素变化一个周期(从 0 变化到 2π),则 ω 像素的配准误差引起的干涉相位误差为

$$\Delta\varphi = \frac{2\pi}{N} \cdot \omega \tag{7.28}$$

干涉条纹频率为 $1/N$,则不同干涉条纹频率时,干涉相位误差随配准误差的变化关系如图 7.31 所示。

干涉条纹频率与模糊高度有关,模糊高度的计算公式为

$$H_a = \frac{\lambda \cdot R \cdot \sin\theta}{\alpha \cdot B_\perp} \tag{7.29}$$

式中:λ 表示雷达波长;R 表示目标到雷达的斜距;θ 表示雷达下视角;$B_\perp$ 表示垂直有效基线长度;α 是比例系数,一发双收时,$\alpha=2$,自发自收时,$\alpha=1$。

对于工作在 X 波段的星载卫星,波长约为 0.03m,斜距约为 500km,下视角约为 36°,干涉相位误差随配准误差的变化关系如图 7.32 所示。

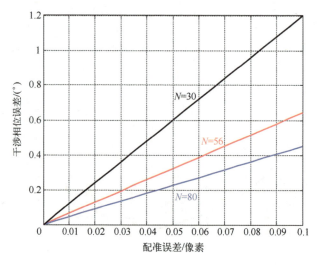

图 7.31　SAR 复图像相位误差随配准误差及条纹频率的变化

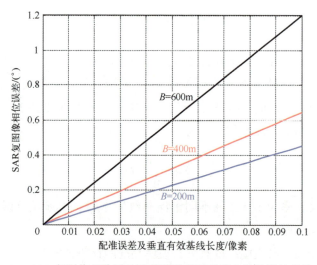

图 7.32　SAR 复图像相位误差随配准误差及垂直有效基线长度的变化

7.3　几何定标技术

7.3.1　斜距定标

　　雷达斜距是通过测定发射波与回波之间的时间差（时延）来确定的。电磁波在发射和接收过程中受到雷达系统内部环境和外部环境的影响，产生时间测量误差,从而引起斜距测量误差,该误差主要由雷达系统收发通道延迟和大气延迟引起[10]。

斜距误差使得根据地面点坐标求解(预测)像点坐标产生误差,同时降低了微波干涉测绘卫星地面定位精度,因此需要对其进行校正。大气延迟通过建立电离层、对流层模型进行校正,通道延迟在星上没有测量设备的情况下,只能利用地面控制点通过定标的方法将其校正,因此斜距定标主要是确定通道延迟。

7.3.1.1 斜距测量误差分析

在斜距成像模式下,斜距是指雷达天线相位中心到目标点的距离 R,如图 7.33 所示,在没有误差的情况下,其计算公式为[12]

$$R = |P-A| = D_s + m_x x \tag{7.30}$$

式中:A 是雷达 APC 位置;P 是地面点位置;D_s 是雷达的近距边;m_x 是雷达距离向采样间隔;x 是图像距离向像素坐标。假设从雷达波发射到接收第一个回波所经历时间为 t_m,那么 $D_s = t_m c/2$,其中 c 为光速。设雷达距离向采样频率为 R_{sr},则 $m_x = c/2R_{sr}$。

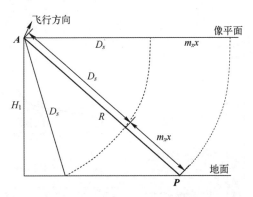

图 7.33 雷达斜距成像示意图

雷达回波时间 t_0 包含三部分:雷达波在发射与接收通道中的时延 t_c,雷达波经过空中真实传播路径所需时间 t_m,受空间环境影响产生的时延 t_d。即 $t_0 = t_c + t_m + t_d$。InSAR 数据处理中,需要的是 t_m,其余是需要校正的部分。

在地面可以通过仪器设备精确测量 t_c 值,但在卫星上天后受温度、电子器件老化等因素影响,其值会发生变化,且在一段时间内稳定不变,因此必须对其定标。

微波干涉测绘卫星的轨道高度为 520km 左右，电磁波穿过整个对流层和平流层以及部分电离层空间，对流层和平流层大气均为非色散介质，在电波大气折射效应评估与计算中统称对流层[13]，因此 t_d 主要由对流层时延和电离层时延组成。

为了精确校正 t_c，首先要尽量消除 t_d 的影响，可针对对流层和电离层时延的产生机理分别进行校正，经过校正后，可以认为雷达传播时间包括 t_c 和 t_m，此时可以在地面控制点支持下利用多景数据对 t_c 进行定标。

7.3.1.2 大气延迟产生机理与分析

图 7.34 给出的是地球周围大气层大致分布示意图，自地面往上分别是对流层、平流层、电离层和磁层。微波干涉测绘卫星工作时电磁波穿过整个对流层、平流层以及部分电离层空间。电磁波在大气层中传播与在自由空间中传播不一样，传播路径将变得弯曲，传播速度也与真空中的光速不同，该现象称为电磁波大气折射效应[14]。对于仰角较高（大于 30°）的情况，大气折射效应引起的弯曲可以忽略，只考虑大气引起的距离延迟。大气对电磁波传播的距离延迟，不同层产生的延迟是不同的，下面分别介绍。

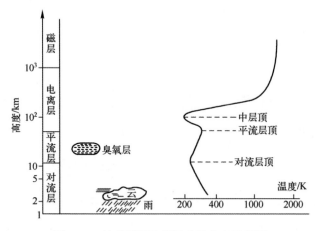

图 7.34　地球周围大气层大致分布示意图

1）对流层电磁波延迟

（1）对流层大气。从地面至对流层顶高度间的中性大气层区域为对流层。对流层顶高度随着纬度和季节的变化有所不同：一般地，随纬度的降低，顶高逐渐升高。同时，不同季节的对流层顶高也有所不同：夏季较高，冬季较低，春秋居中。

从对流层顶到大约 60km 高度的中性大气层为平流层。层内的大气以水平方向运动为主，层中空气稀薄且水蒸气含量很少。

在电波折射误差修正中常将对流层与平流层合并称为对流层，即地面至海拔 60km 之间的空间区域统称为对流层[14]。

（2）延迟效应。对流层大气折射效应的大小与大气的气温、气压和湿度有关。可进一步分成干项折射误差和湿项折射误差。在天顶方向[15]，对流层大气引起的折射误差为 2.0~2.7m（主要是距离延迟），其中干项引起的距离折射误差约为 2.4m，湿项引起的距离折射误差为 0.05~0.6m。海洋上空大气引起的折射误差要大于陆地上空大气引起的折射误差。统计结果表明：从地面看向卫星，30°以上仰角时，对流层大气引起的距离折射误差基本在 5.5m 以内；折射湿项引起的折射误差所占比重随月份和经纬度不同而变化明显，随仰角的变化趋势不明显。

另外，经过对大气结构剖面的实际测量和研究得出：折射率干项剖面有规律且稳定，可由地面气象参数比较准确地估算；而折射率湿项剖面不规则，随时间和空间有多变性，是折射率误差修正残差的主要部分。使用基于实测折射率剖面或实测地面折射率，至少可以修正 85% 的大气折射误差。

2）电离层电磁波延迟

（1）电离层大气。海拔 60~1000km 的区域称为电离层。电离层中存在大量自由电子和离子，对电磁波传播有显著的影响。根据层内电子浓度的特性分为 D 层、E 层、F 层（白天又可分为 F_1 和 F_2 两层）和顶部电离层，如图 7.35 所示。

D 层分布在 60~90km 高度范围内，电子密度在 10^8~$10^9/m^3$，夜间消失；

E 层分布在离地面 90~140km 的高度范围内，电子密度在 10^9~$10^{11}/m^3$，其所处高度比较稳定。在中纬度地区，该层电子密度峰值的高度一般位于 110~120km 之间，而在低纬度地区约比此高度低 10km。

F 层分布在离地面 140~400km 的高度范围内，一般地，200km 以下为 F_1 层，电子密度约为 $10^{11}/m^3$，夜间消失；200km 以上为 F_2 层，电子密度在 10^{11}~$10^{12}/m^3$。电子密度峰值高度 h_mF_2 一般在 300~400km 之间变化。F 层在电波传播过程中起到主要作用，该电离层区域对电磁波信号传播的影响占电离层误差的大部分。电离层电子密度剖面随太阳活动、地方时、季节、地理位置等发生显著变化，从而导致电磁波传播效应变化较大。

（2）延迟效应。电离层大气延迟效应的大小与系统工作频率、太阳活动

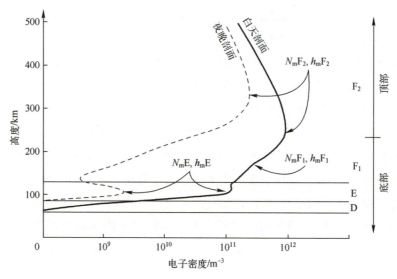

图 7.35　电离层电子密度分布示意图

程度、地磁场等因素密切相关。图 7.36 是利用参考电离层模型，仿真了 2018 年 7 月 1 日 14 时海口、长春、西安和青岛四个地点处，卫星高度为 518km 时，不同太阳活动程度下电离层大气引起的距离误差。

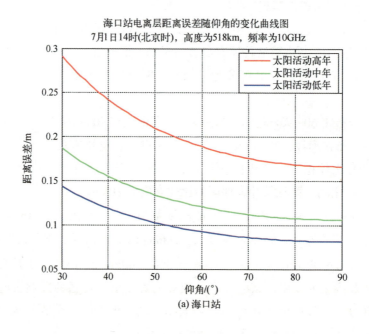

(a) 海口站

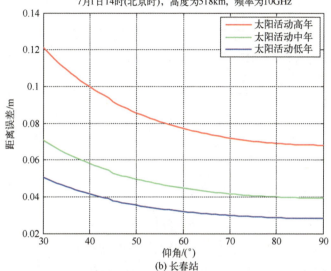

(b) 长春站

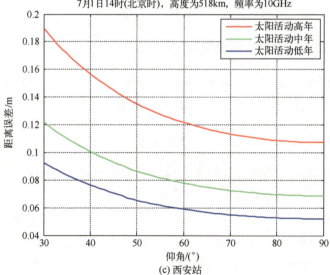

(c) 西安站

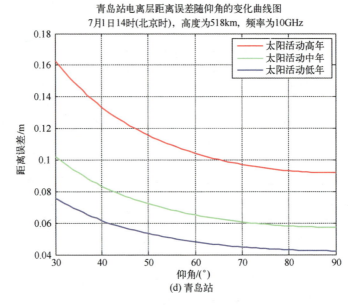

图 7.36 四个站点 X 频段电离层延迟效应

从计算结果可以看出：对于 X 频段的系统而言，在 30°以上仰角时，电离层影响很小，即使受电离层影响较大的海口地区在太阳活动高年的夏季午后时间距离误差最大值也只有 0.3m 左右。

7.3.1.3 通道延迟产生机理与误差源

SAR 载荷通过测量脉冲发射时间至成像目标点回波时间延迟来确定斜距，则待测斜距 R 与信号传播延迟时间 T_d 的关系为

$$R = \frac{cT_d}{2} \tag{7.31}$$

式中：c 为光速；T_d 为脉冲发射至成像目标点回波接收时间延迟。确定 SAR 载荷回波延迟时间的原理如图 7.37 所示。

SAR 载荷在第 0 个发射脉冲发射后，经过了 N 个脉冲重复时间（Pulse Repeat Time，PRT）的空间传输延迟后，在第 N 帧回波采样窗内接收到地面回波，雷达设置的目标点采样时间为 τ_{SP}，SAR 载荷通道内链路时延 τ_{SAR} 造成实际的回波时刻与雷达设置采样时间有所偏离，因此 SAR 载荷回波延迟时间可以表示为

$$T_D = N \cdot PRT + \tau_{SP} - \tau_{SAR} \tag{7.32}$$

根据 SAR 载荷回波延迟时间的确定方法可知，SAR 载荷回波延迟时间的

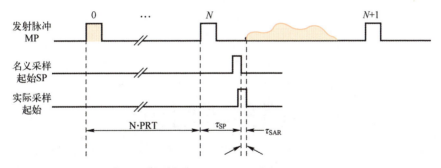

图 7.37　SAR 载荷回波延迟时间

精度主要取决于 SAR 载荷对回波延迟时间 $N\cdot\text{PRT}+\tau_{\text{SP}}$ 进行时间计数的精度，以及 SAR 载荷硬件链路时延 τ_{SAR} 的测量精度。

1) 回波延迟时间计数误差

SAR 载荷通过采样时钟计数来确定回波延迟时间（$N\cdot\text{PRT}+\tau_{\text{SP}}$）。回波延迟时间计数过程中会引入两种误差：一是计数时钟频率的准确度引入的时间误差；二是延迟时间计数的量化误差。

卫星采用 GNSS 驯服晶振提供晶振信号，其他基准频率信号的准确度与驯服后的信号的准确度相同。考虑到卫星采用 GNSS 驯服晶振提供百兆赫晶振信号，时钟的频率准确度优于 e^{-11}，引入的最大回波延迟时间测量误差约为 $e^{-5}\text{ns}$ 量级，因此计数时钟频率的准确度引入的时间延迟测量误差可以忽略。

卫星回波采样延迟时间通过采样时钟进行计数，引入的量化误差主要取决于采样时钟频率，采样时钟周期 Δ 为延时时间的量化台阶，延迟时间误差最大不超过 Δ。利用该时钟对延迟时间进行量化，量化误差为在 $0\sim\Delta$ 之间均匀分布的随机量，由此引入的量化误差的标准差为

$$\Delta t_q = \frac{\Delta}{\sqrt{12}} \tag{7.33}$$

设等效采样时钟频率为 400MHz，采样时钟周期即为延迟时间的量化台阶，其值为 $\Delta=2.50\text{ns}$。利用该时钟对延迟时间进行量化，量化误差为在 $0\sim\Delta$ 之间均匀分布的随机量，最大不超过 2.50ns。

2) 硬件链路引入时延误差

根据 SAR 载荷发射和接收硬件链路设计，影响 SAR 载荷通道内链路时延 τ_{SAR} 的误差项主要包括如下几部分：

（1）发射选通误差。SAR 载荷采用预调脉冲作为发射选通脉冲，发射选通定时信号作为信号产生时钟的选通信号，使得该脉冲沿之后的信号产生时

钟允许输出，产生发射信号。发射选通原理如图7.38所示。

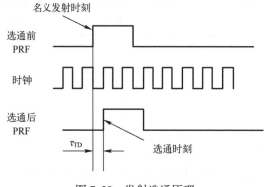

图 7.38 发射选通原理

选通后首个时钟周期开始读取发射信号的预存数据，经数模转换后产生线性调频（Linear Frequency Modulation，LFM）信号。实际的发射时刻滞后于选通时刻，从而造成发射选通误差。每次开机，由于定时信号与时钟信号的相对相位关系并不固定，该项误差每次开机均不相同，最大变化不超过一个时钟周期。在一次开机期间，该项误差固定不变，可以通过内定标进行补偿。

时钟抖动会造成选通后信号输出的不确定性，根据雷达测量理论，时钟抖动造成的随机时间误差与时钟的信噪比有关。设时钟信号的信噪比为 SNR_{CLK}，信号产生时钟的上升沿为 t_{T_rise}，则发射时刻确定的随机时间误差的标准差为

$$\delta \tau_{T\_open} = \frac{t_{T\_rise}}{\sqrt{2 \cdot SNR_{CLK}}} \qquad (7.34)$$

（2）发射响应时延误差。发射选通后，数字收发开始读取发射信号数据，并经过数模（D/A）转换后输出。该过程产生发射响应时延误差，包括数字收发现场可编辑逻辑门阵列（Field Programmable Gate Array，FPGA）门电路的响应时间误差和D/A转换时延误差。发射响应时延误差取决于器件的响应时间，器件引入的响应时延误差主要为系统性误差，可以通过测量补偿，随机性误差可以忽略。

（3）采样选通误差。回波数据的采样由回波采样起始定时信号开启。该定时信号也作为采样数据的选通信号，使得该脉冲沿之后的采样数据被保存下来，作为有效回波数据。采样选通和发射选通的机理相同，由于定时信号与时钟信号的相对相位关系并不固定，该项误差每次开机均不相同，最大变

化不超过一个时钟周期。该项误差为系统量，可以通过内定标进行补偿。

与发射选通的随机误差相同，采样时钟抖动也会造成采样选通的随机抖动。设时钟信号的信噪比为 $\mathrm{SNR_{CLK}}$，回波采样时钟的上升沿为 $t_{\mathrm{R\_rise}}$，则采样选通的随机性误差为

$$\delta\tau_{\mathrm{R\_open}} = \frac{t_{\mathrm{R\_rise}}}{\sqrt{2 \cdot \mathrm{SNR_{CLK}}}} \tag{7.35}$$

（4）采样响应时延误差。数字收发的采样响应时延误差是指采样选通后，由于数字收发内部的器件响应造成的采样数据输出时延误差。采样响应时延误差主要包括数字收发 FPGA 门电路等的响应时间误差。根据器件手册，器件内部触发器的延迟时间为系统性误差，可通过测量补偿，随机性误差可以忽略。

（5）雷达射频子系统收发链路传输时延。雷达射频子系统收发链路包括数字收发内部信号产生传输链路、中频采样传输链路、数字收发至激励源射频电缆、激励源、接收前端和接收前端至数字收发射频电缆六部分链路。

雷达射频子系统收发链路对信号传输的时延可分为系统性时延和随机性时延。收发链路的系统性时延与收发链路的电长度相关，该项时延可以通过测试进行补偿。随机性时延与收发链路的稳定性相关。

（6）天线阵面收发链路传输时延误差。天线阵面收发链路主要包括驱动放大器、微波组合、开关矩阵、馈电网络、延时组件、综合网络、T/R 组件、辐射单元以及互联电缆等。天线阵面收发链路会造成信号传输时延，包括系统性时延和随机性时延。系统性时延与天线阵面收发链路的电长度相关，该项时延可以通过测试进行补偿。随机性时延与收发链路的稳定性相关。

7.3.1.4 大气延迟计算模型

1）对流层延迟计算模型

对流层大气延迟可由天顶延迟与映射函数求得，即

$$\Delta L(\theta) = \Delta L_{\mathrm{H}}(\theta) + \Delta L_{\mathrm{W}}(\theta) = \Delta L_{\mathrm{Hv}} \cdot m_{\mathrm{H}}(\theta) + \Delta L_{\mathrm{Wv}} \cdot m_{\mathrm{W}}(\theta) \tag{7.36}$$

式中：θ 为仰角；$\Delta L_{\mathrm{H}}(\theta)$、$\Delta L_{\mathrm{W}}(\theta)$ 分别为干项延迟和湿项延迟；ΔL_{Hv}、ΔL_{Wv} 分别为干项天顶延迟和湿项天顶延迟；$m_{\mathrm{H}}(\theta)$ 和 $m_{\mathrm{W}}(\theta)$ 分别为干项映射函数和湿项映射函数。起始高度为地面，由大气静力学方程得对流层干项天顶延迟 ΔL_{Hvs}[16-17]：

$$\Delta L_{\mathrm{Hvs}} = 10^{-6} \frac{R_{\mathrm{d}}}{g_m} k_1 \cdot p_s \tag{7.37}$$

式中：R_d 为气体常数，$R_d = 287.054(\text{J/kg/K})$；$g_m$ 为重力加速度，$g_m = 9.784(\text{m/s}^2)$；$p_s$ 为地球表面的气压。

对流层湿项天顶延迟 ΔL_{Wvs} 为

$$\Delta L_{\text{Wvs}} = 10^{-6} \frac{R_d}{g_{ms}} \frac{k_2}{(\lambda_1+1)} \cdot \frac{e_s}{T_{ms}} \tag{7.38}$$

式中：e_s、T_{ms}、g_{ms} 分别为水汽压、水汽平均气温、重力加速度；$k_1 = 77.604\text{K/hPa}$；λ_1 为水汽压衰减因子；$k_2 = 373900\text{K}^2/\text{hPa}$。映射函数采用 Niell 提出的函数[18]，即

$$m(\theta) = \frac{1 + \left[\dfrac{a}{1 + \left(\dfrac{b}{1+c}\right)}\right]}{\sin\theta + \left[\dfrac{a}{\sin\theta + \left(\dfrac{b}{\sin\theta + c}\right)}\right]} \tag{7.39}$$

式中：a、b、c 参数由欧洲中期天气预报中心（European Centre for Medium-range Weather Forecasting，ECMWF）气象再分析数据拟合得到[19]。

2) 电离层延迟计算模型

电离层中存在大量自由电子和离子，它们引起了电磁波传播延迟。射线描迹算法是基于费马原理和斯奈尔定律这两个几何光学原理给出的大气延迟校正算法[20-21]，该算法中用积分求解延迟，是一种经典算法，因此本文利用该算法进行电离层延迟校正。

球面分层大气折射几何示意图如图 7.39 所示，图中各变量的定义如下：

（1）A 为测站点，T 为目标点，C 为地心，a 为地球半径；

（2）h_0、n_0、r_0 分别为测站天线处的海拔高度、折射指数、到地心的距离；

（3）h、n、θ、r 分别为射线上某点的海拔高度、折射指数、视在仰角、到地心的距离；

（4）h_T、n_T、θ_T、r_T 分别为目标位置的海拔高度、折射指数、视在仰角、到地心的距离；

（5）φ 为测站与目标的地心夹角；

（6）R_a、θ_0 分别为测站到目标的视在距离、视在仰角；

（7）R_0、α_0 分别为测站到目标的真实距离、真实仰角；

（8）ε_0 为测站处的仰角误差，$\varepsilon_0 = \theta_0 - \alpha_0$；

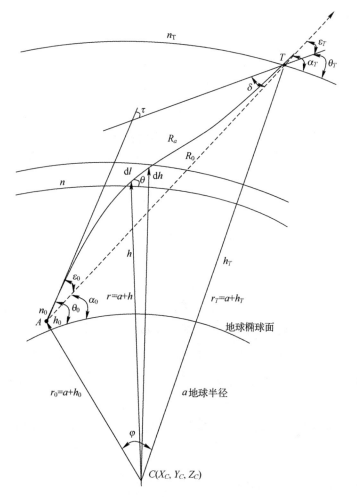

图 7.39 球面分层大气折射几何示意图

（9）θ_T、α_T 分别为目标处的视在仰角和真实仰角；

（10）ε_T 为目标处的仰角误差，$\varepsilon_T = \theta_T - \alpha_T$。

在球面分层条件下，电波传播满足斯奈尔定律：

$$n_0 r_0 \cos\theta_0 = nr\cos\theta = n_T r_T \cos\theta_T \tag{7.40}$$

以地面测站观测空中目标点为例，射线描迹算法中主要变量的计算公式如下：

（1）目标的视在距离。视在距离 R_e 是无线电设备测得的目标距离，记 $A_0 = n_0 r_0 \cos\theta_0$，则

$$R_e = \int_{r_0}^{r_1} \frac{n^2 r}{\sqrt{n^2 r^2 - A_0^2}} dr + \int_{r_1}^{r_T} \frac{r}{\sqrt{n^2 r^2 - A_0^2}} dr \tag{7.41}$$

式中：r_I 为电离层低的高度，取 $r_I = a + 60 \text{km}$；第一项为射线在对流层大气中的视在距离；第二项为射线在电离层大气中的视在距离。

(2) 目标与测站间的地心张角。其公式可表示为

$$\varphi = A_0 \int_{r_0}^{r_T} \frac{\mathrm{d}r}{r\sqrt{n^2 r^2 - A_0^2}} \tag{7.42}$$

(3) 目标的真实距离。在 $\triangle CAT$ 中利用余弦定理得

$$R_0 = \sqrt{r_0^2 + (a + h_T)^2 - 2r_0(a + h_T)\cos\varphi} \tag{7.43}$$

(4) 折射引起的距离延迟。其公式可表示为

$$\Delta R = R_e - R_0 \tag{7.44}$$

电离层大气折射指数 n 用简化的 A–H 公式计算，即

$$n = \sqrt{1 - \frac{80.6 N_e}{f^2}} \approx 1 - \frac{40.3 N_e}{f^2} \tag{7.45}$$

式中：N_e 为电子密度（$1/\text{m}^3$）；f 为雷达工作频率（Hz）。N_e 从国际参考电离层（IRI）模型中获取，该模型是国际空间委员会和国际无线电科学联盟联合资助下，始于1960年，由 IRI 工作组根据多年积累的电离层研究成果和大量的地面观测资料，研发的全球电离层模型。IRI 电子密度划分6个区域，分别是顶层、F_2 层、F_1 层、中间区域、E 层峰和谷、E 层底部和 D 层。

用射线描迹算法计算电离层延迟时，起算点为电磁波传播路径上的电离层底部（海拔60km处），目标点为雷达天线相位中心（APC）。

7.3.1.5 通道延迟定标模型

1) 原理

利用控制点可对通道时延 t_c 进行校正，在地面上布设若干个角反射器作为控制点，精确量测其位置 (X_{di}, Y_{di}, Z_{di})，i 取 $1 \sim n$ 之间的整数，n 为控制点个数，并量测控制点在雷达图像上的像素坐标 (x_i, y_i)。同时，根据 y_i 求出 APC 的位置 (X_{mi}, Y_{mi}, Z_{mi})。设 $D_{xi} = D_{sf} + m_x x_i$，$D_{0i} = \sqrt{(X_{mi} - X_{di})^2 + (Y_{mi} - Y_{di})^2 + (Z_{mi} - Z_{di})^2}$，其中 D_{sf} 是经过大气延迟校正后的近距边值，m_x 是距离向采样间隔。对于每一个控制点，可以通过下式计算近距边通道延迟值 ΔD_{si}。

$$\Delta D_{si} = D_{xi} - D_{0i} \tag{7.46}$$

每景图像内控制点通道延迟的均值为该景数据通道延迟值 $\Delta \overline{D}_{sk}$，k 取 $1 \sim m$ 之间的整数，m 为景数。大气校正后每景数据通道延迟只包含偶然误差，

根据真值的统计学定义,当观测量仅含偶然误差时,其数学期望就是其真值[22]。因此,求多景数据通道延迟的平均值 $\overline{\Delta D_s}$ 可作为雷达系统的斜距通道延迟定标值。

2) 定标精度分析

从式(7.46)可以看出,ΔD_{si} 精度受雷达 APC 位置精度、控制点位置精度、D_{sf} 校正精度,以及距离向坐标 x_i 精度 4 项因素影响。

对局部 SAR 图像进行插值获取灰度峰值位置,以确定角反射器在图像上位置,其精度优于 1/10pixel。设雷达距离向采样间隔为 0.9m,控制点量测精度为 0.1pixel,那么控制点量测不准导致的误差优于 0.09m。

利用双频 GNSS 定轨获取的主雷达 APC 位置精度优于 0.1m(每个轴向),利用地面 GNSS 测量获取的角反控制点测量精度优于 0.1m(每个轴向)、D_{sf} 的校正精度优于 0.62m,那么最终斜距通道延迟的定标精度为

$$m_{\Delta D_{si}} = \sqrt{0.1^2+0.1^2+0.1^2+0.1^2+0.1^2+0.1^2+0.62^2+0.09^2} = 0.67\text{m} \quad (7.47)$$

7.3.1.6 试验与分析

1) 试验数据

斜距定标所用试验数据为微波测绘一号卫星 2019 年 08 月至 2019 年 11 月获取的 22 景数据,每景数据地面覆盖范围 30km×30km,分辨率 3m×3m,包括北半球平原 3 景数据、山地 4 景数据、戈壁 13 景数据,南半球澳大利亚东部平原地区 2 景数据,以及 ECMWF 气象再分析数据,IRI 模型参数等。

平原每景数据包含 10 个角反射器,山地每景数据包含 10 个角反射器,戈壁共 32 个角反射器用于斜距校正,分布在无重叠的四景图像覆盖区域内,每景包含 8 个角反射器,澳大利亚东部平原每景包含 3 个角反射器。图 7.40 为不同时间获取的角反控制点在上述 4 个地区的 4 景图像上的分布,其中紫色三角形中心点表示角反器控制点位置。

2) 大气延迟校正

微波测绘一号卫星的仰角范围是 44°~55°,因此大气折射效应主要引起距离延迟。对微波测绘一号卫星获取的每景数据分别计算对流层延迟 D_{Trop}、电离层延迟 D_{Iono} 和总的大气延迟 D_{IT},然后将近距边值减去总的大气延迟值,实现每景数据的大气延迟校正。表 7.6 中列出了 4 个地区中 8 景数据的大气延迟值,图 7.41 是相应的延迟值折线图。

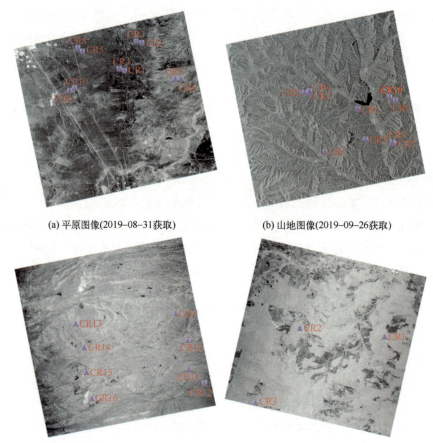

(a) 平原图像(2019-08-31获取)　　(b) 山地图像(2019-09-26获取)

(c) 戈壁图像(2019-11-16获取)　　(d) 澳大利亚东部平原图像(2019-11-02获取)

图 7.40　角反控制点在图像上的分布

表 7.6　大气延迟值　　　　　　　　　　　　　单位：m

地　区	图像获取时间	波位	D_{Trop}	D_{Iono}	D_{IT}
平原 （北半球）	2019-08-25	3	2.212	0.021	2.23
	2019-08-31	8	2.471	0.023	2.49
山地 （北半球）	2019-09-26	8	2.586	0.022	2.61
	2019-10-09	3	2.304	0.019	2.32
戈壁 （北半球）	2019-10-15	2	2.372	0.018	2.39
	2019-11-16	7	2.472	0.012	2.48
澳大利亚 东部平原 （南半球）	2019-10-01	5	2.931	0.012	2.94
	2019-11-02	7	3.065	0.018	3.08

从图 7.41 中可以看出，对流层延迟是大气延迟的主要组成部分，X 波段电磁波的延迟达到了米级，电离层延迟相对较小，为厘米级，与 7.3.1.2 节中分析的结果相似。

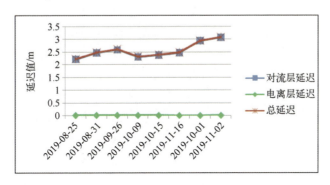

图 7.41 大气延迟值折线图

3) 通道延迟定标

利用 22 景数据计算通道延迟校正值，表 7.7 列出了其中 4 景图像通道延迟值计算结果。其中，D_{xi} 表示用系统参数计算得到的斜距值、D_{0i} 表示用角反控制点和 APC 位置计算得到的斜距，ΔD_{si} 表示每个控制点的通道延迟值，$\Delta \overline{D}_{sk}$ 表示每景图像的延迟值。用同样的方法计算其他景图像的延迟值，最后将 22 景图像延迟值记录在表 7.8 中，取平均值 4.02m 作为系统的通道延迟定标值 $\Delta \overline{D}_{s}$。

表 7.7　4 景图像通道延迟值　　　　　　　　　单位：m

地区	图像获取时间	波位	轨道方向	角反射器号	D_{xi}	D_{0i}	ΔD_{si}	$\Delta \overline{D}_{sk}$
平原（北半球）	2019-08-31	8	升轨	CR01	716449.094	716446.787	2.31	3.43
				CR02	719654.317	719650.349	3.97	
				CR03	719031.816	719028.053	3.76	
				CR04	715855.116	715852.244	2.87	
				CR05	711278.072	711275.013	3.06	
				CR06	724043.384	724039.266	4.12	
				CR07	723355.333	723352.142	3.19	
				CR08	710882.846	710879.885	2.96	
				CR09	708442.612	708438.558	4.05	
				CR10	709096.285	709092.250	4.04	

续表

地区	图像获取时间	波位	轨道方向	角反射器号	D_{xi}	D_{0i}	ΔD_{si}	$\Delta \bar{D}_{sk}$
山地（北半球）	2019-09-26	8	升轨	CR1	710832.978	710828.221	4.76	4.75
				CR2	709581.396	709576.706	4.69	
				CR3	709986.884	709982.187	4.70	
				CR4	710112.832	710108.168	4.66	
				CR5	716759.863	716755.061	4.80	
				CR6	716486.295	716481.503	4.79	
				CR7	720468.754	720463.940	4.81	
				CR8	720337.551	720332.760	4.79	
				CR9	721808.282	721803.487	4.80	
				CR10	721000.666	720995.954	4.71	
戈壁（北半球）	2019-11-16	7	升轨	CR9	707587.283	707583.148	4.14	4.04
				CR10	708311.740	708307.641	4.10	
				CR11	707579.862	707575.786	4.08	
				CR12	709189.891	709185.843	4.05	
				CR13	693889.344	693885.328	4.02	
				CR14	694231.799	694227.800	4.00	
				CR15	693650.454	693646.470	3.98	
				CR16	693550.189	693546.217	3.97	
澳大利亚东部平原（南半球）	2019-11-02	7	降轨	CR1	699185.138	699182.490	2.65	3.20
				CR2	710670.324	710667.106	3.22	
				CR3	713577.372	713573.636	3.74	

表7.8 微波测绘一号通道延迟定标结果　　　　　　　　单位：m

地区	图像获取时间	波位	$\Delta \bar{D}_{sk}$	$\Delta \bar{D}_s$
平原（北半球）	2019-08-12	8	4.10	4.02
	2019-08-25	3	4.12	
	2019-08-31	8	3.43	
山地（北半球）	2019-09-20	3	4.73	
	2019-09-26	8	4.75	
	2019-10-09	3	4.05	
	2019-10-15	8	4.26	

续表

地 区	图像获取时间	波 位	$\Delta \overline{D}_{sk}$	$\Delta \overline{D}_s$
戈壁 （北半球）	2019-09-20	3	3.45	4.02
	2019-09-26	2	4.01	
	2019-09-26	8	4.24	
	2019-10-09	1	4.00	
	2019-10-09	7	4.10	
	2019-10-15	2	4.00	
	2019-10-15	8	4.23	
	2019-11-03	2	3.93	
	2019-11-03	8	4.16	
	2019-11-16	1	3.95	
	2019-11-16	7	4.04	
	2019-11-22	2	3.93	
	2019-11-22	8	4.15	
澳大利亚东部平原 （南半球）	2019-10-01	5	3.71	
	2019-11-02	7	3.20	

4）斜距校正

斜距校正就是将近距边值减去总的大气延迟值和通道延迟定标值，微波测绘一号卫星斜距校正后，利用专用定标场角反控制点进行斜距精度检测，得到的每景图像斜距精度记录在表7.9中，从表中可以得出系统斜距精度优于0.6m。

表7.9 定标场斜距精度检测结果（斜距校正后）

数据获取时间	波位	斜距精度/m	波位	斜距精度/m
2020-01-18	2	0.48	8	0.30
2020-01-31	1	0.42	7	0.47
2020-02-19	1	0.35	7	0.38
2020-02-25	2	0.30	8	0.15
2020-04-03	1	0.39	8	0.26
2020-04-16	1	0.43	7	0.43
2020-04-22	2	0.24	8	0.11
2020-05-05	1	0.24	7	0.25
2020-05-11	2	0.56	8	0.37
2020-06-12	1	0.48	7	0.43

7.3.2 基线定标

基线误差是影响地面定位精度的主要因素之一,毫米级的基线测量误差会引起米级系统地面定位误差,因此有必要开展基线定标,利用地面控制信息(控制点、数字高程模型数据等)确定基线的系统误差,进而消除基线系统误差对地面定位精度的影响。

7.3.2.1 卫星编队 InSAR 基线分量定义

瞬时基线定义:利用主、辅星 GNSS 的原始观测数据以及精密星历和精密钟差等数据,经高精度事后载波相位差分处理,获取 GNSS 天线相位中心高精度的三维相对位置和相对速度,通过部位修正获取的主辅雷达天线相位中心之间同一时刻的连线。

如前所说,干涉基线(简称基线)为对同一地面目标成像时,主、辅雷达天线相位中心的连线,分布式 InSAR 基线分解示意图如图 7.42 所示,其中,主雷达 APC 坐标系中的 A_1A_2 所构成的矢量即为干涉基线 B。

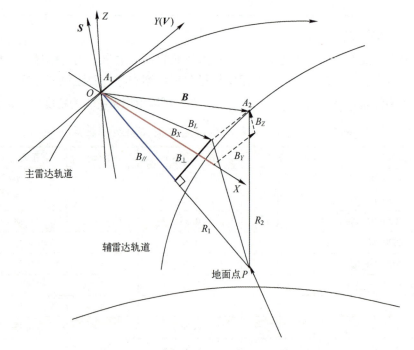

图 7.42 分布式 InSAR 基线分解示意图

下面介绍基线在主雷达 APC 坐标系中分解后的各个分量定义。参考卫星轨道数据处理中的卫星中心坐标系[23]定义建立主雷达 APC 坐标系,如图 7.42 所示,A_1 为主雷达 APC,与坐标原点 O 重合,A_2 为辅雷达 APC,$P(X_d, Y_d, Z_d)$ 为地面点,R_1、R_2 分别为主、辅雷达斜距,$\boldsymbol{B}$ 为基线矢量,$\boldsymbol{S}$ 为主雷达 APC 在地固系位置矢量,$\boldsymbol{V}$ 为主雷达速度矢量。主雷达速度矢量方向定义为 Y 轴,$\boldsymbol{Y} = \boldsymbol{V}/|\boldsymbol{V}|$,称为顺轨(along-track)方向;$Y$ 轴与 $\boldsymbol{S}$ 矢量确定平面的法向量方向定义为 X 轴,$\boldsymbol{X} = (\boldsymbol{Y} \times \boldsymbol{S})/(|\boldsymbol{Y} \times \boldsymbol{S}|)$,称为跨轨(cross-track)方向;$X$ 轴和 Y 轴的正交方向为 Z 轴,$\boldsymbol{Z} = \boldsymbol{X} \times \boldsymbol{Y}$,称为径向(radial)。$XOZ$ 面为主雷达成像面。

分解后的各个分量定义:

顺轨基线:基线矢量 $\boldsymbol{B}$ 在 Y 轴上的投影,也称为沿航迹基线,如图 7.42 中的 B_Y。

水平基线:基线矢量 $\boldsymbol{B}$ 在 X 轴上的投影,如图 7.42 中的 B_X。

垂直基线:基线矢量 $\boldsymbol{B}$ 在 Z 轴上的投影,如图 7.42 中的 B_Z。

平行基线:设基线矢量 $\boldsymbol{B}$ 在主雷达成像面的投影为 B_L,B_L 在主雷达视线方向(R_1 方向)的投影,如图 7.42 中的 $B_{//}$,即 $B_{//} = B_L \cdot R_1 = (B_X, 0, B_Z) \cdot R_1$。

有效基线:B_L 在垂直主雷达视线方向的投影,如图 7.42 中的 $B_\perp$。

7.3.2.2 单景数据基线定标模型

1)局部坐标系下的定位模型

在局部主雷达 APC 坐标系下主、辅雷达都为单基成像模式时的 InSAR 定位模型如图 7.43 所示,其中,T 为地面点,其坐标为 (X_d, Y_d, Z_d),A_2' 为 A_2 在主雷达成像面内的投影,β 为基线 $\boldsymbol{B}$ 与主雷达斜距 R_1' 之间的夹角,R_3' 为辅雷达成像时刻斜距,R_{31}' 为 R_3' 在主雷达成像面内的投影。

分布式 InSAR 对地定位模型可以用主、辅雷达距离和多普勒方程[24]表示,在这 4 个方程中辅雷达距离方程和辅雷达多普勒方程包含基线参数,依据三角形余弦定理和向量数量积原理,有式(7.48)与式(7.49)成立。

$$R_3'^2 = R_1'^2 + B^2 - 2R_1'B\cos\beta = \left(R_1' + \frac{\lambda\phi_i}{2\rho\pi}\right)^2 \tag{7.48}$$

$$\cos\beta = \frac{\boldsymbol{OA}_2 \cdot \boldsymbol{OT}}{|\boldsymbol{OA}_2||\boldsymbol{OT}|} = \frac{B_X X_d + B_Y Y_d + B_Z Z_d}{BR_1'} \tag{7.49}$$

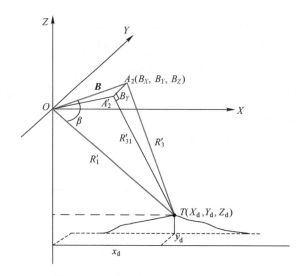

图 7.43 局部坐标系下 InSAR 定位模型

式中：(B_X, B_Y, B_Z) 和 (X_d, Y_d, Z_d) 分别是基线矢量和地面点在局部主雷达 APC 坐标系下坐标；λ 为雷达波长；ϕ_i 为地面点的绝对干涉相位；ρ 表示收发模式，$\rho=1$ 表示一发双收模式，$\rho=2$ 表示自发自收模式。

将式（7.48）和式（7.49）联立可得

$$R_1'^2 + B_X^2 + B_Y^2 + B_Z^2 - 2B_X X_d - 2B_Y Y_d - 2B_Z Z_d - \left(R_1' + \frac{\lambda \phi_i}{2\rho\pi}\right)^2 = 0 \quad (7.50)$$

在主雷达 APC 坐标系下，辅雷达多普勒方程可表示为

$$V_{X_2}(B_X - X_d) + V_{Y_2}(B_Y - Y_d) + V_{Z_2}(B_Z - Z_d) - \frac{\lambda R_3' f_{d_2}}{2} = 0 \quad (7.51)$$

式中：$(V_{X_2}, V_{Y_2}, V_{Z_2})$ 为辅雷达速度矢量；f_{d_2} 为辅雷达多普勒中心频率。

2）定标模型

将上节里辅雷达距离改化方程和多普勒方程组成基线定标模型，在主雷达 APC 坐标系下该模型可表示为[27]

$$\begin{cases} F_R = R_1'^2 + B_X^2 + B_Y^2 + B_Z^2 - 2B_X X_d - 2B_Y Y_d - 2B_Z Z_d - \left(R_1' + \frac{\lambda \phi_i}{2\rho\pi}\right)^2 = 0 \\ F_D = V_{X_2}(B_X - X_d) + V_{Y_2}(B_Y - Y_d) + V_{Z_2}(B_Z - Z_d) - \frac{\lambda R_3' f_{d_2}}{2} = 0 \end{cases} \quad (7.52)$$

式（7.52）为非线性方程，若想实现各参数的平差，需对各参数求导，将其线性化。线性化后式（7.52）可写为

$$\begin{cases} F_R = F_{R_0} + a_0 \Delta B_X + a_1 \Delta B_Y + a_2 \Delta B_Z = 0 \\ F_D = F_{D_0} + a'_0 \Delta B_X + a'_1 \Delta B_Y + a'_2 \Delta B_Z = 0 \end{cases} \quad (7.53)$$

式中：未知数系数分别为

$$\begin{cases} a_0 = \dfrac{\partial F_R}{\partial B_X} = 2(B_X - X_d) \\ a_1 = \dfrac{\partial F_R}{\partial B_Y} = 2(B_Y - Y_d) \\ a_2 = \dfrac{\partial F_R}{\partial B_Z} = 2(B_Z - Z_d) \\ a'_0 = \dfrac{\partial F_D}{\partial B_X} = V_{X_2} \\ a'_1 = \dfrac{\partial F_D}{\partial B_Y} = V_{Y_2} \\ a'_2 = \dfrac{\partial F_D}{\partial B_Z} = V_{Z_2} \end{cases} \quad (7.54)$$

常数项为

$$F_0 = \begin{bmatrix} F_{R_0} \\ F_{D_0} \end{bmatrix} = \begin{bmatrix} R'^2_1 + B^2_{X_0} + B^2_{Y_0} + B^2_{Z_0} - 2B_{X_0}X_d - 2B_{Y_0}Y_d - 2B_{Z_0}Z_d - \left(R'_1 + \dfrac{\lambda \phi_i}{2\rho \pi}\right)^2 \\ V_{X_2}(B_{X_0} - X_d) + V_{Y_2}(B_{Y_0} - Y_d) + V_{Z_2}(B_{Z_0} - Z_d) - \dfrac{\lambda R'_3 f_{d_2}}{2} \end{bmatrix} \quad (7.55)$$

式中：$(B_{X_0}, B_{Y_0}, B_{Z_0})$ 为基线矢量初值。

当有 n（$n \geqslant 2$）个地面控制点时，可以采用最小二乘法求解，按照式（7.53）列出误差方程组，即

$$A\Delta = LP \quad (7.56)$$

式中：Δ 为基线矢量改正数向量；A 为其对应的系数矩阵；L 为常数向量；P 为对应方程组的权矩阵。

$$\Delta = \begin{bmatrix} \Delta B_X & \Delta B_Y & \Delta B_Z \end{bmatrix}^T \quad (7.57)$$

$$A = \begin{bmatrix} a_{01} & a_{11} & a_{21} \\ b_{01} & b_{11} & b_{21} \\ \vdots & \vdots & \vdots \\ a_{0n} & a_{1n} & a_{2n} \\ b_{0n} & b_{1n} & b_{2n} \end{bmatrix} \quad (7.58)$$

$$L = \begin{bmatrix} -F_{01} & -F_{02} & \cdots & -F_{0n} \end{bmatrix}^T \quad (7.59)$$

$$P = \begin{bmatrix} p_1 & & & \\ & p_2 & & \\ & & \ddots & \\ & & & p_{2n} \end{bmatrix} \quad (7.60)$$

根据误差方程组，采用最小二乘原理计算出三个轴向的基线改正数。

实际计算时，在第一个方程中，Y_d 的绝对值相对于 X_d、Z_d 较小（若主雷达在零多普勒面内成像的条件下，Y_d 值为 0），系数 a_1 的绝对值相对于 a_0、a_2 较小；在第二个方程中，系数 a'_1 为速度在 Y 轴方向也就是卫星飞行方向的分量，一般为 7.6km/s 左右，它相对其他两个轴方向的分量要大得多，这与在第一个方程中的情况正好相反。因此，由两个方程组成的定标模型与只有一个方程的定标模型[25]相比，法方程系数矩阵条件数[22]更优，矩阵的病态程度更小，最小二乘解算精度更高。

3）辅星被动接收模式下定标模型

7.3.2.2 节中的定标模型适用于主、辅雷达都为单基成像模式，星载分布式体制下，主雷达可由双基成像模式转化为单基成像模式，辅雷达采用的是双基成像模式（被动接收），在此模式下辅雷达接收段斜距 R_3 的表达式为

$$R_3 = 2R'_1 + \frac{\lambda \phi_i}{2\pi} - R_2 \quad (7.61)$$

式中：R_2 为辅雷达接收对应的主雷达发射段斜距。辅星多普勒方程为

$$\frac{V_m(t_2)[P_t - P_m(t_2)]}{\lambda R_2} + \frac{V_s(t_3)[P_t - P_s(t_3)]}{\lambda R_3} = f_{ds} \quad (7.62)$$

在主雷达 APC 坐标系里，式（7.62）变为

$$V_{X_2}(t_3)(B_X - X_d) + V_{Y_2}(t_3)(B_Y - Y_d) + V_{Z_2}(t_3)(B_Z - Z_d) + \lambda R_3 f_{ds} - \frac{R_3 V_m(t_2)[P_t - P_m(t_2)]}{R_2} = 0 \quad (7.63)$$

则单景数据基线定标模型变为

$$\begin{cases} F_R = R'^2_1 + B^2_X + B^2_Y + B^2_Z - 2B_X X_d - 2B_Y Y_d - 2B_Z Z_d - \left(2R'_1 + \dfrac{\lambda \phi_i}{2\pi} - R_2\right)^2 = 0 \\ F_D = V_{X_2}(t_3)(B_X - X_d) + V_{Y_2}(t_3)(B_Y - Y_d) + V_{Z_2}(t_3)(B_Z - Z_d) + \lambda R_3 f_{ds} - \\ \qquad \dfrac{R_3 V_m(t_2)[P_t - P_m(t_2)]}{R_2} = 0 \end{cases}$$

(7.64)

将其线性化后，其形式同式（7.53），未知数系数同式（7.54）中一致，常数项变为

$$F_0 = \begin{bmatrix} F_{R_0} \\ F_{D_0} \end{bmatrix}$$

$$= \begin{bmatrix} R_1'^2 + B_{X_0}^2 + B_{Y_0}^2 + B_{Z_0}^2 - 2B_{X_0}X_d - 2B_{Y_0}Y_d - 2B_{Z_0}Z_d - \left(2R_1' + \frac{\lambda\phi_i}{2\pi} - R_2\right)^2 \\ V_{X_2}(B_{X_0} - X_d) + V_{Y_2}(B_{Y_0} - Y_d) + V_{Z_2}(B_{Z_0} - Z_d) + \lambda R_3 f_{ds} - \frac{R_3 V_m(t_2)[P_t - P_m(t_2)]}{R_2} \end{bmatrix}$$

(7.65)

同理，当有超过 2 个地面控制点时，可采用最小二乘法求解出三个轴向的基线改正数。

7.3.2.3 近远波位联合基线定标模型

近远波位联合定标模型由几何定位模型推导而来，下面先给出推导过程，然后分析星载情况下该定标模型存在的问题，并进行改进，最后对平行基线误差的影响因素进行分析。

1）经典模型

图 7.44 为主、辅雷达均为单基成像模式时的 InSAR 原理示意图，辅雷达成像时在主雷达成像面内，其中：$B_{//}$ 表示基线在雷达视线方向的分量，简称平行基线；$B_\perp$ 表示基线在垂直雷达视线方向的分量，简称有效基线。其他变量的定义同几何定位模型。

根据 InSAR 原理可得

$$2R_1 B\sin(\theta - \alpha) = B^2 - \Delta R^2 - 2R_1 \Delta R \tag{7.66}$$

则

$$B\sin(\theta - \alpha) = \frac{B^2}{2R_1} - \frac{\Delta R^2}{2R_1} - \Delta R \tag{7.67}$$

考虑到 $B \ll R$、$\Delta R \ll R$，式（7.67）可简化为

$$B_{//} = B\sin(\theta - \alpha) = -\Delta R = \frac{\lambda \phi}{2\rho \pi} \tag{7.68}$$

式中：$\rho = 1$，为一发双收模式，$\rho = 2$，为自发自收模式。

考虑到 $h = H - R_1 \cos\theta$，在不考虑轨道高度误差、斜距误差的情况下，影响高程 h 主要误差源是 θ 角，因此有

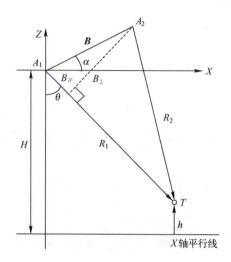

图 7.44　InSAR 原理示意图

$$\frac{\partial h}{\partial \theta} = R_1 \sin\theta \tag{7.69}$$

而 $\frac{\partial \theta}{\partial B_{//}} = \frac{1}{B\cos(\theta-\alpha)}$，因此式（7.69）变为

$$\frac{\partial h}{\partial B_{//}} = \frac{\partial h}{\partial \theta} \times \frac{\partial \theta}{\partial B_{//}} = \frac{R_1 \sin\theta}{B\cos(\theta-\alpha)} = \frac{R_1 \sin\theta}{B_\perp} \tag{7.70}$$

假设 $B_{//}$ 有误差 $\delta B_{//}$，那么根据式（7.70），它引起的高程误差（图 7.45）为

$$\delta h = \frac{R_1 \sin\theta}{B_\perp} \delta B_{//} \tag{7.71}$$

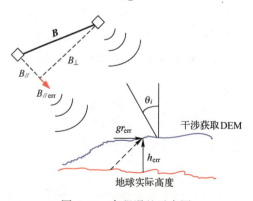

图 7.45　高程误差示意图

而高程模糊度 $h_{amb} = \lambda R_1 \sin\theta / B_\perp$，它表示 2π 的相位变化对应地面高程的

变化，因此如果能够统计出场景中的高程误差 δh，那么就可以求解出基线误差 $\delta B_{//}$，此时：

$$\delta B_{//} = \frac{B_\perp}{R_1 \sin\theta} \delta h = \frac{\lambda}{h_{amb}} \delta h \qquad (7.72)$$

通过上述处理，获取了 $\delta B_{//}$，但是实际使用中要求获得的是基线偏差 $\boldsymbol{B}_{bias}$，因此还需要后续处理。

假设测量基线与实际基线有一个常值偏差 $\boldsymbol{B}_{bias}$，基线分解如图 7.46 所示，那么将其沿视线方向和垂直于视线方向分解，可以得到

$$\boldsymbol{B}_{Bias} = \delta \boldsymbol{B}_{//} + \delta \boldsymbol{B}_\perp = \delta B_{//} \cdot \boldsymbol{B}_{//} + \delta B_\perp \cdot \boldsymbol{B}_\perp \qquad (7.73)$$

式中：$\boldsymbol{B}_{//}$、$\boldsymbol{B}_\perp$ 分别为平行基线和有效基线在主雷达 APC 坐标系中的单位向量。

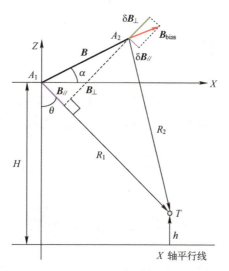

图 7.46 基线分解图

通过计算高程实际值与 InSAR 计算出高程值之差，可以求解出 $\delta B_{//}$；已知控制点坐标，可以求解出矢量 $\boldsymbol{B}_{//}$、$\boldsymbol{B}_\perp$。但是由于 $\delta B_\perp$ 值无法获取，因此无法求解出 $\boldsymbol{B}_{Bias}$。为此可以在相邻场景中近距边寻找一块数据，远距边寻找一块数据，分别求解出不同的 $\boldsymbol{B}_{//}$、$\boldsymbol{B}_\perp$，以及 $\delta B_{//}$。然后考虑到 $\boldsymbol{B}_{bias}$ 在场景中的不变性，设 $a_1 = \delta B_{//1}$，$a_2 = \delta B_{//2}$，$b_1 = \delta B_{\perp 1}$，$b_2 = \delta B_{\perp 2}$，列如下公式[26]：

$$\boldsymbol{B}_{Bias} = a_1 \cdot \boldsymbol{B}_{//}^1 + b_1 \cdot \boldsymbol{B}_\perp^1 = a_2 \cdot \boldsymbol{B}_{//}^2 + b_2 \cdot \boldsymbol{B}_\perp^2 \qquad (7.74)$$

假设 $\boldsymbol{B}_{//}^1 = (x_1, y_1)^T$，$\boldsymbol{B}_\perp^1 = (x_2, y_2)^T$，$\boldsymbol{B}_{//}^2 = (x_3, y_3)^T$，$\boldsymbol{B}_\perp^2 = (x_4, y_4)^T$，则有式（7.75）成立，即

$$a_1\begin{pmatrix}x_1\\y_1\end{pmatrix}+b_1\begin{pmatrix}x_2\\y_2\end{pmatrix}=a_2\begin{pmatrix}x_3\\y_3\end{pmatrix}+b_2\begin{pmatrix}x_4\\y_4\end{pmatrix} \tag{7.75}$$

由式（7.75）可得

$$b_1\begin{pmatrix}x_2\\y_2\end{pmatrix}-b_2\begin{pmatrix}x_4\\y_4\end{pmatrix}=a_2\begin{pmatrix}x_3\\y_3\end{pmatrix}-a_1\begin{pmatrix}x_1\\y_1\end{pmatrix} \tag{7.76}$$

即

$$\begin{cases}b_1x_2-b_2x_4=a_2x_3-a_1x_1\\b_1y_2-b_2y_4=a_2y_3-a_1y_1\end{cases} \tag{7.77}$$

由式（7.77）可得

$$\begin{cases}b_1=\dfrac{y_4(a_2x_3-a_1x_1)-x_4(a_2y_3-a_1y_1)}{x_2y_4-y_2x_4}\\b_2=\dfrac{y_2(a_2x_3-a_1x_1)-x_2(a_2y_3-a_1y_1)}{x_2y_4-y_2x_4}\end{cases} \tag{7.78}$$

为了提高求解稳定性，要求两次定标结果在距离向差异最大，为此可采取如图 7.47 的数据获取策略。即连续两景数据获取，相邻两景之间分别选取最近波位和最远波位。这样获取的数据在距离向差异很大，能够有效地提高数据获取视角的差异。

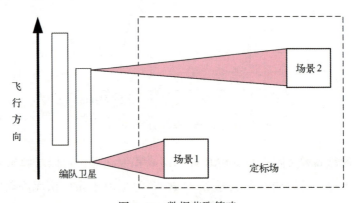

图 7.47　数据获取策略

2）星载定标模型

7.3.2.3 节介绍了经典 InSAR 两个波位联合定标原理，而描述星载分布式 InSAR 系统运行情况一般在地心直角坐标系下，因此上述定标公式中的某些参数需要进行修正。

图 7.48 中，O 是地心，P 是地面上某一点，其沿法线方向投影到椭球上为 P_0，主雷达位置为 $A_1=(X_M,Y_M,Z_M)$，辅雷达坐标为 $A_2=(X_S,Y_S,Z_S)$，它们的连线称为基线，其长度为 B_L。主、辅雷达到地面点 P 的距离分别为 R_{P1} 和 R_{P2}，主雷达到椭球的高程为 H，θ 为主雷达侧视角。

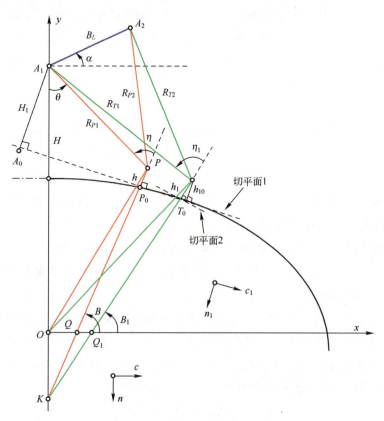

图 7.48 星载 InSAR 成像示意图

假设 P 点在地心坐标系下的坐标为 (x,y,z)，对应经纬度为 (L,B,h)，则有 $|OP|=\sqrt{x^2+y^2+z^2}$，$|PP_0|=h$，$|P_0k|=N=a/\sqrt{1-e^2\sin^2 B}$，$N$ 表示椭球卯酉圈曲率半径。

由于直线 KP 是椭球的法线方向，因此斜距 R_{P1} 与直线 KP 的夹角 η 即为当地入射角。沿 P_0 点做椭球切平面，主雷达 A_1 到切平面的交点为 A_0，其高度为 H_1。由于 $A_1A_0/\!/KP$，因此 $\angle A_0A_1P=\eta$，由此可得

$$h=H_1-R_1\cos\eta \tag{7.79}$$

观测式（7.79），与经典 InSAR 公式相同，即通过切平面坐标系将两个方

程统一起来。此时式（7.72）变为

$$\delta B_{//} = \frac{B_\perp}{R_1 \sin\eta} \delta h = \frac{\lambda}{h_{\text{amb}}} \delta h \tag{7.80}$$

与式（7.72）不同的是，当将 θ 角替换成为入射角 η 后，高程模糊度的定义与计算是在切平面坐标系下的，与平常的高程模糊度不同。如果以 P_0 点为坐标系原点建立切平面坐标系，那么对于场景中的 T_0 点，其切平面与 P_0 点所建立的切平面坐标系既不重合也不平行，式（7.72）仍然成立，此时 η_1 角与 P_0 点对应的入射角 η 不同。

3) 星载定标模型改进

从上面的分析可知，在地心直角坐标系中，若要计算当地入射角 η，需首先计算地面点处的法线向量，然后再求法线向量与主雷达斜距之间的夹角；若要计算主雷达高度 H_1，需首先计算每个地面点的切平面，然后再求主雷达到切平面的距离。求解平行基线误差的过程相对复杂，因此，考虑在像方建立局部坐标系，简化计算过程。

具体做法是建立局部主雷达 APC 坐标系，如图 7.48 所示，在该坐标系中，θ 为主雷达斜距 R_1 与坐标系 Z 轴之间的夹角，则平行基线误差的求解过程与经典模型相似。

从图 7.48 中可以看出，对于每一方位时刻，基线矢量在主雷达 APC 坐标系中可分解为顺轨基线 B_Y、跨轨基线 B_X 和径向基线 B_Z。设主雷达 APC 在地固坐标系下坐标为 (X_M, Y_M, Z_M)，任意一点在地固坐标系下坐标为 (X_A, Y_A, Z_A)，其与主雷达位置差矢量为

$$L = (X_A - X_M, Y_A - Y_M, Z_A - Z_M) \tag{7.81}$$

则其在局部坐标系下坐标为

$$(X_C, Y_C, Z_C) = (L \cdot X, L \cdot Y, L \cdot Z) \tag{7.82}$$

式中：符号"·"表示矢量点积，由此完成地固坐标系到局部坐标系的转换。

从式（7.72）可以看出，在已知 $B_\perp$、R_1 和 θ 后，通过统计控制点高程与 InSAR 获取高程的误差 δh 来计算 $B_{//}$ 误差。为了减小计算误差，$B_\perp$、R_1 和 θ 应该尽量一致，因此控制点应该集中在某一块区域。控制点沿距离向之间间距不能够太宽，否则上述三个值都会发生较大变化，导致计算出现误差。

图 7.49 为控制点选取范围示意图，场景内地形类别为平地，在场景中选择了距离向很窄，方位向很长的一块数据进行统计（图中红色矩形范围内），其目的就是为了避免 $B_\perp$、R_1 和 θ 的不一致性。

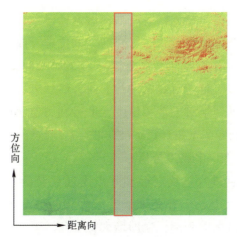

图 7.49 控制点选取范围示意图

7.3.2.4 试验与分析

1) 基线定标试验数据

基线定标需要定标场支持，且要用到场景内大量的控制点，因此建立数字化定标场是理想做法，定标场设计应满足定标模型要求。根据微波测绘一号系统参数和地球椭球参数计算基线定标场范围[28]，同时考虑地形要求，选择新疆戈壁区域建立定标场，定标场范围约为 100km×300km，其中，控制数据包括点云数据和角反射器控制点（简称角反控制点），点云数据通过机载激光雷达获取，绝对高程精度优于 0.2m，绝对平面精度优于 2m，点云间距小于 1m。一景内角反控制点布设不少于 6 个，沿近远距端分开布设，如图 7.50 所示。在基线定标场内布设若干个高精度角反控制点，可以兼顾斜距定标（斜距误差校正在基线定标前完成[16]），也可验证系统地面定位精度。

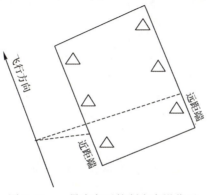

图 7.50 一景内角反控制点布设位置

通常情况下卫星每次过定标场前都会做定标任务规划，当卫星过顶定标场时，先开机用近波位成像，然后切换到远波位进行成像，这样就可获取近远波位数据。本文利用 2019 年 9 月至 2020 年 6 月期间获取的 17 次定标场数据开展基线定标试验。首先对数据进行分景，然后进行成像处理，对每一景数据进行干涉处理得到绝对干涉相位图，最后利用地面控制数据、绝对干涉相位、参数文件进行单景数据和近远波位联合基线定标，分别计算基线误差。

2) 控制点选取策略和精度分析

利用地面控制点进行基线定标实际上是通过交会原理求得基线系统误差[27]，从而得到真实基线。在其他误差条件相同情况下，若想提高交会精度，必须拉大控制点之间距离，也即增大交会角，因此，当采用多个控制点进行基线定标时，单景数据定标控制点应尽量布设在近距端和远距端附近（如图 7.51 中子条带 1 和子条带 2，子条带 3 和子条带 4），近远波位联合定标控制点应尽量布设在近波位场景近距端和远波位场景远距端附近（如图 7.51 中子条带 1 和子条带 4）。新疆定标场内激光点云比较密集，可以直接选取部分点进行定标计算。

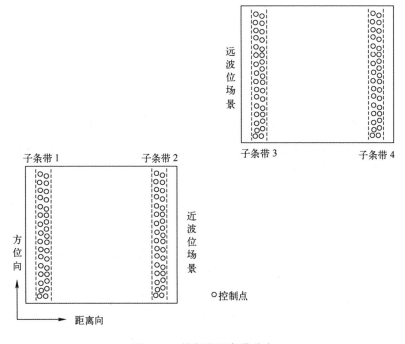

图 7.51 控制点子条带分布

若系统共有 8 个波位（对应的地面场景为 $S_1 \sim S_8$），其中，S_1、S_2 为近波位，S_7、S_8 为远波位。根据每个波位的视角范围可计算出，S_1 最大交会角为 2.3°，S_2 的最大交会角为 2.2°，S_7 的最大交会角为 1.8°，S_8 的最大交会角为 1.7°。近远波位 S_1、S_7 两个场景联合的交会角范围 5.7°~9.8°，近远波位 S_2、S_8 两个场景联合的交会角范围 5.6°~9.6°，如图 7.52 所示。可以推出：近远波位联合场景比单波位场景交会角大，交会精度较高；近波位场景比远波位场景的最大交会角大，采用最大交会角时交会精度较高。

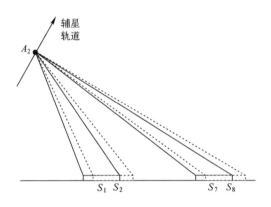

图 7.52　近远波位场景定标交会示意图

3）基线定标结果

从上面的分析可以得出在近距端和远距端子条带中选取控制点情况下，近波位定标交会角较大，定标精度较高，因此，单景数据基线定标模型主要用卫星获取的近波位数据进行计算。近远波位联合基线定标模型用卫星过定标场时获取的两景数据进行计算。

采用两种基线定标模型标出的误差如图 7.53 所示，其中，图 7.53（a）为单景数据定标模型标出的基线误差，图 7.53（b）为近远波位联合定标模型标出的基线误差，每个正方形表示一次定标标出的基线分量误差值，横轴为定标次数，纵轴为基线误差值，黑色实线表示误差均值，虚线表示均值加上或减去标准差。

两种模型基线定标结果记录在表 7.10 中，可以看出：

（1）采用单景数据基线定标模型，标出的水平基线误差 ΔB_X 最小值为 -7.91mm，最大值为 -0.21mm，均值为 -2.74mm，标准差为 2.12m；标出的垂直基线误差 ΔB_Z 最小值为 -8.87mm，最大值为 -3.03mm，均值为 -5.49mm，标准差为 1.65mm。在主雷达成像面内二维基线误差为最小值为 3.26mm，最大值为 10.84mm，均值为 6.31mm，标准差为 2.25mm。

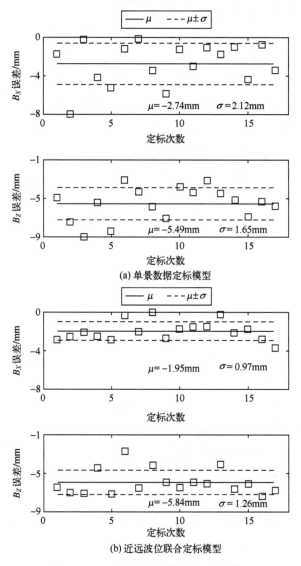

图 7.53　两种基线定标模型标出的误差

(2) 采用近远波位联合定标模型，标出的水平基线误差 ΔB_X 最小值为 −3.63mm，最大值为−0.03mm，均值为−1.95mm，标准差为 0.96mm；标出的垂直基线误差 ΔB_Z 最小值为−7.33mm，最大值为−2.65mm，均值为−5.84mm，标准差为 1.26mm。在主雷达成像面内二维基线误差为最小值为 2.68mm，最大值为 7.85mm，均值为 6.20mm，标准差为 1.41mm。

从两种模型标出的水平基线误差，垂直基线误差和二维基线误差的最大值、最小值、均值、标准差可以看出，近远波位联合定标模型比单景数据定标模型标出误差的波动性小，标出误差与误差均值的偏差较小，定标结果较稳定。

误差理论中，一个量仅含偶然误差的观测值的数学期望，就是这一量的真值[22]，从而可以得出取均值可以抑制偶然误差的影响，因此，将均值作为最终的基线定标值。

表 7.10 基线定标统计结果　　　　　　　　　单位：mm

数据获取时间及统计值	主星	单景数据定标				近远波位联合定标			
		波位	ΔB_X	ΔB_Z	二维矢量	波位	ΔB_X	ΔB_Z	二维矢量
2019-09-26	B星	2	-1.76	-4.86	5.17	2、8	-2.83	-6.40	7.00
2019-10-09	B星	1	-7.91	-7.41	10.84	1、7	-2.51	-6.87	7.32
2019-10-15	B星	2	-0.23	-8.87	8.87	2、8	-2.07	-6.97	7.27
2019-11-03	B星	2	-4.12	-5.34	6.74	2、8	-2.50	-4.34	5.01
2019-11-16	B星	1	-5.20	-8.29	9.79	1、7	-2.83	-7.03	7.58
2019-11-22	B星	2	-1.19	-3.03	3.26	2、8	-0.35	-2.65	2.68
2020-01-12	B星	1	-0.21	-4.27	4.28	1、7	-2.02	-6.42	6.73
2020-01-18	B星	2	-3.41	-5.75	6.69	2、8	-0.03	-4.07	4.07
2020-01-31	B星	1	-5.84	-6.98	9.10	1、7	-2.67	-5.84	6.42
2020-02-19	B星	1	-1.27	-3.73	3.94	1、7	-1.73	-6.37	6.60
2020-02-25	B星	2	-3.01	-4.32	5.27	2、8	-1.52	-5.84	6.03
2020-04-03	B星	2	-1.08	-3.10	3.28	2、8	-1.51	-6.07	6.26
2020-04-16	B星	1	-1.75	-4.43	4.76	1、7	-0.27	-3.98	3.99
2020-04-22	B星	2	-1.02	-5.06	5.16	2、8	-2.14	-6.52	6.86
2020-05-05	B星	1	-4.37	-6.79	8.07	1、7	-1.73	-5.99	6.23
2020-05-11	B星	2	-0.80	-5.26	5.32	2、8	-2.81	-7.33	7.85
2020-06-12	B星	1	-3.42	-5.77	6.71	1、7	-3.63	-6.66	7.58
最大值	—	—	-0.21	-3.03	10.84	—	-0.03	-2.65	7.85
最小值	—	—	-7.91	-8.87	3.26	—	-3.63	-7.33	2.68
均值	—	—	-2.74	-5.49	6.31	—	-1.95	-5.84	6.20
标准差	—	—	2.12	1.65	2.25	—	0.96	1.26	1.41

4）地面定位精度

利用三景数据检验基线误差校正后地面定位精度，这三景数据分别为微波测绘一号 2019 年 9 月 26 日、2019 年 10 月 9 日获取的两景河北地区数据和 2019 年 11 月 16 日获取的一景新疆地区数据，三景数据相关参数见表 7.11。两景河北地区数据位于赤城山区，地面场景内共布设了 10 个角反射器，位置如图 7.54（a）所示。一景新疆地区数据位于戈壁地区，地面场景内共布设了 8 个角反射器，位置如图 7.54（b）所示。

表 7.11 用于精度检测的三景数据相关参数

参　数	第 1 景	第 2 景	第 3 景
获取时间	2019 年 9 月 26 日	2019 年 10 月 9 日	2019 年 11 月 16 日
地区	河北	河北	新疆
地形	山地	山地	平地
主星	B 星	A 星	B 星
波位	8	3	7
侧视方式	右侧视	右侧视	右侧视
侧视角范围	40.3°～42.0°	33.9°～36.1°	39.1°～40.9°

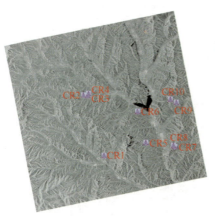
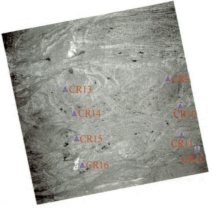

(a) 河北山地图像（2019年9月26日获取）　　(b) 新疆戈壁图像（2019年11月16日获取）

图 7.54 角反射器在图像上位置

首先在主雷达 APC 坐标系中对基线误差进行校正，也就是对辅雷达 APC 坐标进行校正，由于过新疆定标场时都是以 B 星为主星（B 星发射电磁波，A、B 星接收电磁波）的方式获取数据，对 A 为主星获取的数据进行基线误差校正时，误差符号要取反，因为基线方向变反了。

然后将校正后的辅雷达 APC 坐标转换到地心坐标系下，利用 Mora 方程计算基线误差改正后的地面角反射器高斯坐标，表 7.12 为基线误差校正后角反射器高斯坐标与外业实测高斯坐标之间差值，ΔX_b、ΔY_b、ΔH_b 为基线误差校正前计算坐标与角反射器实际坐标差值，ΔX_{fi}、ΔY_{fi}、ΔH_{fi} 为基线误差校正后计算坐标与角反射器实际坐标差值，$\Delta \varepsilon_{P_{fi-b}}$ 为基线误差校正后平面均方根误差与校正前平面均方根误差的差值，$\Delta \varepsilon_{H_{fi-b}}$ 为基线误差校正后高程均方根误差与校正前高程均方根误差的差值，其中，$i=1$ 表示模型 1（单景数据基线定标模型），$i=2$ 表示模型 2（近远波位联合基线定标模型）。

从表 7.12 中可以看出：

（1）基线误差校正后，2019 年 9 月 26 日河北山地、新疆戈壁数据平面和高程精度比校正前提高了 2m 多，2019 年 10 月 09 日河北山地平面和高程精度比校正前提高了 1m 左右。

（2）模型 2 基线误差校正结果与模型 1 基线误差校正结果相比，三景数据地面定位精度有了进一步提高，平面精度分别提高了 0.28m、0.65m 和 0.07m，高程精度分别提高了 0.69m、0.55m 和 0.23m。

从定标后地面定位精度的提高程度可以推出，模型 2 比模型 1 精度高，这与 7.3.2.4 节中的精度分析结果一致。

表 7.12　基线误差校正后角反射器高斯坐标与外业实测高斯坐标之间差值

单位：m

景号	计算项	基线误差校正前			模型 1 基线误差校正后					模型 2 基线误差校正后				
		ΔX_b	ΔY_b	ΔH_b	ΔX_{f1}	ΔY_{f1}	ΔH_{f1}	$\Delta \varepsilon_{P_{f1-b}}$	$\Delta \varepsilon_{H_{f1-b}}$	ΔX_{f2}	ΔY_{f2}	ΔH_{f2}	$\Delta \varepsilon_{P_{f2-b}}$	$\Delta \varepsilon_{H_{f2-b}}$
1	最大	-1.20	-1.34	-2.52	1.01	-0.76	-0.24			1.73	-0.66	0.51		
	最小	-3.29	-1.71	-4.48	-1.01	-1.14	-2.24	-2.03	-2.25	-0.29	-1.04	-1.44	-2.31	-2.94
	均值	-2.92	-1.54	-4.21	-0.70	-0.97	-1.92			0.02	-0.87	-1.18		
2	最大	-2.90	-1.30	-2.43	-2.07	-0.93	-1.76			-1.38	-0.83	-1.23		
	最小	-3.06	-1.53	-2.66	-2.24	-1.17	-1.95	-0.92	-0.70	-1.55	-1.07	-1.39	-1.56	-1.24
	均值	-2.98	-1.43	-2.56	-2.14	-1.06	-1.86			-1.46	-0.95	-1.31		
3	最大	-2.26	-1.01	-2.47	0.03	-0.36	-0.16			0.77	-0.25	0.59		
	最小	-3.10	-1.36	-3.00	-0.64	-0.75	-0.65	-2.12	-2.24	0.09	-0.63	0.09	-2.19	-2.47
	均值	-2.74	-1.19	-2.83	-0.36	-0.56	-0.49			0.38	-0.44	0.24		

参考文献

[1] 楼良盛, 汤晓涛, 黄启来. 基于卫星编队 InSAR 方位向基线影响分析 [J]. 武汉大学学报 (信息科学版), 2007, 32 (1): 59-61.

[2] 楼良盛. 基于卫星编队 InSAR 技术 [D]. 郑州: 信息工程大学, 2007.

[3] 田育民, 楼良盛, 陈萍. 卫星编队 InSAR 系统分辨率设计 [J]. 测绘科学技术学报, 2011, 28 (2): 117-120.

[4] 楼良盛, 汤晓涛, 李崇伟. 基于卫星编队 InSAR 基线确定方法 [J]. 遥感信息, 2013, 28 (2): 9-11.

[5] 楼良盛, 缪剑, 陈筠力, 等. 卫星编队 InSAR 系统设计系列关键技术 [J]. 测绘学报, 2022, 51 (7): 1372-1385.

[6] 楼良盛, 刘志铭, 张昊, 等. 天绘二号卫星关键技术 [J]. 测绘学报, 2022, 51 (12): 2403-2416.

[7] 秦显平, 杨元喜. 利用星载 GPS 双差定轨计算编队卫星星间基线 [J]. 测绘科学与工程, 2014, 34 (2): 1-4.

[8] ZEBKER H A, FARR T G, SALAZAR R P, et al. Mapping the world's topography using radar interferometry: the TOPSAT MISSION [J]. Proceedings the IEEE, 1994, 82 (12): 1774-1786.

[9] RODRIGUEZ Z, MARTIN J M. Theory and design of interferometric synthetic aperture radars [J]. IEE Proceedings F, 1992, 193 (2): 174-159.

[10] 魏钟铨. 合成孔径雷达卫星 [M]. 北京: 科学出版社. 2001.

[11] 保铮, 邢孟道, 王彤. 雷达成像技术 [M]. 北京: 电子工业出版社, 2005: 278-279.

[12] 肖国超, 朱彩英. 雷达摄影测量 [M]. 北京: 地震出版社, 2001.

[13] 黄捷, 张仁芳, 胡大璋. 电波大气折射误差修正 [M]. 北京: 国防工业出版社, 1999.

[14] 陶水勇, 王中杰. 大气折射引起的雷达测高误差修正 [J]. 电子技术与软件工程, 2018, 141 (19): 37-41.

[15] 杨志强, 陈祥明, 赵振维. 对流层电波折射误差修正经验模型研究 [J]. 电波科学学报, 2008, 23 (3): 580-584.

[16] QIAN F, CHEN G, LU J, et al. Correcting method of slant-range error for the TH-2 satellites [J]. Remote Sensing Letters, 2020, 12 (2): 194-201.

[17] PENNA N, DODSON A, CHEN W. Assessment of EGNOS tropospheric correction model [J]. J Navig, 2001, 54 (1): 37-55.

[18] NIELL A E. Global mapping functions for the atmosphere delay at radio wavelengths [J].

Journal of Geophysical Research, 1996, 101 (B2): 3227-3246.

[19] BOEHM J, WERL B, SCHUH H. Troposphere mapping functions for GPS and very long baseline interferometry from european centre for medium-range weather forecasts operational analysis data [J]. J Geophys Res-Solid Earth, 2006, 111 (B2): 9.

[20] JIANG C Y, WANG B D. Atmospheric refraction corrections of radiowave propagation for airborne and satellite-borne radars [J]. Science in China, 2001, 44 (3): 280-290.

[21] HOFMEISTER A, BÖHM J. Application of ray-traced tropospheric slant delays to geodetic VLBI analysis [J]. Journal of Geodesy, 2017, 91 (8): 945-964.

[22] 隋立芬, 宋力杰, 柴洪洲. 误差理论与测量平差基础 [M]. 北京: 测绘出版社, 2010.

[23] 楼良盛, 汤晓涛, 牛瑞. 基于卫星编队 InSAR 空间同步对系统性能影响的分析 [J]. 武汉大学学报（信息科学版）, 2007, 32 (10): 892-894.

[24] RABUS B, EINEDER M, ROTH A, et al. The shuttle radar topography mission—a new class of digital elevation models acquired by spaceborne radar [J]. ISPRS Journal of Photogrammetry and Remote Sensing, 2003, 57 (4): 241-262.

[25] 陈刚, 汤晓涛, 钱方明. 星载 InSAR 立体基线定标方法 [J]. 武汉大学学报（信息科学版）, 2014, 39 (1): 37-41.

[26] 钱方明, 陈刚, 楼良盛, 等. 天绘二号卫星两种基线定标模型比较分析 [J]. 测绘学报, 2022, 51 (12): 2424-2432.

[27] 钱方明, 姜挺, 楼良盛, 等. 星载分布式 InSAR 基线定标新方法 [J]. 武汉大学学报（信息科学版）, 2020, 45 (1): 126-133.

[28] 钱方明, 陈刚, 刘薇, 等. 星载分布式 InSAR 基线定标场范围确定方法 [J]. 测绘科学与工程, 2018, 38 (4): 37-41.

第 8 章　InSAR 数据处理技术

与光学相机能直接获取地面影像不同的是，雷达载荷获取的是地面回波信号，需要经过地面数据处理，才能形成可见的雷达图像。同时绕飞编队情况下的星载 InSAR 系统与常规机载双天线 InSAR 系统、星载 SAR 系统在成像方面也存在较大差异，机载双天线 InSAR 系统和星载 SAR 系统均采用的是单基成像模型，即收发位置可以等效为同一个位置，而星载 InSAR 系统通常需要使用双基成像模型，主要是因为星载 InSAR 系统的工作模式采用一发双收模式，而主、辅星之间的距离有几百米至千米量级，如果将主星的发射位置和辅星的接收位置等效为一个虚拟位置会引入较大误差，很难严格还原 SAR 的回波历程，因此对于辅星成像一般采用双基模型，有时主星也会采用双基模型，这也导致星载 InSAR 定位方程由传统的单基模型变成双基模型，例如，TanDEM_X 系统的主星采用单基模型，辅星采用双基模型，而微波测绘一号卫星系统的主、辅星均采用双基模型。

将雷达回波信号变成雷达图像需要进行 InSAR 成像处理，为了提高图像对相干性，InSAR 成像还需做去相干预滤波处理。而从雷达复影像对中获取数字表面模型则需要完成去相干预滤波、复影像配准、干涉相位生成、去平地效应、干涉相位滤波、干涉相位解缠、解绝对相位以及 DSM 生成等处理步骤，其流程如图 8.1 所示。

8.1　去相干预滤波

InSAR 高程测量本质上是三角测量，也就是卫星需要在两个位置对目标进行观测，为了得到较好的交会角，有效基线的长度需要尽可能长一点，由此导致卫星两个位置看目标的视角存在差异。由于 SAR 采用距离成像，不同

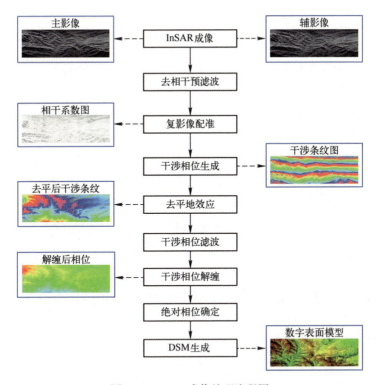

图 8.1 InSAR 成像处理流程图

视角对同一目标观测获得的地面分辨率不可能完全一致,也就是主、辅影像上的目标像元在距离向上不可能完全重合,导致距离波数谱相互偏移,引起距离向去相干。同时绕飞编队的两颗卫星,其相对位置在做圆周运动,也就是方位向距离时刻变化,尽管双星均做了偏航导引,并采用最大相干法的空间同步方案,但波束同步误差依然会造成辅星多普勒中心频率偏移,也就是主、辅星雷达指向不可能完全平行,同时方位向基线导致主、辅星合成孔径不完全重合,引起主、辅影像上的目标像元在方位向上不可能完全重合,导致方位多普勒谱相互偏移,引起方位向去相干。

距离向去相干表现为,同一目标的两次成像在空间频谱上有重叠部分,也有非重叠部分,这也是目标像元在距离向上不完全重合导致的。这种差异能够在频谱上表现出来,主要是由于 SAR 的波长,与地面分辨单元相比尺度要小很多,因此一个成像分辨单元是由很多相互独立的反射点组成,其空间频谱也是很多反射点频谱的体现,当两次成像覆盖的反射点不完全重合时,其频谱自然就存在非重叠部分。频率域中不重合的谱段,与重合谱段之间统计独立,其对成像的贡献就不能成为相干成分,反而成为对相干性的干扰。

方位向去相干表现为，同一目标的两次成像在多普勒谱上有重叠部分，也有非重叠部分，这也是目标像元在方位向上不完全重合导致的。这种差异能够在多普勒谱上表现出来，主要是由于主、辅星合成孔径不完全重合会引起多普勒谱偏移，而雷达指向差异还将导致多普勒谱旋转。多普勒谱非重叠部分代表目标像元方位向不重叠部分，微观尺度看不是同名点，自然无法相干。

只有具有重叠谱的雷达回波才具有相干性，而非重叠的谱段部分则是非相干的，相当于噪声，必然会导致相干性的下降，因此，在 SAR 成像时应只利用它们的公共谱，InSAR 的基线去相干及预滤波示意图如图 8.2 所示。实际中，可以通过距离向和方位向预滤波来提高它们之间的相干性，即滤除掉互不重叠的距离波数谱和方位多普勒谱，而只截取重叠的谱段，然后对公共谱采用相同的 SAR 成像处理算法就可以获得具有高相干性的干涉 SAR 图像对。预滤波的本质就是尽可能保留主、辅星影像对应地面同名点完全重合的部分，非重合部分在成像时就予以滤掉[1]。

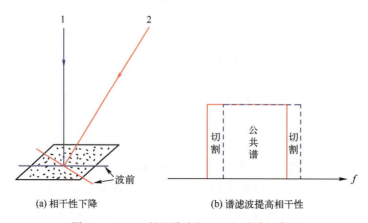

(a) 相干性下降　　(b) 谱滤波提高相干性

图 8.2　InSAR 的基线去相干及预滤波示意图

由于预滤波是在 InSAR 成像前，因此距离预滤波和方位预滤波对原始回波的处理是结合距离压缩和方位合成分开进行的。

8.1.1　距离向去相干预滤波

距离向预滤波就是需要提取主、辅星目标空间频谱的重叠部分。地面目标空间谱是唯一的，而由于主、辅雷达侧视角不一致，但距离向回波采样的频率是一样的，都是 $[-B_c/2, B_c/2]$（B_c 为信号带宽），导致在截取某一段

（成像单元）目标空间谱时，不能完全重合，距离预滤波频谱关系示意图如图8.3所示，可以理解为：距离分辨率相同的情况下，侧视角越大地面分辨率越高，因此不同侧视角对同一目标成像，单个像元对应的地面影像在距离向上不可能完全重合，也就是截取的地面空间频谱不可能完全重叠[2]。

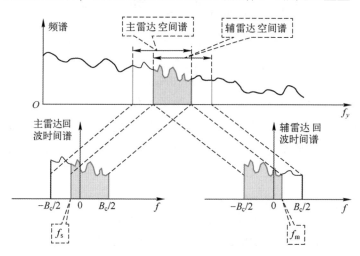

图8.3 距离预滤波频谱关系示意图

图8.3中，f_s是辅星接收的线性调频脉冲的低端频率对应的主星成像单元回波中的时间频率，f_m是主星发射的线性调频脉冲的高端频率对应的辅星成像单元回波中的时间频率。

若在SAR成像的距离压缩中，对主雷达的回波在时间谱段$[f_s, B_c/2]$上构造压缩参考函数，对辅雷达的回波在时间谱段$[-B_c/2, f_m]$上构造压缩参考函数，压缩的成像结果就仅由目标空间谱重合部分的原始信号构成，这样就可以达到距离向预滤波的目的。

事实上，工程实现不是分别求取f_m和f_s，而是考虑到当主、辅星侧视角θ_1与θ_2差别很小时，$f_s+B_c/2$与$B_c/2-f_m$的差别也很小，可以用一个共同的值Δf替代。这样，预滤波就成了分别在$[\Delta f - B_c/2, B_c/2]$和$[-B_c/2, B_c/2-\Delta f]$上构造压缩参考函数。这个$\Delta f$可采用雷达载频$f_0$在主、辅星对应的不同空间频率，所对应的回波时间频率的差值。

假定雷达瞬时频率为f_R，则$f_R \approx f_0$，此时根据斜距分辨率与地距分辨率的换算关系，可以得出地距频率f_G为

$$f_G = 2f_R \sin\theta \quad (8.1)$$

则f_R为

$$f_R = \frac{f_G}{2\sin\theta} \tag{8.2}$$

当入射角微小变化 $\Delta\theta$ 时，引起的斜距频率变化为[3]

$$\Delta f_R = -\frac{f_G}{2\sin\theta\tan\theta}\Delta\theta = -\frac{f_R}{\tan\theta}\Delta\theta \approx -\frac{f_0}{\tan\theta}\Delta\theta \tag{8.3}$$

若考虑地形起伏，当地面坡度为 α 时，则变为

$$\Delta f_R = -\frac{f_0}{\tan(\theta-\alpha)}\Delta\theta \tag{8.4}$$

式中：$\Delta\theta$ 为视角差；α 为地面坡度；f_0 为雷达载频。

理论上，Δf 可以由成像参数 θ_1、θ_2、f_0 以及地面坡度角 α 求出。然而实际中给出的成像参数 θ 的精度，连区分 θ_1 与 θ_2 的大小都做不到。因此，能否按上述思想实现预滤波，取决于能否求出 Δf，且 Δf 的质量决定着预滤波的效果。

在地面坡度角 α 未知的情况下，Δf 也是未知的，因此实际处理采用将两个信号的距离频谱做滑动互相关，从互相关峰值得到 Δf，进而提取主、辅星目标空间频谱的重叠部分，实现距离向预滤波。

8.1.2 方位向去相干预滤波

方位向预滤波就是需要提取主、辅星多普勒谱的重叠部分。受方位向基线的影响，主、辅星对地面目标观测位置和角度存在一定差异，主、辅星的方位观测角度如图 8.4 所示，直接造成合成孔径存在差异，反映在多普勒谱上是多普勒中心发生偏移[4]，方位预滤波多普勒谱段示意图如图 8.5 所示。

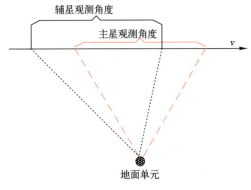

图 8.4 主、辅星的方位观测角度

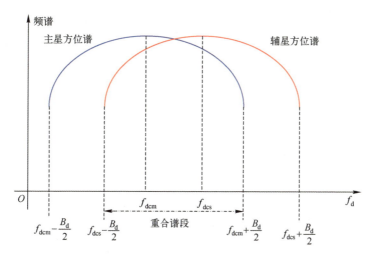

图 8.5 方位预滤波多普勒谱段示意图

如果截取公共的多普勒谱,再利用公共的多普勒谱完成方位压缩处理,就能消除合成孔径的差异引起的目标像元在方位向上不重叠,使得主、辅星获得的地面目标在方位向尽可能一致。

假定 f_{dcm} 和 f_{dcs} 分别为主、辅星回波的多普勒中心频率且 $f_{dcs} \geqslant f_{dsm}$,主、辅星回波的多普勒带宽都为 B_d,则重合谱段为 $[f_{dcs}-B_d/2, f_{dcm}+B_d/2]$,如图 8.5 所示。然后,从主、辅星回波数据中截取出谱段 $[f_{dcs}-B_d/2, f_{dcm}+B_d/2]$ 内的公共多普勒谱。在 SAR 成像处理时只对此公共多普勒谱进行方位压缩处理,从而提高了主、辅星 SAR 图像之间的相干性。

从方位向预滤波的思路可以看出,方位向预滤波主要解决方位向基线引起的去相干,对于主、辅星雷达指向差异引起的去相干没有作用,因此编队 InSAR 需要确保空间同步精度。而方位向预滤波显然会缩短合成孔径,进而降低方位向分辨率,因此编队 InSAR 设计时也要考虑方位向基线长度的影响。

还需要说明的是,距离预滤波和方位预滤波只是从整景影像或整条带影像层面提升相干性,但对于每个像元来讲,不可能完全过滤掉基线去相干的影响,因此后期干涉处理还需要进行精确配准,以获取每个像元最优的干涉相位。

图 8.6 给出一组微波测绘一号卫星数据预滤波前后相干系数对比图,蓝色曲线表示预滤波前的相干系数图,红色曲线表示预滤波后的相干系数图,横轴表示相干系数区间,每个区间的宽度为 0.01,即 $[0 \sim 0.01)$,$[0.01 \sim$

0.02),[0.02~0.03),…,[0.99~1]，纵轴表示各区间的像素数目占总像素数目的百分比。由图 8.6 可知，预滤波后的相干系数分布在[0.9~1]区间内的像素百分比有显著提升。

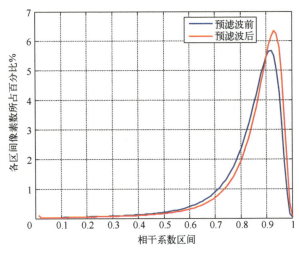

图 8.6　相干系数对比图

8.2　双基 InSAR 成像

基于卫星编队 InSAR 系统主、辅星的成像几何如图 8.7 所示，卫星发射和接收信号处于不同点，为收发分置成像方式，属于双基成像模式。两颗卫星以近距离绕飞模式实现编队飞行，A 点表示主星发射信号时刻的主雷达位置，B 点表示主星接收信号时刻的主雷达位置，C 点表示辅星接收信号时刻的辅雷达位置。

对于基于卫星编队 InSAR 系统，主星工作于自发自收模式，由于收发信号位置距离较短，可以等效为单基 SAR 信号模型，进而利用单基 SAR 成像处理算法进行 SAR 成像处理。而辅星工作于一发双收模式，两颗星相距几百米乃至千米量级，在如此大的空间几何下需要精确保持单/双基成像的天线相位中心几何关系达到波长量级面临巨大困难，而且空间基线的存在导致场景回波的方位多普勒谱和距离波数谱存在偏差，若采用单基 SAR 成像处理算法，会引起谱去相干噪声从而导致成像相位质量下降，需要采用双基 InSAR 成像。

第 8 章 InSAR 数据处理技术

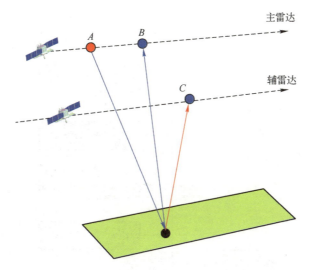

图 8.7 InSAR 系统成像几何示意图

8.2.1 主星 SAR 成像

主星成像采用单基 SAR 成像处理算法。单基 SAR 成像处理算法相对比较成熟,包括距离-多普勒(RD)算法、Chirpscaling(CS)算法[5]、RMA 算法等。其中,距离-多普勒算法适用于较窄测绘带的成像处理;Chirpscaling 算法能够补偿测绘带内一定的距离弯曲差,适用于较宽测绘带的成像处理;RMA 算法可以获得较精确的 SAR 成像,但需要插值运算,运算量较大,而且插值误差会对干涉相位带来影响。单基 SAR 成像一般采用 Chirpscaling 算法。

Chirpscaling 算法基于 Papoulis 提出的 Scaling 原理,通过对 Chirp 信号进行频率调制,实现了对该信号的尺度变换(变标)。Chirpscaling 算法的基本处理流程如图 8.8 所示。

各步骤说明如下:

(1)通过方位向 FFT 将数据变换到快时间-多普勒域;

(2)通过与 Chirpscaling 相位函数相乘实现 Chirpscaling 操作,使整个测绘带内距离徙动轨迹一致化;

(3)通过距离向 FFT 将数据变换到二维频域,通过与参考函数进行相乘,同时完成距离压缩、二次距离压缩和距离徙动校正;

(4)通过距离向 IFFT 将数据变换到距离-多普勒域;

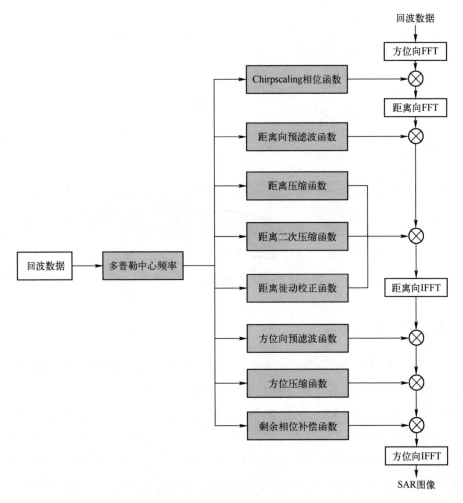

图 8.8 主星 SAR Chirpscaling 算法成像处理流程

(5) 通过与随距离变化的匹配滤波器（方位频域，即在频域实现线性卷积）进行相乘，实现方位压缩，此外，由于 Chirpscaling 操作，参考相位中还需要附加一个相位校正项；

(6) 最后通过方位向 IFFT 将数据变换到二维 SAR 复图像域。

主星 Chirpscaling SAR 成像算法充分分析了距离弯曲差不能忽略的情况，即场景纵深沿距离弯曲的空变性必须考虑。

距离弯曲的补偿通常在多普勒频率 (f_a) 域进行，斜距与 f_a 的关系为

$$R(f_a, R_B) = R_B + \frac{1}{8}\left(\frac{\lambda}{V}\right)^2 f_a^2 R_B$$

式中：R_B 为点目标至航线的最近距离。为了书写方便，令

$$\frac{1}{8}\left(\frac{\lambda}{V}\right)^2 f_a^2 = A_{f_a}$$

对一定的 f_a，A_{f_a} 为常数，当 f_a 为某一 f_{a1} 时，该常数写成 $A_{f_{a1}}$，当 f_a 为 0 时，$A_0 = 0$。

以 f_a 为参变数，在多普勒域 $R(f_a, R_B)$ 和 R_B 的关系图如图 8.9 所示，当 $f_a = 0$ 时，$R(0, R_B) = R_B$，而当 $f_a = f_{a1}$ 时，$R(f_{a1}, R_B) = (1 + A_{f_{a1}})R_B$。后者由于有变标因子（也称尺度因子）$(1 + A_{f_{a1}})$，具有较大的斜率，而直线的纵坐标之差，即 f_{a1} 处的距离弯曲值，该值随 R_B 增加而加大，表现了距离弯曲的空变性。

为了便于操作，这时距离弯曲补偿可分两步进行：第一步是以场景中心线（$R_B = R_s$）上的点目标为基准，将其他不同 R_B 时的距离弯曲校正为与它一样，即先消除距离弯曲的空变性；第二步再对整个场景的距离弯曲作统一的平移补偿。

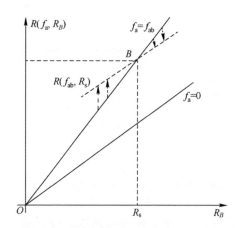

图 8.9 在多普勒域 $R(f_a, R_B)$ 和 R_B 的关系图

为了以 $R_B = R_s$ 为基准，相当将图 8.9 中的 B 点作为基准点，这时通过 B 点的直线可写成 $R(f_{a1}, R_B) - R(f_{a1}, R_s) = (1 + A_{f_{a1}})(R_B - R_s)$，即

$$\Delta_s R(f_{a1}, R_B) = (1 + A_{f_{a1}})\Delta_s R_B \tag{8.5}$$

式中：$\Delta_s R(f_{a1}, R_B) = R(f_{a1}, R_B) - R(f_{a1}, R_s)$，$\Delta_s R_B = R_B - R_s$。即距离差（以 B 点为基准）的关系也有变标因子 $(1 + A_{f_{a1}})$。

为了将不同 R_B 的距离差校正成一样的，应将通过 B 点的直线校正成与 $f_a = 0$ 直线相平行的直线，而如图 8.9 中过 B 点的虚线所示。也就是要把原直线的变标因子由 $(1 + A_{f_{a1}})$ 变成 1，这称为变标（也称变尺度）处理。

如图 8.9 所示，上述变标处理相当于 B 点处不动，而改变直线的斜率，即 B 点的右边部分下移，而 B 点的左边部分上移，且离 B 点越远，移动值越大。

实现上述变标处理可以有多种方法，常用的方法之一是线频调变标算法。

采用这种方法时，点目标回波应保持为线性频调（LFM）信号，它的原理基于大时间带宽积的 LFM 信号（SAR 里总是采用这样的信号）容易实现小的时移，这时只需将 LFM 信号的中心频率做小的频移即可。中心频率偏移和脉压位置关系如图 8.10 所示，图中上面的实线表示原始的 LFM 信号，而下面的曲线表示脉压后的波形。图中的点线和虚线分别表示原始 LFM 信号的中心频率分别上移和下移 δf 的 LFM 波形，而图 8.10 中的点线和虚线的脉冲分别表示两者脉压后的波形，脉冲波形与原始的基本相同，而有 $+\delta f/\gamma$ 和 $-\delta f/\gamma$ 的时移，其中，γ 为 LFM 信号的调频率，这可以作如下证明。

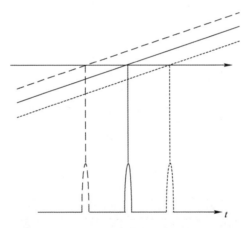

图 8.10　中心频率偏移和脉压位置关系

设原始 LFM 信号为 $\text{rect}(\hat{t}/T_p)\exp(j\pi\gamma\hat{t}^2)$，将中心频率作 $\pm\delta f$ 的频移后，LFM 信号为

$$\text{rect}\left(\frac{\hat{t}}{T_p}\right)\exp[j(\pi\gamma\hat{t}^2 \pm 2\pi\delta f\hat{t})] = \text{rect}\left(\frac{\hat{t}}{T_p}\right)\exp\left\{j\left[\pi\gamma\left(\hat{t}\pm\frac{\delta f}{\gamma}\right)^2 - \pi\frac{\delta f^2}{\gamma}\right]\right\} \quad (8.6)$$

式中：$\pi(\delta f)^2/\gamma$ 为常数相位项，对脉冲波形没有影响，且 $\delta f/\gamma \ll T_p$，包络位置影响很小，因而脉压后的脉冲波形基本不变，而产生了 $\pm\delta f/\gamma$ 的时移。因此，改变频移 δf 的值，便可调控 LFM 信号脉压后的脉冲时移。

上述原理可用于基于 LFM 的变标处理。图 8.11 画出场景条带中心和两侧点目标的 LFM 回波信号，以场景中心作为快时间的原点。变标处理要求中心

LFM 信号保持不动，两侧的信号分别向中心靠近，且时移量与该信号至中心的时间差成正比。为此，可将两侧 LFM 信号作频移，中心左侧的增加，右侧的减少，且移动量也应与到中心的时间差成正比。这时可在原时间信号上乘以图 8.11（b）中的缓变 LFM 信号（设其调频率 $\delta\gamma$），其结果如图 8.11（c）所示，这时所有 LFM 信号的调频率均由 γ 变为 $\gamma+\delta\gamma$，同时中心频率产生 $\delta\gamma\hat{t}_1$ 的频移，$\hat{t}_1$ 为 LFM 信号至中心的时间差，右侧为正，左侧为负。然后对用缓变线频调处理后的 LFM，用调频率 $\gamma+\delta\gamma$ 进行脉压处理，得到图 8.11（d）所示的脉冲波形，它以场景中心为基准，两侧向中心时移，其时移量为 $\delta\gamma\hat{t}_1/(\gamma+\delta\gamma)$，其中，$\hat{t}_1$ 为 LFM 信号中心频率处相对于场景中心的时间差，这样就完成

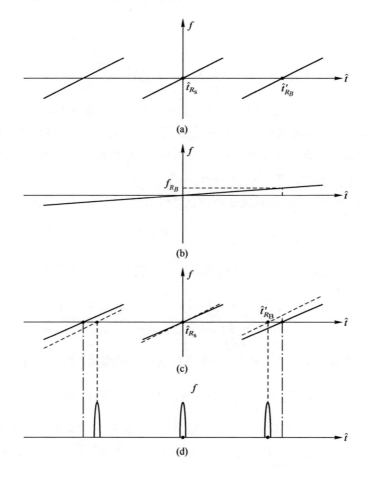

图 8.11 Chirpscaling 操作对改变点目标回波相位中心示意图

了 $f_a=f_{a1}$ 时沿快时间 $\hat{t}$ 的变标处理，对所有 f_a 均作同样操作（$\delta\gamma$ 值各不相同），便完成了将场景中所有不同 R_B 的距离弯曲均被补偿成与场景中心（$R_B=R_s$）处相同。

在具体讨论 Chirpscaling 算法实现中，为了更加严格，直接用准确式，即令 $R(f_a;R_B)=R_Ba(f_a)+R_B$，其中，定义 $a(f_a)=1/\sqrt{1-(f_a/f_{aM})^2}-1$ 为 Chirp-scaling 因子。

采用 Chirpscaling 算法，先在 $\hat{t}$-f_a 域里将不同 R_B 的曲线的弯曲调整成一样，即将距离 R_B 的空变调整为非空变，先对快时间 $\hat{t}$ 作傅里叶变换，变到距离频率-方位频率域（f_r-f_a 域），对不同距离 R_B 的回波作统一的时延和脉冲压缩处理。

算法中，用于改变线调频率的尺度的 Chirpscaling 二次相位函数为

$$H_1(\hat{t},f_a;R_s)=\exp\left[j\pi\gamma_e(f_a;R_B)a(f_a)\left(\hat{t}-\frac{2R(f_a;R_s)}{c}\right)^2\right] \tag{8.7}$$

式（8.7）在 f_a 偏离 0 值时也是 Chirp 函数，其调频率是很小的，从而对不同距离 R_B 的回波起到 Chirpscaling 的作用。实际上，式（8.7）中 $\gamma_e(f_a;R_B)$ 随 R_B 变化较小，为简化计算，$\gamma_e(f_a;R_B)$ 中的 R_B 可用场景中心处的 R_s 代替，令下文所有 $\gamma_e(f_a;R_B)$ 等于 $\gamma_e(f_a;R_s)$。

点目标在方位多普勒域的距离信息可以写为

$$P(\hat{t},f_a;R_B)=\exp\left[j\pi\gamma_e(f_a;R_B)\left(\hat{t}-\frac{2R(f_a;R_B)}{c}\right)^2\right] \tag{8.8}$$

将式（8.7）和式（8.8）的 Chirpscaling 二次相位函数相乘后，化简为

$$P\cdot H_1=\exp\left[j\pi\gamma_e(f_a;R_B)(1+a(f_a))\left(\hat{t}-\frac{2R_B+2R_sa(f_a)}{c}\right)^2\right]\exp[-j\Theta_\Delta(f_a;R_B)] \tag{8.9}$$

式中：$\Theta_\Delta(f_a;R_B)$ 为由于 Chirpscaling 函数操作引起的剩余相位，且

$$\Theta_\Delta(f_a;R_B)=\frac{4\pi}{c^2}\gamma_e(f_a;R_B)a(f_a)[1+a(f_a)](R_B-R_s)^2$$

比较式（8.8）和式（8.9），可见线性调频信号的相位中心时刻由 $2R(f_a;R_B)/c$ 变为 $(2R_B+2R_sa(f_a))/c$，即由随距离的弯曲 $R_Ba(f_a)$ 变为相同弯曲量 $R_sa(f_a)$。

此相位中心时刻的变化可利用图 8.11 的结果直接计算，假设最近距离为 R_B 的点目标回波信号在多普勒域的相位中心时刻为

$$\hat{t}_{R_B} = \frac{2R(f_a;R_B)}{c} = \frac{2R_B[1+a(f_a)]}{c}$$

场景中心线 R_s 处点目标信号的相位中心时刻为

$$\hat{t}_{R_s} = \frac{2R(f_a;R_s)}{c} = \frac{2R_s[1+a(f_a)]}{c}$$

式（8.9）Chirpscaling 二次相位函数的相位中心也为 $\hat{t}_{R_s}$，此二次相位函数在 $\hat{t}_{R_B}$ 时刻的频率为

$$\begin{aligned}\Delta f(f_a;R_B) &= \gamma_e(f_a;R_B)a(f_a)(\hat{t}_{R_B}-\hat{t}_{R_s})\\&= \gamma_e(f_a;R_B)a(f_a)\frac{2(R_B-R_s)[1+a(f_a)]}{c}\end{aligned} \quad (8.10)$$

因此最近距离为 R_B 点目标回波信号与 Chirpscaling 二次相位函数相乘后，$\hat{t}_{R_B}$ 时刻频率增加 δf，其信号的调频率也增加了 $\gamma_e(f_a;R_B)a(f_a)$，即由原来的等效调频率 $\gamma_e(f_a;R_B)$ 变为 $\gamma_e(f_a;R_B)[1+a(f_a)]$，它和式（8.9）第一个指数相调频率相对应。由图 8.11（c）可知，零频处的时刻为

$$\hat{t}'_{R_B} = \hat{t}_{R_B} - \frac{\Delta f(f_a;R_B)}{\gamma_e(f_a;R_B)[1+a(f_a)]} = \frac{2[R_B+a(f_a)R_s]}{c}$$

可见通过 Chirpscaling 操作，最近距离为 R_B 点目标信号的相位中心时刻由 $\hat{t}_{R_B}$ 变为 $\hat{t}'_{R_B}$，此结果和式（8.9）第一个指数项的相位中心相同。

对 $\hat{t}$-f_a 域信号用此 H_1 的 Chirpscaling 函数相乘后，进行距离傅里叶变换，将信号变换到 f_r-f_a 域，即

$$\begin{aligned}s(f_r,f_a;R_B) = &\sigma_n a_r\left(-\frac{f_r}{\gamma_e(f_a;R_B)[1+a(f_a)]}\right)a_a\left(\frac{R_B\lambda f_a}{2V^2\sqrt{1-(f_a/f_{aM})^2}}\right)\times\\&\exp\left[-j\pi\frac{f_r^2}{\gamma_e(f_a;R_B)[1+a(f_a)]}\right]\exp\left[-j\frac{4\pi}{c}[R_B+R_s a(f_a)]f_r\right]\times\\&\exp\left[-j\frac{2\pi}{V}R_B\sqrt{f_{aM}^2-f_a^2}\right]\exp[-j\Theta_\Delta(f_a;R_B)]\times\\&\exp\left[-j2\pi f_a\frac{X_n}{V}\right]\end{aligned}$$

$$(8.11)$$

式中：第一个指数项为距离频率域调制相位函数；第二个指数项中 $R_s a(f_a)$ 为 Chirpscaling 操作后所有点所具有的相同的距离徙动量。

将用于距离压缩、距离徙动校正的相位函数写为

$$H_2(f_r,f_a;R_s) = \exp\left[j\pi\frac{1}{\gamma_e(f_a,R_s)[1+a(f_a)]}f_r^2\right]\exp\left[\frac{j4\pi R_s a(f_a)}{c}f_r\right]$$

(8.12)

将此函数和 f_r-f_a 域信号相乘，并进行距离逆傅里叶变换，将信号变换到 $\hat{t}$-f_a 域，完成了距离压缩，距离徙动校正。信号在 $\hat{t}$-f_a 域为

$$s(\hat{t},f_a;R_B) = \sigma_n \text{sinc}\left[B\left(\hat{t}-\frac{2R_B}{c}\right)\right]a_a\left(\frac{R_B\lambda f_a}{2V^2\sqrt{1-(f_a/f_{aM})^2}}\right)\exp\left[-j2\pi f_a\frac{X_n}{V}\right]\times$$
$$\exp\left[-j\frac{2\pi}{V}R_B\sqrt{f_{aM}^2-f_a^2}\right]\exp[-j\Theta_\Delta(f_a;R_B)]$$

(8.13)

下面做方位压缩处理，并补偿由 Chirpscaling 引起的剩余相位函数

$$H_{22}(\hat{t},f_a;R_B) = \exp\left[-j\frac{2\pi}{V}R_B\sqrt{f_{aM}^2-f_a^2}\right]\exp[j\Theta_\Delta(f_a;R_B)] \quad (8.14)$$

补偿剩余相位函数，进行常规方位压缩处理。这样就完成了整个线频调变标算法成像处理。

8.2.2 辅星 InSAR 成像

对于辅星而言，正交解调后单个点目标的基带信号可以表示为

$$s_0(\tau,\eta) = A_0\omega_\tau\left(\tau-\frac{R(\eta)}{c}\right)\omega_\eta(\eta-\eta_c)\times$$
$$\exp\left\{-j2\pi f_0\frac{R(\eta)}{c}\right\}\exp\left\{j\pi K_\tau\left(\tau-\frac{R(\eta)}{c}\right)^2\right\}$$

(8.15)

式中：A_0 为复常数；τ 为距离快时间；η 为方位慢时间；η_c 为波束中心穿越时刻；$\omega_r(\cdot)$ 为距离向包络；$\omega_a(\cdot)$ 为方位向包络；f_0 为载频；c 为光速；K_τ 为距离向调频率；$R(\eta)$ 为目标双程斜距历程，包含主星发射位置到目标的斜距和辅星接收位置到目标的斜距，即

$$R(\eta) = R_T(\eta) + R_R(\eta) \quad (8.16)$$

式中：$R_T(\eta)$ 表示主星发射位置到目标的斜距历程；$R_R(\eta)$ 表示辅星接收位置到目标的斜距历程。它们又分别可用双曲线模型表示，即

$$R_T(\eta) = \sqrt{V_{rt}^2\eta^2+R_t^2-2V_{rt}\eta R_t\sin\theta_t}$$
$$R_R(\eta) = \sqrt{V_{rr}^2\eta^2+R_r^2-2V_{rr}\eta R_r\sin\theta_r}$$

(8.17)

式中：V_{rt} 表示点目标对应于主星轨道的等效速度；R_t 表示点目标对应于主星

轨道的最近斜距；θ_t 表示主星的斜视角；V_{rr} 表示点目标对应于辅星轨道的等效速度；R_r 表示点目标对应于辅星轨道的最近斜距；θ_r 表示辅星的斜视角。

辅星双程斜距表现为双根号形式，进行频域成像算法的推导是极其困难，由此给出一种等效斜距成像算法。此算法利用先验 DEM 进行收发分置的 SAR 定位获得双程斜距，对全场景目标的双程斜距进行双曲线拟合，进而将拟合得到的空变等效速度应用于匹配滤波器中，从而实现对全场景目标的高精度聚焦。其中关键的是基于先验 DEM 的 SAR 定位和等效斜距拟合。

1) 基于先验 DEM 的 SAR 定位

根据雷达与目标的多普勒方程、双程斜距方程以及待定位点对应的椭球方程，建立待求解方程组如下：

$$\begin{cases} \dfrac{\boldsymbol{v}_{\text{Tx}}(\boldsymbol{p}_0-\boldsymbol{p}_{\text{Tx}})}{\lambda\,|\boldsymbol{p}_0-\boldsymbol{p}_{\text{Tx}}|}+\dfrac{\boldsymbol{v}_{\text{Rx}}(\boldsymbol{p}_0-\boldsymbol{p}_{\text{Rx}})}{\lambda\,|\boldsymbol{p}_0-\boldsymbol{p}_{\text{Rx}}|}=f_d \\ |\boldsymbol{p}_0-\boldsymbol{p}_{\text{Tx}}|+|\boldsymbol{p}_0-\boldsymbol{p}_{\text{Rx}}|=R_0 \\ \dfrac{p_x^2+p_y^2}{(R_e+h)^2}+\dfrac{p_z^2}{(1+f)^2(R_e+h)^2}=1 \end{cases} \quad (8.18)$$

式中：$\boldsymbol{p}_{\text{Tx}}$ 和 $\boldsymbol{v}_{\text{Tx}}$ 分别为待定位点对应的相位中心发射位置矢量和速度矢量；$\boldsymbol{p}_{\text{Rx}}$ 和 $\boldsymbol{v}_{\text{Rx}}$ 分别为待定位点对应的相位中心接收位置矢量和速度矢量；$\boldsymbol{p}_0=(p_x,p_y,p_z)$ 为待定位点的位置矢量；λ 为载波波长；f_d 为雷达与目标点之间的瞬时多普勒频率，一般可通过回波数据估计或利用轨道位置、姿态等参数之间计算得到；R_e 为赤道半径；f 为地球扁率因子；h 为待定位点高程，可以先验 DEM 场景的平均高程作为初值；R_0 为雷达与目标的最近双程斜距，可通过如下表达式计算得到，即

$$R_0 = c \cdot \left[\tau_s + \dfrac{(p_r-1)}{f_s}\right] \quad (8.19)$$

式中：c 为光速；p_r 距离坐标；τ_s 为 SAR 载荷的波门时间；f_s 为雷达采样频率。

方程组（8.18）无法直接求取闭式解，我们可以采用牛顿迭代法对方程组进行迭代定位即可得到目标点的三维位置。使用先验 DEM 的目的是将其作为迭代判断条件，加快迭代收敛速度，提高定位精度。

2) 等效斜距拟合

在成像区域内选择大量均匀分布的目标点，根据式（8.18），计算目标点信号发射、接收位置的斜距历程，再将其相加即可得到目标点的双程斜距历

程。设计双程斜距等效表达式为

$$R(t)=\sqrt{(V_{r\_bis}\eta)^2+R_0^2-2V_{r\_bis}\eta\sin\theta_{bis}R_0} \qquad (8.20)$$

式中：V_{r_bis}为双基模型下的雷达等效速度；η为方位时间；R_0为双基模型下的等效最近斜距；θ_{bis}为双基模型下的等效斜视角。

通过目标点可以求解V_{r_bis}、R_0、θ_{bis}变量。考虑V_{r_bis}、R_0、θ_{bis}变量的空变性，利用最小二乘法对V_{r_bis}、R_0、θ_{bis}变量作双曲拟合，完成双程斜距等效拟合。

由式（8.20）可知，斜距等效与单基SAR成像斜距的表达式一致，可以采用单基SAR成像算法进行成像。

为验证算法的有效性，利用仿真实验进行验证，仿真参数如表8.1所列，仿真过程所用轨道数据利用STK软件生成。

表8.1 仿真参数

轨道高度/km	514
波长/m	0.0311
近距边斜距/km	650
合成孔径时间/s	1
主、辅星间沿航向基线/m	500
主、辅星间垂直航向基线/m	2000

在成像场景中沿方位向、距离向均匀布置10×10的点阵目标点。以点阵边缘目标和场景中心目标点为例分析计算，利用本算法拟合的斜距在合成孔径时间内引起的残余相位误差，结果如图8.12所示。可以看出，在合成孔径时间内，本算法拟合的斜距引入的残余相位误差最大约为0.3°，远小于$\pi/4$，因此可忽略其对SAR成像造成的影响。

雷达等效速度是SAR聚焦成像中的关键参数，雷达等效速度误差是方位向匹配滤波器相位误差的主要来源，雷达等效速度对成像相位影响如图8.13所示。微波测绘一号卫星对InSAR成像的相位精度要求为3°，由图8.13可知，雷达等效速度的精度应小于0.5m/s。

对于编队卫星InSAR来说，雷达等效速度在整个观测场景范围内具有空变性，传统只以场景中心点的雷达等效速度进行成像的方法会导致场景边缘聚焦效果变差，此外，对于地形变化剧烈的地区，还需要考虑高程变化引起的雷达等效速度变化。因此，为对雷达等效速度精确建模以实现全场景精确聚焦，仍以表 8.1 所列的仿真参数分析雷达等效速度随目标点方位向位置、雷达斜距和目标点高程的变化特性，结果如图 8.14 所示。

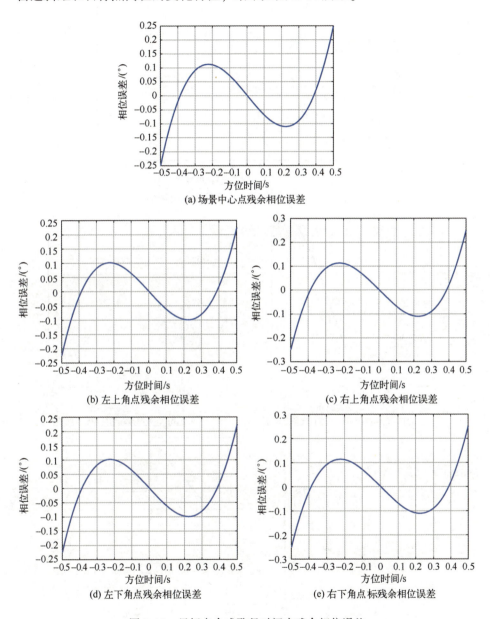

图 8.12　目标点合成孔径时间内残余相位误差

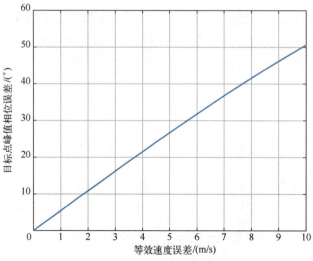

图 8.13 雷达等效速度对成像相位影响

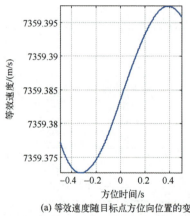

(a) 等效速度随目标点方位向位置的变化

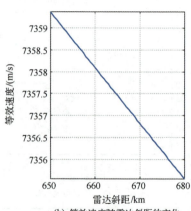

(b) 等效速度随雷达斜距的变化

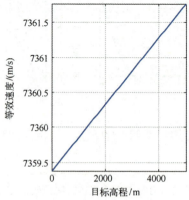

(c) 等效速度随目标点高程的变化

图 8.14 等效速度空变特性

由图 8.14 可知,等效速度具有空变特性,方位向时间的变化对等效速度影响较大,目标点高程对等效速度影响较小。由此,等效速度需要随目标点方位向时间、雷达斜距、目标点高程的变化进行多项式拟合,不然无法满足 InSAR 成像相位精度要求。根据影响大小,等效速度随目标点方位向时间的变化可以用三次多项式拟合,等效速度随雷达斜距的变化可以用二次多项式拟合,等效速度随目标点高程的变化可以利用一次多项式拟合,等效速度随目标点方位向位置、雷达斜距和目标点高程的变化利用多项式拟合后的残留误差如图 8.15 所示,均可忽略不计。

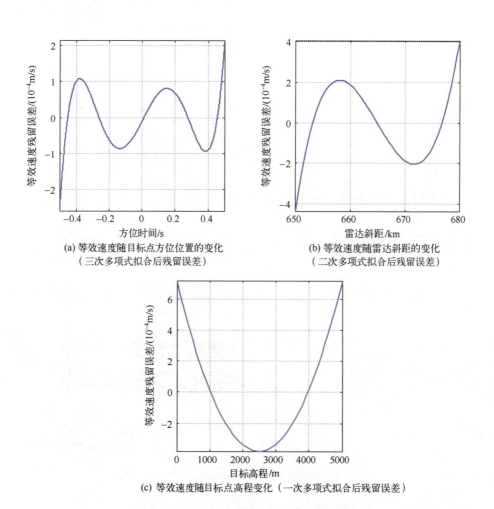

(a) 等效速度随目标点方位位置的变化
(三次多项式拟合后残留误差)

(b) 等效速度随雷达斜距的变化
(二次多项式拟合后残留误差)

(c) 等效速度随目标点高程变化(一次多项式拟合后残留误差)

图 8.15 等效速度多项式拟合后残留误差

8.2.3 双基 InSAR 成像流程

卫星编队 InSAR 系统的主、辅星保相成像采用基于公共谱预滤波的双基 Chirpscaling 成像算法，其中双基模式下的空变等效速度拟合在 8.2.2 节已经给出，公共谱预滤波方法在 8.1 节已经给出，其余步骤与主星 SARCS 成像算法类似，此处不再赘述，算法的具体流程如图 8.16 所示。

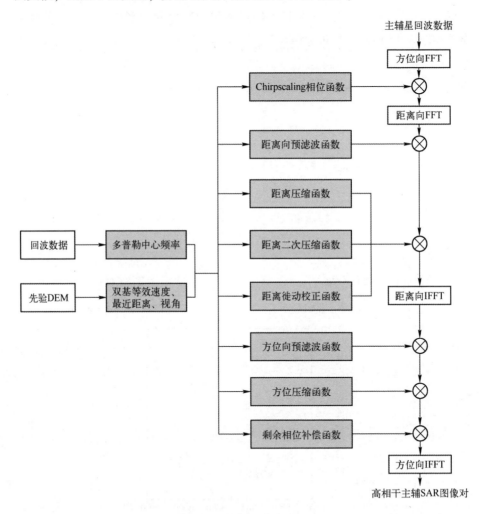

图 8.16 收发分置双基 Chirpscaling 成像算法流程

图 8.17 为一组微波测绘一号卫星双基 InSAR 成像结果，拍摄场景为印尼，拍摄日期为 2021 年 1 月 3 日。

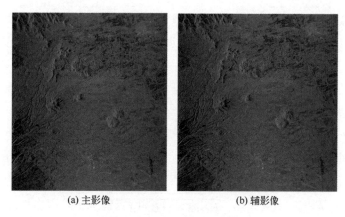

(a) 主影像　　　　　　　　(b) 辅影像

图 8.17　双基 InSAR 成像结果

8.3　复影像配准

与光学影像立体定位原理类似，星载 InSAR 生成 DSM 也需要提取两幅影像的同名点，这即是 InSAR 干涉处理的关键步骤之一——复影像配准。

复影像配准的目标是在两幅复影像之间找到对应地面同一位置的匹配点。由于获取两幅复影像时雷达天线位置不同，因此在方位向和距离向会造成同一场景漂移和扭曲，同时雷达定时同步误差、频率同步误差等也会造成不同卫星的 SAR 复影像沿距离向和方位向发生偏移，甚至旋转和伸缩。在形成干涉相位图之前必须使同一场景的两幅复影像精确配准，在距离向和方位向重采样，使得每个像素点反映的是同一个目标区域的信息。如果影像没有配准，两幅影像中同一位置的像素对应地面上不同的散射体，其相位差不能反映地面高度起伏的情况。如果配准误差大于或等于一个像元，则两幅复影像完全不相干，干涉图为纯噪声，因此配准精度一定要达到子像素级[6]。

8.3.1　复影像配准常用算法

复影像配准质量的优劣直接影响着生成干涉相位差的质量，进而影响生成 DSM 的精度。复影像的每一个像元都是一个复数，包含实部和虚部两部分，复数的模可以构成强度影像，复数的辐角就是相位。强度影像代表地表上的地物对雷达回波的后向散射强度，而非地物的几何特征本身，因此包含较多的斑点噪声，基于影像域的常用匹配算法很难实现雷达影像的高精度配准。而星载 InSAR 系统在设计层面着重考虑了回波的干涉性能，即获取的两幅复影像具有较高的相干性，因此可以在相位域采用相关方法实现高精度复影像配准。

常用的 InSAR 复影像配准算法包括相干系数法、平均波动函数法以及频谱极大值法[7-9]。

1) 相干系数法

复相关系数是测量一个变量与其他多个变量之间线性相关程度的指标。

$$\gamma = \frac{|E[X_1 \cdot X_2^*]|}{\sqrt{E[|X_1|^2]E[|X_2|^2]}} \tag{8.21}$$

式中：X_1 表示主复影像；X_2 表示辅复影像；$E[\cdot]$ 表示求数学期望值；$*$ 表示求共轭复数。γ 的绝对值范围为 $[0,1]$，γ 的绝对值为 0，意味着两组数据完全不相关，不匹配；γ 的绝对值为 1，则完全相关，没有噪声。

在实际的复相干系数 γ 估算中，假定散射体在估算窗口内是各态历经的，用 γ 的最大似然估计代替式（8.21）。γ 的最大似然估计计算公式为

$$\gamma = \frac{\left|\sum_{i=0}^{m}\sum_{j=0}^{n} X_1(i,j) X_2^*(i,j) e^{-j\varphi(i,j)}\right|}{\sqrt{\sum_{i=0}^{m}\sum_{j=0}^{n}|X_1(i,j)|^2 \sum_{i=0}^{m}\sum_{j=0}^{n}|X_2(i,j)|^2}} \tag{8.22}$$

复相干系数 γ 可认为是广义的相关系数，它描述了复数信号之间的相似性。

2) 平均波动函数法

平均波动函数法也是利用干涉相位图的特点进行匹配。当准确配准时，相邻像素间的平均起伏非常小，而当相位噪声和配准误差存在时，相邻像素间的差值会增大。可以定义相位差影像中配准噪声大小的标准值为 f，且 f 由式（8.23）确定，即

$$f = \sum_i \sum_j (|\mathrm{d}\psi(i+1,j) - \mathrm{d}\psi(i,j)| + |\mathrm{d}\psi(i,j+1) - \mathrm{d}\psi(i,j)|)/2 \tag{8.23}$$

式中：$\mathrm{d}\psi$ 表示两幅复影像对应像元的相位差。这种累加是在相位差图像的相邻像素之间进行。f 越小，则两幅复影像匹配得越好。

3) 频谱极大值法

频谱极大值法是依据当两幅影像精确配准时，得到干涉图的质量最高，条纹最清晰，在频域中频谱极大值也最大。

$$\text{SNR} = \frac{f_{\max}}{\sum_{i=0}^{N-1} f_i - f_{\max}} \qquad (8.24)$$

式中：$f_{\max}$ 为最亮条纹的空间频率；SNR 为频谱的信噪比；f_i 表示影像的频谱值。将两幅 SAR 复影像共轭相乘，并将得到的积作二维 FFT，生成二维条纹谱，如果两幅复影像匹配得好，则信噪比就高，反之则低。

8.3.2 复影像配准流程

复影像配准的关键在于确定距离向和方位向的偏移量，这个偏移量的精度必须远高于距离向和方位向的分辨率。原始复影像一般每个像素以浮点型 8 个字节记录，数据量大，如果对图像的每一点逐个进行配准，运算量将会非常大。而星载 InSAR 相邻像元的相对偏移量非常小，因为相对偏移量反映在干涉条纹图上就是相对相位差，一般为了有利于相位解缠，系统设计时需保证一个干涉条纹之间至少包含 3~4 像素，如果干涉条纹过于密集将很难开展数据处理，对于微波测绘一号卫星来说，假定相邻像元的干涉相位差为 2π，则相对斜距差小于 0.2m，大约为 0.07 像素，因此相邻像元的相对偏移量是缓变的。由此，基于陆地地形绝大部分均是连续缓变的前提下，InSAR 复影像配准可采用"控制点"法，即选择一定数量的参考点来进行图像配准，然后再根据参考点配准的信息拟合出整幅图像其他点的配准信息，然后对图像进行重采样得到配准图像。"控制点"间距设置最好与地形相适应，地形平坦时间距可以设置大一点，地形起伏较大时则应该设置小一点。另外基线长度沿方位向变化较小时，方位向间距可以设置大一点，基线长度变化剧烈时，方位向间距就需要设置小一点。

在进行 InSAR 复影像配准处理中主要有四个步骤：粗配准，精配准、辅影像重采样、生成干涉相位图以及相干图，复影像配准流程图如图 8.18 所示。

8.3.2.1 粗配准

粗配准的目的是减小后面精配准的搜索区域，同时大大减小亚像素配准的运算量。先根据 InSAR 系统参数或者图像之间的相干性信息进行初步配准，这样做的目的是将待配准影像进行整体偏移，保证两幅影像的位置能够基本对准，偏移在 5~10 像素之间[10]，在此基础上进行粗配准。根据 InSAR 系统参数进行初步配准的思路是，利用场景平均高和主星成像参数对主影像中心点进行单片定位，获得主影像中心点的大地坐标，然后根据大地坐标计算出该点在辅影像中的像坐标，进而得到辅影像相对于主影像的像坐标偏移量[6]；利用图像之间的相干性信息进行初步配准的思路是，在辅影像上选取一块图像，用它与主影像做二维互相关，得出相关峰的位置，根据相关峰偏移矢量，对辅影像进行整体平移。

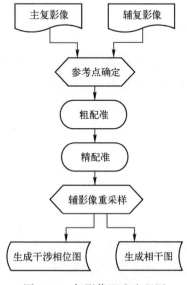

图 8.18　复影像配准流程图

粗配准通常在主图像上选取目标窗口，辅图像上选取搜索窗口。采用相干系数法、频谱极大值法或平均波动函数法，在匹配窗口内按行列以不同的整像素偏移量计算目标窗口与对应匹配窗口的匹配质量评价指标，如相干系数、频谱极值或平均波动函数，由此得到匹配点的坐标，精度大约为 1 像素。

8.3.2.2　精配准

精配准是在粗匹配的基础上，通过局部相干系数拟合或插值再匹配的方法，精化"控制点"的偏移参数，使其达到子像素的匹配精度。

1) 基于相干系数拟合的精配准方法

采用相关系数的抛物线拟合方法可以提高相关精度[11]，即是将目标影像在辅影像搜索窗口中获取的若干点处相关系数值同一个拟合函数联系起来，求其函数的极大值作为寻求的同名点。

相关系数抛物线拟合如图 8.19 所示，有相邻像元素处的 5 个相关系数，用一个二次抛物线方程式拟合。采用的抛物线方程一般为

$$f(S) = A + B \cdot S + C \cdot S^2 \quad (8.25)$$

式中：参数 A、B、C 是用间接观测平差求得的。此时抛物线顶点 k 处的地址应为

$$k = i - B/(2 \cdot C) \quad (8.26)$$

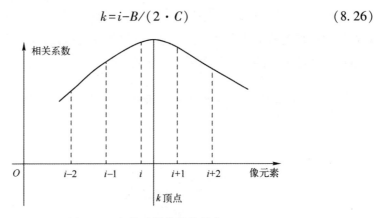

图 8.19 相关系数抛物线拟合

当取相邻像元 3 个相关系数进行抛物线拟合时，可得如下方程组：

$$\begin{cases} \rho_{i-1} = A - B + C \\ \rho_i = A \\ \rho_{i+1} = A + B + C \end{cases} \quad (8.27)$$

式中：ρ_{i-1}、ρ_i、ρ_{i+1} 为相关系数。坐标系平移至 i 点，由式（8.27）可得

$$\begin{cases} A = \rho_i \\ B = (\rho_{i+1} - \rho_{i-1})/2 \\ C = (\rho_{i+1} - 2\rho_i + \rho_{i-1})/2 \end{cases} \quad (8.28)$$

将式（8.28）代入式（8.26）得

$$k = i - \frac{\rho_{i+1} - \rho_{i-1}}{2(\rho_{i+1} - 2\rho_i + \rho_{i-1})} \quad (8.29)$$

相关系数抛物线拟合可使相关精度达到 0.15~0.2 子像素精度（当信噪比较高时）。但相关精度与信噪比近似成反比关系。当信噪比较小时，采用相关系数抛物线拟合，也不能提高相关精度。

基于相干系数拟合的精配准方法实质上就是上述理论的二维延伸。基于相干系数拟合的精配准方法的基本思路就是插值参考点的相干系数值。在参

考点处采用插值的方法求得最佳的匹配位置。采用二元三点插值法[12]求参考点处的函数近似值需要其周围的 9 个像素点处的相干系数值,因此在参考点处取一个 5×5 的相干系数值窗口就可以在参考点处的 3×3 的区域内任意进行插值。

基于相干系数拟合的精配准如图 8.20 所示,图中的小方框表示像素,在图 8.20 中 3×3 的区域内(网格线)以 0.01 像素的间距插值相干系数值,比较数值大小得到相干系数值的最大值,其对应的位置就是一个配准更精确的位置,由此配准点的精度可达到子像素级[13]。

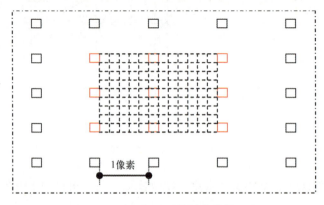

图 8.20　基于相干系数拟合的精配准

2)基于过采样图像的精配准方法

基于过采样图像精配准方法的基本思路是将主、辅影像本身进行过采样(oversampling)。例如,原影像大小 8×8 像素,对图像进行插值采样将图像放大,以 10 倍为例得到影像大小 80×80 像素。之后采用复影像配准的基本算法如频谱极大值法,逐点进行计算匹配测度获得精确的配准位置坐标。因为图像本身放大 10 倍,则此时的每一个像素就可认为是 1/10 的像素精度。

过采样图像的实现有空域法和频域法两种,上面介绍的是空域法。该方法的缺点是计算量大,重采样所耗费的时间长[14]。频域法是将局部图像运用傅里叶变换(FFT)转化到频域,共轭相乘后再进行逆 FFT 得到相关函数。FFT 的引入省去了循环搜索可以提高计算速度[15]。

3)基于相位信息的最小二乘匹配方法

最小二乘影像匹配通常是利用影像"灰度差的平方和最小"的原理在窗口内进行平差计算,可使影像匹配精度达到 1/10 像素甚至 1/100 像素。而对于 SAR 复影像的匹配,可以利用相位信息进行最小二乘匹配。

设 $p_1(i,j)$、$p_2(i,j)$ 分别为输入影像和参考影像之相位分量，$p(i,j)$ 为两者之相位差，可得

$$f = \sum_i \sum_j |p(i+1,j) - p(i,j)| + |p(i,j+1) - p(i,j)|/2$$

$$= \frac{1}{2} \sum_i \sum_j |p_1(i+1,j) - p_2(i+1,j) - p_1(i,j) + p_2(i,j)| +$$

$$|p_1(i,j+1) - p_2(i,j+1) - p_1(i,j) + p_2(i,j)|$$

$$= \frac{1}{2} \sum_i \sum_j |p_1(i+1,j) - p_1(i,j) - [p_2(i+1,j) - p_2(i,j)]| +$$

$$|p_1(i,j+1) - p_1(i,j) - [p_2(i,j+1) - p_2(i,j)]|$$

$$= \frac{1}{2} \sum_i \sum_j |p_{1x}(i,j) - p_{2x}(i,j)| + |p_{1y}(i,j) - p_{2y}(i,j)| \tag{8.30}$$

这里 $p_{1x}(i,j)$、$p_{2x}(i,j)$、$p_{1y}(i,j)$、$p_{2y}(i,j)$ 分别为 $p_1(i,j)$、$p_2(i,j)$ 在 x 和 y 方向的一阶差分。式（8.30）实质上就是相位差分之差值的绝对值之和取最小值，或者写为

$$\begin{cases} \sum \sum |p_{1x}(i,j) - p_{2x}(i,j)| = \min \\ \sum \sum |p_{1y}(i,j) - p_{2y}(i,j)| = \min \end{cases} \tag{8.31}$$

进一步利用相位信息建立最小二乘匹配的误差方程式，即

$$\begin{cases} v_x(x,y) = p_{2x}(x+\Delta x, y+\Delta y) - p_{1x}(x,y) \\ v_y(x,y) = p_{2y}(x+\Delta x, y+\Delta y) - p_{1y}(x,y) \end{cases} \tag{8.32}$$

依据最小二乘原理可以解算出相位偏移量。应用相位信息进行最小二乘匹配对初始值的要求比较严格，而且运算量也是相当大的，多与其他匹配方法结合使用[16]。

8.3.2.3 辅影像重采样

辅影像重采样就是根据精匹配所得到的偏移参数，对辅影像各像点的值进行重新插值。由于辅影像是复数记录的，这就要求对复影像的实部和虚部同时进行重采样[17]。常用的采样方法有 sinc 函数法、双线性插值法、双三次卷积法（又称三次样条函数）、最邻近像元法。

1) sinc 函数法

由于 SAR 成像后是一个 sinc 函数，故理想的插值函数是 sinc 函数，即

$$\mathrm{sinc}(x) = \frac{\sin(x)}{x} \tag{8.33}$$

采用这种函数认为是几乎没有信息量的损失。

2) 双线性插值法

双线性插值可以根据邻近 4 个点对插值点所作贡献的权值进行插值，其示意图如图 8.21 所示，其表达式为[11]

$$I(P) = \sum_{i=1}^{2}\sum_{j=1}^{2} I(i,j) * W(i,j) \tag{8.34}$$

式中：$I = \begin{bmatrix} I_{11} & I_{12} \\ I_{21} & I_{22} \end{bmatrix}$；$W = \begin{bmatrix} W_{11} & W_{12} \\ W_{21} & W_{22} \end{bmatrix}$ 为权矩阵，$W(x) = 1-x (0 \leq |x| \leq 1)$。

根据式（8.34）和图 8.21，可得 P 点的重采样值为

$$\begin{aligned} I(P) &= W_{11}I_{11} + W_{12}I_{12} + W_{21}I_{21} + W_{22}I_{22} \\ &= (1-\Delta x)(1-\Delta y)I_{11} + (1-\Delta x)\Delta y I_{12} + (1-\Delta y)\Delta x I_{21} + \Delta x \Delta y I_{22} \end{aligned} \tag{8.35}$$

式中：$\Delta x = x - \mathrm{INT}(x)$；$\Delta y = y - \mathrm{INT}(y)$。

根据式（8.35）即可得到 P 点的重采样值。

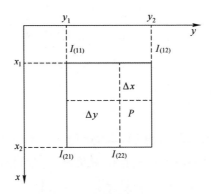

图 8.21 双线性插值示意图

3) 双三次卷积法

双三次卷积法又称三次样条函数，接近 sinc 函数，其函数值为

$$\begin{cases} W_1(x) = 1 - 2x^2 + |x|^3, & 0 \leq |x| \leq 1 \\ W_2(x) = 4 - 8|x| + 5x^2 - |x|^3, & 1 < |x| \leq 2 \\ W_3(x) = 0, & 2 < |x| \end{cases} \tag{8.36}$$

利用式（8.36）作卷积核对任一点进行重采样时，需要该点四周 16 个原始像元参加计算，双三次卷积示意图如图 8.22 所示。计算可沿 x、y 方向分别

进行，也可以一次求得16个邻近点对重采样点 P 的权值，此时

$$I(P) = \sum_{i=1}^{4} \sum_{j=1}^{4} I(i,j) * W(i,j) \tag{8.37}$$

式中

$$I = \begin{bmatrix} I_{11} I_{12} I_{13} I_{14} \\ I_{21} I_{22} I_{23} I_{24} \\ I_{31} I_{32} I_{33} I_{34} \\ I_{41} I_{42} I_{43} I_{44} \end{bmatrix}, \quad W = \begin{bmatrix} W_{11} W_{12} W_{13} W_{14} \\ W_{21} W_{22} W_{23} W_{24} \\ W_{31} W_{32} W_{33} W_{34} \\ W_{41} W_{42} W_{43} W_{44} \end{bmatrix}, \quad \begin{cases} W_{11} = W(x_1) W(y_1) \\ \vdots \\ W_{44} = W(x_4) W(y_4) \\ W_{ij} = W(x_i) W(y_j) \end{cases} \tag{8.38}$$

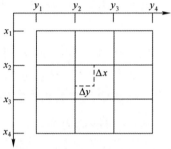

图 8.22 双三次卷积示意图

而由式（8.38）和图 8.22 的关系，可得权为

$$x \text{ 方向} \begin{cases} W(x_1) = W(1+\Delta x) = -\Delta x + 2\Delta x^2 - \Delta x^3 \\ W(x_2) = W(\Delta x) = 1 - 2\Delta x^2 + \Delta x^3 \\ W(x_3) = W(1-\Delta x) = \Delta x + \Delta x^2 - \Delta x^3 \\ W(x_4) = W(2-\Delta x) = -\Delta x^2 + \Delta x^3 \end{cases} \tag{8.39}$$

$$y \text{ 方向} \begin{cases} W(y_1) = W(1+\Delta y) = -\Delta y + 2\Delta y^2 - \Delta y^3 \\ W(y_2) = W(\Delta y) = 1 - 2\Delta y^2 + \Delta y^3 \\ W(y_3) = W(1-\Delta y) = \Delta y + \Delta y^2 - \Delta y^3 \\ W(y_4) = W(2-\Delta y) = -\Delta y^2 + \Delta y^3 \end{cases} \tag{8.40}$$

式中：$\Delta x = x - \text{INT}(x)$；$\Delta y = y - \text{INT}(y)$。

4）最邻近像元法

直接取与 $P(x,y)$ 点位置最近的像元 N 的值作为采样值，即

$$I(P) = I(N) \tag{8.41}$$

N 为最近点，其影像坐标值为

$$\begin{cases} x_N = \text{INT}(x+0.5) \\ y_N = \text{INT}(y+0.5) \end{cases} \tag{8.42}$$

最邻近像元法最简单计算速度快且能不破坏原始影像的灰度信息。但其几何精度较差,最大可达±0.5像元。双三次卷积法和双线性内插法几何精度较好,而且双三次卷积法中误差约为双线性内插法的1/3,但计算工作量会增大,计算时间稍长。

8.3.3 复影像配准结果评估

复影像配准结果好坏可以查看相干系数图[18],也可以基于一些强散射点评估单个点目标的配准精度。

图8.23给出一组微波测绘一号复影像配准结果和主、辅影像的相干系数图,其中:图8.23(a)是对配准后的主、辅影像进行像素融合显示,生成伪彩色图;图8.23(b)是主、辅影像之间的相干系数图,相干系数图可以作为质量图用于引导相位解缠绕处理的积分路径。

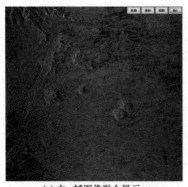

(a) 主、辅图像融合显示　　　　(b) 主、辅图像相干系数

图8.23　复影像配准结果和主、辅影像的相干系数图

复影像配准精度可以利用影像中的强散射点进行评估,选取强散射点周围的16×16像素,分别沿方位向和距离向进行64倍插值,绘制强散射点在主辅影像中的剖面图,配准精度分析如图8.24所示。根据强散射点在两幅影像中的峰值坐标,可以得到单个点目标的配准精度。从场景中均匀选取若干个散射点,统计所有点目标的配准误差的均方根值,用于评价整幅影像的配准精度。

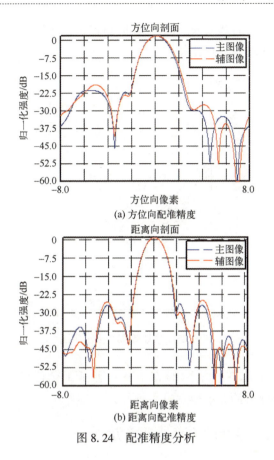

图 8.24 配准精度分析

8.4 去平地效应

在雷达干涉条纹图中,不仅包含了由高程引起的干涉条纹,同样包含了平坦地表产生的线性变化的干涉条纹,称之为"平地效应"。由于平地效应的影响,干涉条纹变得过于密集,将影响相位解缠,因此在相位解缠之前,通常需要进行平地效应消除,降低相位解缠的难度。产生平地效应根本原因是两副雷达天线照射同一地面点时侧视角以及航高不同,导致相同的地面距离反映在两副雷达天线上的斜距差却不相同,平地效应产生示意图如图 8.25 所示。有研究结果表明,平地效应引起的干涉相位差的大小可以由主、辅影像斜距差近似求取,即[19]

$$\Delta\phi = -\frac{4\pi}{\lambda}\frac{B\cos(\theta_0-\alpha)\Delta R}{R\tan\theta_0} \qquad (8.43)$$

式中：B 为两天线间的基线长；θ_0 为雷达侧视角；α 为基线与水平方向的夹角；ΔR 为 A_1 到 P 和 P' 点的斜距差。

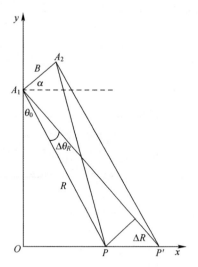

图 8.25　平地效应产生示意图

目前常见的平地效应消除的方法有：①基于椭球模型的去平地效应；②基于数字高程模型的去平地效应。

8.4.1　基于椭球模型的去平地效应方法

根据合成孔径雷达（SAR）成像原理，SAR 复影像应满足方程(8.44)与方程(8.45)[20]：

多普勒方程：

$$\boldsymbol{V} \cdot \mathrm{d}\boldsymbol{X} = 0 \tag{8.44}$$

斜距方程：

$$|\mathrm{d}\boldsymbol{X}| - c \cdot t_{\mathrm{rang}} = 0 \tag{8.45}$$

式中：$\boldsymbol{V}$ 表示卫星的速度矢量；$\mathrm{d}\boldsymbol{X} = \boldsymbol{X} - \boldsymbol{X}_S$，其中 $\boldsymbol{X}_S$ 表示卫星的位置矢量，$\boldsymbol{X}$ 表示地面点的位置矢量(X,Y,Z)；c 为光速；t_{rang} 为像元距离向时间。

当地面平坦时地面点还应满足椭球方程：

$$\frac{X^2}{a^2} + \frac{Y^2}{a^2} + \frac{Z^2}{b^2} - 1 = 0 \tag{8.46}$$

如果已知某一点在主图像中像坐标以及粗略大地坐标，就可以利用轨道参数，求出该点对应主图像的卫星位置矢量，由式（8.44）、式（8.45）、式（8.46）推导出这一点在地心坐标系中的坐标（假定高程为0），根据这点的地心坐标由式（8.44）可以求出该点对应辅图像的卫星位置矢量，这样就得到基线的估计值，具体方法如下：

在单视复影像（SLC）头文件中可以读取影像的中心点像元行列数及经纬度，以及脉冲重复频率（PRF）和地距采样频率（RSR）、复影像第一行的方位向时间、第一个像元的距离向时间。

对于给定的行 L，它所对应的方位向时间为

$$t_a = t_{a1} + \frac{(L-1)}{\mathrm{PRF}} \tag{8.47}$$

式中：t_{a1} 为复影像第一行的方位向时间。

对于给定的列 P，它所对应的距离向时间为

$$t_r = t_{r1} + \frac{(P-1)}{2\mathrm{RSR}} \tag{8.48}$$

式中：t_{r1} 为第一个像元的距离向时间；RSR 单位为 Hz。

因此根据主图像的中心点像元的行列数可以求出中心点的方位向时间和距离向时间。

在 SLC 头文件中提供了若干点的卫星位置矢量和速度矢量、第一点的时间以及两点之间的时间间隔。对于任意时刻的卫星位置矢量以及速度矢量，可以用式（8.49）和式（8.50）进行拟合：

$$\begin{cases} X = a_0 + a_1 t + a_2 t^2 + a_3 t^3 \\ Y = b_0 + b_1 t + b_2 t^2 + b_3 t^3 \\ Z = c_0 + c_1 t + c_2 t^2 + c_3 t^3 \end{cases} \tag{8.49}$$

$$\begin{cases} V_x = a_0' + a_1' t + a_2' t^2 + a_3' t^3 \\ V_y = b_0' + b_1' t + b_2' t^2 + b_3' t^3 \\ V_z = c_0' + c_1' t + c_2' t^2 + c_3' t^3 \end{cases} \tag{8.50}$$

式中：(X, Y, Z) 为卫星位置矢量；(V_x, V_y, V_z) 为卫星速度矢量；t 为方位向时间；$a_0, a_1, \cdots, c_2', c_3'$ 为拟合参数。

由式（8.49）和式（8.50）可知，根据中心点的方位向时间可以求得中心点成像时的轨道位置矢量和速度矢量。

中心点在地心坐标系下的坐标初值可以根据中心点的大地坐标，用式（8.51）[21]求得，即

$$\begin{cases} X = (N+h)\cos B\cos L \\ Y = (N+h)\cos B\sin L \\ Z = [N(1-e^2)+h]\sin B \end{cases} \tag{8.51}$$

式中：N 为卯酉圈曲率半径；e 为第一偏心率。

对式（8.44）、式（8.45）和式（8.46）求像点地面坐标的偏导，联立组成方程，采用多次迭代的方法，计算中心像点在地心坐标系下的坐标值 (X,Y,Z)，收敛的条件为 dX、dY、dZ 均小于 e^{-6}。

得到主图像中心像元的坐标值 (X,Y,Z) 后，求其在辅图像成像时的轨道坐标，方法是对式（8.44）中多普勒方程求时间偏导，以辅图像中心点对应的轨道位置为初值，求取方位向的时间改正值，根据式（8.47）、式（8.49）和式（8.50）修正轨道的位置矢量和速度矢量，多次迭代，求得主图像中心对应的辅图像轨道位置矢量，收敛的条件为 dt_a 小于 e^{-6}。

根据地面点 P 在地心坐标系下的坐标，以及其对应的主图像轨道位置矢量和辅图像轨道位置矢量，可以求出基线长 B 以及 α、θ_0 见图 8.25，进而得到垂直基线 $B_\perp$ 和平行基线 $B_{//}$。

根据基线估计，可以估算辅影像相对主影像方位向时间偏移，因此可以内插出对应同一行主、辅影像的轨道坐标值，继而求出这一行的基线 B，通过余弦定理，求出基线 B 与主影像轨道到地心的距离 S_1 之间的夹角 α，基线估计与平地效应消除示意图如图 8.26 所示。

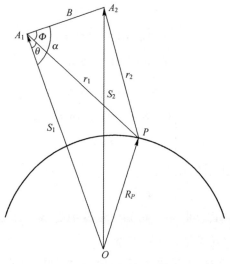

图 8.26　基线估计与平地效应消除示意图

点 P 到轨道的斜距 r_1 以基线估计中的中心点斜距为参考，根据距离向时间和距离向分辨率可以推算出这一点的斜距，它到地心的距离可用中心点的 R_P（中心点所对应的纬度的地球半径）代替，可以计算斜距 r_1 与主影像 S_1 之间的夹角 θ 来得到斜距 r_1 与基线 B 之间的夹角 Φ，接着求出辅影像斜距 r_2，利用各像元点的斜距差，得到各像元点的相位差，求得参考椭球面所引起的相位差。在所得到的干涉相位中，减去参考椭球面所引起的相位差，即达到消除平地效应的目的。

以 WGS84 参考椭球面作为基准面，根据同名点的配准结果，可以估算辅影像相对主影像方位向时间偏移，因此可以内插出对应同一行主、辅影像的轨道坐标值，继而求出这一行的基线，通过余弦定理，求出基线与主影像轨道到地心的距离之间的夹角 ξ。

点 P 到轨道的斜距 r_1 以基线估计中的中心点斜距为参考，根据距离向时间和距离向分辨率可以推算出这一点的斜距，它到地心的距离以中心点的 R_P（中心点所对应的纬度的地球半径）代替，可以计算斜距 r_1 与主影像 S_1 之间的夹角 θ，因此得到斜距 r_1 与基线 B 之间的夹角 β，利用辅影像斜距 r_2，求得各像元点的斜距差，得到各像元点的相位差，求得参考椭球面所引起的相位差。在所得到的干涉相位中，减去参考椭球面所引起的相位差，即达到消除平地效应的目的。

8.4.2 基于数字高程模型的去平地效应方法

基于数字高程模型的去平地效应方法，是利用现有数字高程模型数据仿真干涉相位，作为平地效应相位进行消除。根据轨道设计以及雷达成像参数，确定出成像区域的大致范围，并从现有数字高程模型数据中截取相应的 DEM 格网。由于星载 InSAR 成像满足多普勒方程，因此对于某一确定的地面点来说，就是要在轨道曲线上找到一点，使得这个点位满足多普勒方程，通过在主、辅轨道上找到相应的轨道坐标，计算斜距差，并将其转化为干涉相位，同时根据主斜距以及方位向时间，计算其在主复影像中的像坐标，最后通过插值将某些空白点填充，得到成像区域的干涉条纹数据。

1）干涉相位仿真

星载 InSAR 由于每景雷达影像均记录了几组天线相位中心坐标，因此可以利用三次多项式拟合雷达天线相位中心运行轨迹。

$$\begin{cases} X_S = a_0 + a_1 t + a_2 t^2 + a_3 t^3 \\ Y_S = b_0 + b_1 t + b_2 t^2 + b_3 t^3 \\ Z_S = c_0 + c_1 t + c_2 t^2 + c_3 t^3 \end{cases} \quad (8.52)$$

式中：(X_S, Y_S, Z_S) 为雷达天线相位中心坐标；t 为方位向时间；a_0，a_1，…，c_2，c_3 为拟合参数。

同样拟合出雷达天线相位中心速度与方位向时间关系的三次曲线：

$$\begin{cases} V_x = a'_0 + a'_1 t + a'_2 t^2 + a'_3 t^3 \\ V_y = b'_0 + b'_1 t + b'_2 t^2 + b'_3 t^3 \\ V_z = c'_0 + c'_1 t + c'_2 t^2 + c'_3 t^3 \end{cases} \tag{8.53}$$

式中：(V_x, V_y, V_z) 为卫星速度矢量；t 为方位向时间；a'_0，a'_1，…，c'_2，c'_3 为拟合参数。

由于已有的 DEM 为 SRTM90 米格网数据，因此可以根据星载 InSAR 的地距分辨率，将 DEM 内插，使得 DEM 格网间隔与其地距分辨率基本相同。

对于 DEM 格网中的每个点来说，其雷达成像应满足多普勒条件[19]，方程式如下：

$$F = V_X(X_S - X) + V_Y(Y_S - Y) + V_Z(Z_S - Z) = 0 \tag{8.54}$$

该方程对方位向时间 t 求偏导有

$$F = F^0 + \frac{\partial F}{\partial t} \Delta t$$

其中

$$\frac{\partial F}{\partial t} = a_X(X_S - X) + a_Y(Y_S - Y) + a_Z(Z_S - Z) + V_X^2 + V_Y^2 + V_Z^2$$

式中：a_X，a_Y，a_Z 为雷达天线相位中心瞬时加速度。

当解算的雷达天线相位中心坐标满足多普勒条件时，Δt 应该趋向无穷小，因此利用式（8.52）、式（8.53）和式（8.54）对方位向时间 t 迭代修正，当 Δt 满足一定阈值时，可认为雷达天线相位中心坐标满足多普勒条件。

当获取了方位向时间 t 后，根据式（8.52）内插出雷达天线相位中心坐标，这样根据两点的距离公式计算出该像点的斜距。同样的方法计算出地面点到主、辅雷达天线相位中心的斜距 R_1、R_2，根据主影像斜距计算距离向时间 t_r，并由式（8.55）~式（8.57）计算该点的干涉相位以及其在主复影像中的像坐标。

干涉相位为

$$\phi = (R_2 - R_1) \times 4\pi / \lambda \tag{8.55}$$

而对于给定的方位向时间 t，它所对应的行 L 为

$$L = (t - t_{a1}) \cdot \text{PRF} + 1 \tag{8.56}$$

式中：t_{a1} 表示复影像第一行的方位向时间；PRF 为脉冲重复频率。

而对于给定的距离向时间 t_r，它所对应的列 P 为

$$P = 2(t_r - t_{r1}) \cdot \text{RSR} + 1 \quad (8.57)$$

式中：t_{r1} 表示复影像第一个像元的地距时间；RSR 为地距采样频率。

同理，计算出 DEM 格网中的每个点的干涉相位及其在主影像中的像坐标，形成离散的干涉相位点阵，下一步就是进行像坐标插值，得到按像坐标规则排列的干涉相位数据，干涉相位仿真流程图如图 8.27 所示。

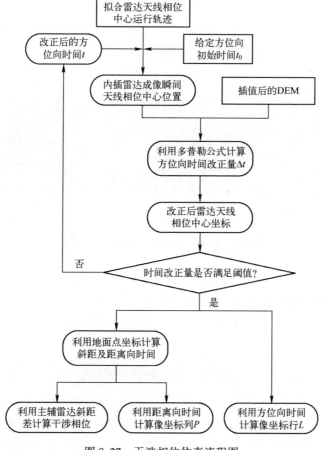

图 8.27　干涉相位仿真流程图

2）像坐标插值

由于 DEM 转换的像坐标不一定是整数，因此首先利用最邻近法将获取的像坐标取整，由于 DEM 范围可能大于实际的成像区域，因此也需过滤掉负值坐标，然后确定像坐标最大外接矩形，根据 DEM 直接生成的取整像坐标，将

其对应的干涉相位值填充到矩形区域中。由于星载 InSAR 的地距分辨率在距离向上是不一致的，因此可能存在漏洞，最后需对漏洞进行插值，插值方法可以采用 3×3 的格网取平均，需要注意的是 3×3 的格网中要避开漏洞只计算有效干涉相位。由于 DEM 已经做了插值，漏洞本身也较少，因此简单插值即可填补漏洞。

图 8.28 给出一组基于不同模型去平地效应对比图，其中，图 8.28（a）是原始干涉相位图，图 8.28（b）是基于椭球模型去平地效应后的干涉相位图，图 8.28（c）是基于数字高程模型（SRTM DEM）去平地效应后的干涉相位图。

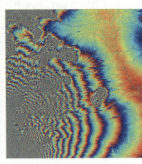
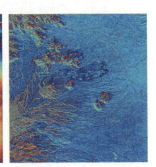

(a) 原始干涉相位图　　(b) 基于椭球模型去平地效应后干涉相位图　　(c) 基于SRTM DEM去平地效应后干涉相位图

图 8.28　基于不同模型去平地效应对比图

通过对比可以看出，基于数字高程模型去平地后的干涉相位图条纹更稀疏，有利于保证相位滤波窗口内样本点的独立同分布特性，减少平滑滤波处理对条纹连续性的破坏。稀疏的条纹也可以降低相位解缠绕的难度。

8.5　干涉相位滤波

在 InSAR 中，由于时间去相干因素、重采样、阴影和系统热噪声等其他干扰的存在，条纹中存在大量的相位噪声。这些相位噪声会对以后的相位解缠造成很大影响，甚至会无法得到结果。所以在相位解缠之前，应对干涉相位进行滤波处理。干涉相位滤波主要是降低干涉条纹图中的热噪声和相干斑的影响[22]。

干涉相位滤波的方法有很多，许多遥感图像的滤波方法也应用于干涉相位滤波，但直接应用是不可取的[23]。窗形均值滤波法如图 8.29 所示，如果两个相位值求平均势必等于零,这肯定是不正确的。由于干涉图是复影像相位分量的表现形式,因此这里只介绍复数域的滤波方法,主要有窗形均值滤波法、圆周期均值滤波法和圆周期中值滤波法。这几种滤波方法的基础是:假定地貌的起伏相对于取样率是缓变的,相邻样点间有一定的相关性,而噪声则是在相邻样点间统计独立的。

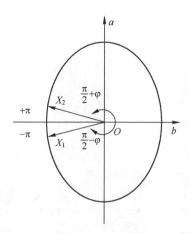

图 8.29　窗形均值滤波法

8.5.1　均值滤波算法

把复影像当作矢量看待,将复影像的角度分量取矢量和,而不考虑复影像的长度(矢量模,即强度),因此对于窗口中心点来讲,其长度可以保持不变,而指向角却是整个窗口指向角的矢量和,为了消除复影像的长度的影响,滤波前窗口内的所有像素矢量均要进行单位化。滤波后窗口中心点的相位值可表示为

$$\hat{\Psi}_{m,n} = \arctan(\sum \sin\phi_{i,j}, \sum \cos\phi_{i,j}) \tag{8.58}$$

从图 8.29 可以看出,尽管在图形显示中$-\pi$与$+\pi$存在突变,而相邻相位却是连续的,如果把噪声看作互不相关的随机变量,那么利用矢量和的相位值代替像元原来的相位值,则能有效地抑制高频随机噪声。

8.5.2　线性梯度补偿滤波算法

干涉相位可近似表示为加性噪声,即$\phi_z = \phi_x + v$,其中,ϕ_z是观测值,ϕ_x是理想值,v是加性噪声,其均值为 0,方差为σ_v。由于实际干涉相位被缠绕到$(-\pi,\pi]$之间,因此相位之间存在跳跃,并且呈现周期状变化。由于相位的周跳特性,直接在空域中进行滤波会产生较大误差,一般需在复数域中进行。在复数域中进行滤波时,如果窗口内相位满足独立同分布,那么窗口越大,滤波效果越好。但受地形起伏影响,窗口内实际相位会存在坡度,难以满足独立同分布条件。为了使其满足该条件,需要进行坡度补偿,坡度补偿后相位满足独立同分布,此时再进行复均值滤波,坡度补偿滤波原理示意图如图8.30所示。

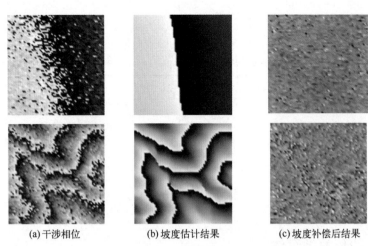

(a)干涉相位　　　(b)坡度估计结果　　　(c)坡度补偿后结果

图8.30　坡度补偿滤波原理示意图

当有先验DEM时,可以利用DEM反演地形信息,进行坡度补偿。当没有先验DEM时,需要利用局部频率估计法估计地形相位。

1) 基于参考DEM估算地形坡度

基于参考DEM估算地形坡度的基本思想是利用"地-像"坐标转换关系,求解DEM上的点(L,B,H)在主、辅SAR图像上的像坐标(x_i,y_i),$i=1,2$;首先,根据像坐标求解主、辅雷达的空间位置;其次,根据主、辅雷达空间位置与(L,B,H)相减,求解出R_1和R_2;最后,根据公式$\phi=(R_1-R_2)\times 2\pi/\lambda$求解出地形相位$\phi$,从而完成坡度估计,基于参考DEM估算地形坡度补偿流程图如图8.31所示。

2) 基于干涉条纹频率估计地形坡度

在缺少观测场景的高分辨率参考DEM的情况下,可以基于干涉条纹频率估算地形坡度。假设干涉相位图的条纹频率在滤波窗口中是恒定的,滤波窗口中测量干涉相位可建模为

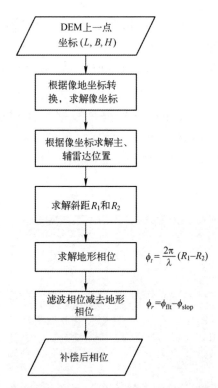

图 8.31 基于参考 DEM 估算地形坡度补偿流程图

$$s(m,n) = A_k \exp(j\varphi_c) \exp\left(j\sum_{i=1}^{N} 2\pi m f_{xi}\right) \exp\left(j\sum_{j=1}^{N} 2\pi n f_{yj}\right) \quad (8.59)$$

式中：(m,n) 为像素相对于窗口中心像素的相对位置；φ_c 为中心像素的测量干涉相位；A_k 为干涉相位图中像素的幅度；f_x 和 f_y 分别为干涉相位图在两个坐标方向的条纹频率；N 为干涉条纹频率分量数。利用 FFT 将滤波窗口内复干涉相位图变换到频域，即可有效估计局部条纹频率，如式（8.60）所示。

$$S(f_x, f_y) = \text{FFT2}[s(m,n)] \quad (8.60)$$

$$(\hat{f}_x, \hat{f}_y) = \arg\max_{(f_x, f_y)} \{|S(f_x, f_y)|\} \quad (8.61)$$

式中：$\text{FFT2}[\cdot]$ 为二维快速傅里叶变换；$\max_{f_x, f_y}\{\cdot\}$ 为取最大值位置坐标。窗口中心像素 (m_c, n_c) 相位估计值可利用窗口内像素相位及相应的坡度得到，即

$$\hat{\varphi}_0(m_c, n_c) = \arg\left(\sum_{m=-k}^{k}\sum_{n=-l}^{l}\left(s(m,n)\exp(-j2\pi(m\hat{f}_x + n\hat{f}_y))\right)\right)$$

式中：$\arg(\cdot)$ 为取复数相位操作；滤波窗口大小为 $(2k+1)$ 和 $(2l+1)$。

高精度的、有效的局部坡度估计是该滤波算法的关键，会对相位滤波结果有决定性的影响。为增强估计的稳健性和可靠性，做了以下两点改进。

（1）对估计坡度的原始复干涉相位进行 3×3 的均值滤波，这样能避免异常相位值影响坡度估计结果；

（2）对坡度估计结果进行 3×3 的中值滤波，这样能够剔除坡度估计的异常值。

图 8.32 给出一组微波测绘一号卫星数据干涉相位滤波结果，其中，图 8.32（a）是局部干涉相位，图 8.32（b）是基于参考 DEM 估算的地形坡度图，图 8.32（c）是坡度补偿后的干涉相位图，图 8.32（d）是坡度补偿后的滤波相位图。

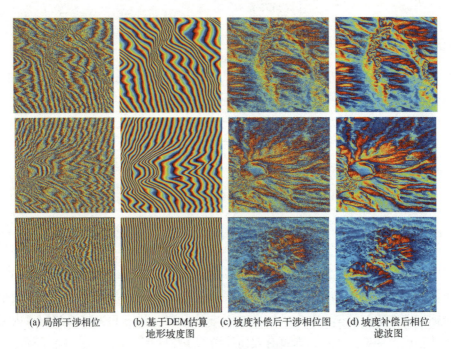

(a) 局部干涉相位　　(b) 基于DEM估算　(c) 坡度补偿后干涉相位图　(d) 坡度补偿后相位
　　　　　　　　　　　地形坡度图　　　　　　　　　　　　　　　　　　　　滤波图

图 8.32　干涉相位滤波结果

8.6　干涉相位解缠

相位解缠（phase unwrapping）又称相位展开、相位解模糊，它是 InSAR 处理中的一个难点。从 SAR 的复影像相干中所得到的干涉相位，与地形有直接的关系。但是由于三角函数的限制，实际能够得到的是干涉相位的主值。为了计算各点的地面高度，必须对每个干涉相位值加上正确的整数倍周期

($2k\pi$)。解决干涉相位被 2π 模糊的问题称为相位解缠[24-25]。经过精确匹配、平地效应消除以及干涉图滤波以后,可得到较为清晰的干涉条纹。由于干涉相位以 2π 为周期模糊,所以从干涉图中可以看出干涉条纹明显呈周期性变化——它是由暗到最亮,迅速下降到最暗,然后又由暗到最亮的反复过程。图 8.33(a)为缠绕干涉相位,图 8.33(b)为解缠干涉相位,经规划显示则呈现周期性变化的明暗条纹。

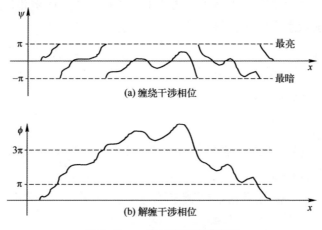

图 8.33 一维相位解缠示意图

如果没有噪声的影响,通过一维积分如图 8.33 很容易得到解缠相位,但是实际的条纹图存在相当多的噪声,因此加大了相位解缠的难度,这就产生了相位解缠技术。

在理想情况下,干涉图中的干涉条纹由暗到最亮,然后迅速下降到最暗,再由暗到最亮地呈周期性变化。这样非常容易地将干涉相位按周期分离出来,达到相位解缠的目的。但是,在实际干涉相位图中,由于干涉相位存在着误差,其干涉条纹并不像理想情况下那样清晰,干涉相位的变化虽呈周期性变化,但并不明显,且存在大量残差点。这就为各周期相位的分离带来了极大的困难。理论研究指出,InSAR 的干涉相位 φ_s 的误差 $\delta\varphi_s$ 的大小,主要取决于用于干涉的两个 SAR 图像之间的相干系数 γ,和对干涉相位 φ_s 估计所用的视数 N_L。

$\delta\varphi_s$ 方差的 Cramer-Rao 界为[26-27]

$$\delta\varphi_s = \frac{1}{\sqrt{2N_L}} \frac{\sqrt{1-\gamma^2}}{\gamma} \tag{8.62}$$

干涉相位的误差一方面导致最终高程精度的降低,另一方面导致干涉条纹图中出现残差点。正是由于残差点的存在使得相位解缠成为干涉合成孔径雷达测量的一项关键技术。

在相位图上最小的环路（2×2 像素）积分，环路积分不为零的孤立点称为残差点，将其表示为

$$q = \frac{1}{2\pi}\oint \nabla\phi(\boldsymbol{r}) \cdot \mathrm{d}\boldsymbol{r} \tag{8.63}$$

残差点检测的数学方法具体描述如下：按顺时针方向求相位差，然后积分。残差检测示意图如图 8.34 所示。

令

$$\begin{cases}\Delta_1 = W[\psi_{i+1,j}-\psi_{i,j}] \\ \Delta_2 = W[\psi_{i+1,j+1}-\psi_{i+1,j}] \\ \Delta_3 = W[\psi_{i,j+1}-\psi_{i+1,j+1}] \\ \Delta_4 = W[\psi_{i,j}-\psi_{i,j+1}]\end{cases} \tag{8.64}$$

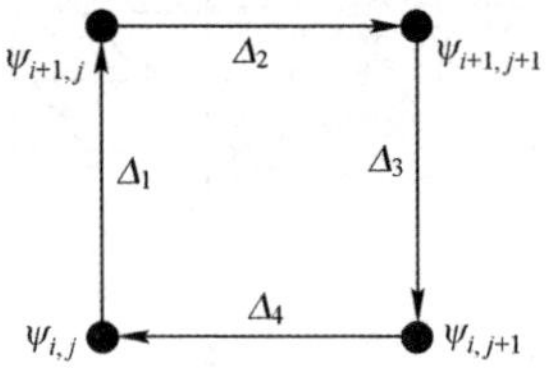
$\psi_{i+1,j}$
Δ_2
$\psi_{i+1,j+1}$
Δ_1
Δ_3
$\psi_{i,j}$
Δ_4
$\psi_{i,j+1}$

图 8.34　残差检测示意图

则环路积分可得

$$q = \sum_{k=1}^{4} \Delta_k \tag{8.65}$$

式中：$W[\cdot]$为缠绕函数，具体定义为

$W[x]=x+2k\pi$，使得$-\pi \leqslant W[x] < \pi$。

当$q \neq 0$时，认为存在残差点，并且定义$q=1$为正残点，$q=-1$为负残点。

例如，图 8.35 为残差点检测实例。

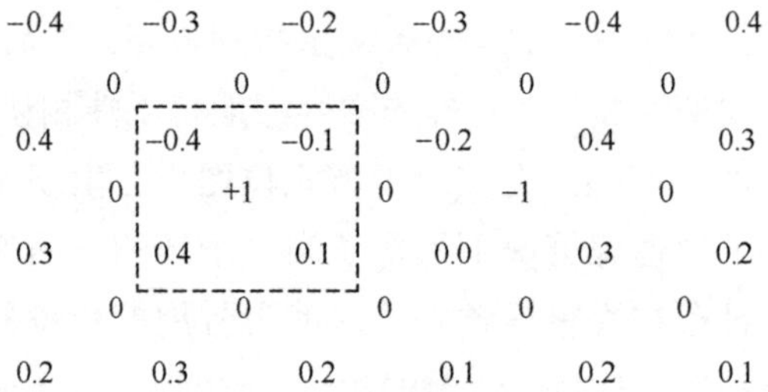
-0.4 -0.3 -0.2 -0.3 -0.4 0.4
0 0 0 0 0
0.4 -0.4 -0.1 -0.2 0.4 0.3
0 +1 0 -1 0
0.3 0.4 0.1 0.0 0.3 0.2
0 0 0 0 0
0.2 0.3 0.2 0.1 0.2 0.1

图 8.35　残差点检测实例

注：图中每个像元的数值都乘以 2π 才表示缠绕相位的真实值。

如图 8.35 虚框所示，由式（8.64）计算可得

$$\Delta_1 = W[-0.4-0.4] = W[-0.8] = 0.2$$

$$\Delta_2 = W[-0.1-(-0.4)] = W[0.3] = 0.3$$

$$\Delta_3 = W[0.1-(-0.1)] = W[0.2] = 0.2$$

$$\Delta_4 = W[0.4-0.1] = W[0.3] = 0.3$$

因此，$q = \sum_{k=1}^{4}\Delta_k = 1$，故此处为正残点，一般把左上角的像元定义为残差点。

相位解缠的难点就在于如何能很好地消除残差点对相位解缠的影响，来获取精确的解缠相位。

如果不存在残差点，相位解缠通过积分方法就可以很容易地完成，正是由于残差点的存在，使得相位解缠变得非常棘手，因此如何解决好残差点是所有相位解缠方法的出发点。对于相位解缠方法的要求有两条，即相位解缠结果的一致性和精确性。解的一致性是指若已知一点的相位解缠值 $\varphi_{i,j}$，用这一方法求解任意另外一点的相位解缠值 $\varphi_{m,n}$ 时，$\varphi_{m,n}$ 不能有两个或两个以上的解。一致性也可解释为结果与解缠路径的选择无关。解的精确性是指用这一方法所求出的解缠相位值 $\hat{\varphi}_{m,n}$，要尽可能地逼近缠绕前的原始相位值 $\varphi_{m,n}$。

现有的相位解缠算法都是基于这样一个假设：地形是平缓变化的，邻近像元的相位差的绝对值都小于 π。通过求取离散邻近点的偏导数，可以重建解缠相位。这些相位解缠算法对残差点的处理不外乎以下四种方法：①找出优化的积分路径，避开残差点造成的误差传递；②基于缠绕相位计算解缠相位的相位梯度估算值，将残差点造成的误差进行平差处理；③对残差点不进行任何处理，在解缠结果中也予以保留；④利用滤波或插值的方法铲除残差点[28-29]，这种处理方法一般与前两种方法结合起来进行。

根据对残差点处理方式的不同，相位解缠的基本方法大致可以分为四类。①基于路径跟踪的方法：枝切法（branch-cut 法）、掩模割线法（mask-cut 法）、最小生成树法、Flynn 的最小不连续法、区域生长法等。②基于最小范数的方法：最小 L^p 范数法、高斯-塞德尔迭代法、共轭梯度法、FFT/DCT 最小二乘法和多级格网法等。③基于最优估计的方法：网络规划法、Kalman 滤波法、遗传算法等。④基于特征提取的方法：条纹检测法、区域分割法等。本书只介绍典型的最小 L^p 范数的相位解缠法、枝切法中的基于最小生成树的最小费用流相位解缠法及基于中国余数定理的多基线相位解缠法。

8.6.1 最小 L^p 范数的相位解缠法

基于最小 L^p 范数的相位解缠方法不用识别残差点，它是依据使缠绕相位

函数的离散偏微分与解缠后的相位函数离散偏微分的差达到极小。用数学公式可表示为

$$\text{Min}\{J\} = \text{Min}\left\{\sum_{i=0}^{M-2}\sum_{j=0}^{N-1}|\varphi_{i+1,j}-\varphi_{i,j}-\Delta_{i,j}^x|^p + \sum_{i=0}^{M-1}\sum_{j=0}^{N-2}|\varphi_{i,j+1}-\varphi_{i,j}-\Delta_{i,j}^y|^p\right\} \tag{8.66}$$

式中

$$\begin{cases} \Delta_{i,j}^x = W[\psi_{i+1,j}-\psi_{i,j}], & i=0,1,\cdots,M-2; j=0,1,\cdots,N-1 \\ \Delta_{i,j}^x = 0, & \text{其他} \\ \Delta_{i,j}^y = W[\psi_{i,j+1}-\psi_{i,j}], & i=0,1,\cdots,M-1; j=0,1,\cdots,N-2 \\ \Delta_{i,j}^y = 0, & \text{其他} \end{cases}$$

最小 L^p 范数的相位解缠方法实质是进行曲面拟合，因此问题关键是如何选取范数，如果 $p \gg 2$，则解缠曲面过于平滑，与真实梯度面相差很大；如果 $p<2$，解法与局部梯度较匹配，但权重的作用就变得很大，以确保计算得到的梯度与缠绕梯度保持一致。因此 $p=2$ 成为目前研究得最多的最小范数解缠方法，并且当 $p=2$ 时，最小 L^p 范数的相位解缠问题可以转化为求解牛曼边界的泊松方程，这样求解的方法就很多。离散形式的泊松方程可表示为[30-31]

$$(\phi_{i+1,j}-2\phi_{i,j}+\phi_{i-1,j})+(\phi_{i,j+1}-2\phi_{i,j}+\phi_{i,j-1})=\rho_{i,j} \tag{8.67}$$

式中

$$\rho_{i,j} = (\Delta_{i,j}^x-\Delta_{i-1,j}^x)+(\Delta_{i,j}^y-\Delta_{i,j-1}^y) \tag{8.68}$$

针对式（8.67）的解算方法有很多种。包括基本的迭代法、基于 FFT 的最小二乘法、基于 DCT 的最小二乘法、多级格网法。

1) 基本的迭代法

将式（8.67）进行简单变形，即可形成以下三种迭代公式。

(1) ω-Jacobi 迭代法：

$$\phi_{i,j}^{(k+1)} = (1-\omega)\phi_{i,j}^k+\omega(\phi_{i+1,j}^k+\phi_{i-1,j}^{k+1}+\phi_{i,j+1}^k+\phi_{i,j-1}^{k+1}-\rho_{i,j})/4 \tag{8.69}$$

式中：k 为迭代次数；ω 为松弛因子。

(2) Gauss-Seidel（高斯-赛德尔）迭代法：

$$\phi_{i,j}^{(k+1)} = (\phi_{i+1,j}^k+\phi_{i-1,j}^k+\phi_{i,j+1}^k+\phi_{i,j-1}^k-\rho_{i,j})/4 \tag{8.70}$$

(3) SOR 迭代法：

$$\phi_{i,j}^{(k+1)} = (1-\omega)\phi_{i,j}^k+\omega(\phi_{i+1,j}^k+\phi_{i-1,j}^k+\phi_{i,j+1}^{k+1}+\phi_{i,j-1}^{k+1}-\rho_{i,j})/4 \tag{8.71}$$

这三种迭代方法得到的解缠效果基本一致，只是收敛速度较慢。

2) 多级格网法

多级格网法是为了加快迭代速度而进行分层迭代的方法,多级格网示意网如图 8.36 所示。由于高斯-赛德尔松弛迭代算法是局部平滑算子,能快速地滤除噪声中的高频成分,而低频成分的滤除却极慢,使得整个收敛速度极慢,多级格网法通过形成金字塔式的格网降低原始数据的分辨率,使得密格网中低频成分转化成粗糙格网中的高频成分,加快了收敛速度。

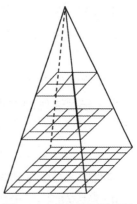

图 8.36 多级格网示意图

把密格网中的数据到粗格网的转换过程称为约束操作数或密到粗操作数,而反之把粗格网中的数据到密格网的转换过程称为延伸操作数或粗到密操作数。

约束操作数其实就是一个采样过程,与遥感影像匹配中生成金字塔影像基本类似,只是要对实数进行采样。

约束操作数可以采用每 $2\times 2 = 4$ 个密格网点平均为一个格网点构成第二级格网。实际经验说明如果采用加权平均效果更好,即

$$c_{i,j} = \frac{1}{16}(f_{2i-1,2j-1} + f_{2i+1,2j-1} + f_{2i-1,2j+1} + f_{2i+1,2j+1}) + \\ \frac{1}{8}(f_{2i,2j-1} + f_{2i,2j+1} + f_{2i-1,2j} + f_{2i+1,2j}) + \frac{1}{4}f_{2i,2j} \quad (8.72)$$

式中:$c_{i,j}$ 为较粗格网点数据;$f_{i,j}$ 为密格网点数据。

将式(8.72)权系数表示成模板形式,则有

$$\begin{bmatrix} 1/16 & 1/8 & 1/16 \\ 1/8 & 1/4 & 1/8 \\ 1/16 & 1/8 & 1/16 \end{bmatrix} \quad (8.73)$$

延伸操作数一般采用双线性内插算子:

$$\begin{cases} f_{2i,2j} = c_{i,j} \\ f_{2i+1,2j} = \frac{1}{2}(c_{i,j} + c_{i+1,j}) \\ f_{2i,2j+1} = \frac{1}{2}(c_{i,j} + c_{i,j+1}) \\ f_{2i+1,2j+1} = \frac{1}{4}(c_{i,j} + c_{i+1,j} + c_{i,j+1} + c_{i+1,j+1}) \end{cases} \quad (8.74)$$

事实上，在格网中来回传递的并不是干涉相位值，而是高斯-赛德尔松弛迭代差值，将式（8.67）写成矩阵形式为

$$A\phi=\rho \tag{8.75}$$

式中：A 为常数矩阵 $[1,1,-4,1,1]$。

由于采用迭代的方法，解算的 $\hat{\varphi}$ 不完全满足等式（8.74），因此存在 e，使得

$$Ae=\rho-A\hat{\phi} \tag{8.76}$$

很明显，$e=\varphi-\hat{\varphi}$，即 e 为高斯-赛德尔松弛迭代差值。

由于式（8.76）无法求取边界差值，即式（8.57）中 i、j 无法取边界，因此 Ae 是不完整矩阵，为了确保高斯-赛德尔松弛迭代正确，采用如下边界条件，即

$$\begin{cases} \Delta_{-1,j}^{x}=-\Delta_{0,j}^{x} \\ \Delta_{i,-1}^{y}=-\Delta_{i,0}^{y} \end{cases} \tag{8.77}$$

多级格网法即是将 e 在粗格网中迭代，然后传入密格网中，加快高斯-赛德尔松弛迭代速度。最后将迭代结果通过延伸操作数传回粗格网中。

具体操作步骤为

（1）利用 $\hat{\varphi}$ 作初值，对式（8.75）松弛迭代 v_1 次，如果是第一次迭代 $\hat{\varphi}$ 的初值取 0；

（2）通过式（8.76）、式（8.77）计算 Ae 值；

（3）通过式（8.73）将差值约束到粗格网中；

（4）取 e 的初始值为 0，对式（8.75）松弛迭代 v_2 次，其中，e 代替 $\hat{\varphi}$，等式右边为 Ae；

（5）如果目前不是最粗格网，就转到（2），否则，就转到（6）。注意：每一层的 e 具体内容和维数是不一样的；

（6）通过延伸操作数式（8.74）内插本层 e，并加到下一层原先的 e 中；

（7）如果目前不是最密格网，则以新的 e 值作为初始值，对式（8.75）松弛迭代 v_2 次；

（8）如果目前不是最密格网，就转到（6），否则，就转到（9）；

（9）内插本层 e，并加到最密格网的 $\hat{\varphi}$ 中。利用 $\hat{\varphi}$ 作初值，对式（8.75）松弛迭代 v_1 次；

（10）如果循环次数满足阈值，终止循环，得到最终 φ 的估计值 $\hat{\varphi}$，否则，就转到（1）。

一般 v_1、v_2 次数不超过 10，大循环次数不超过 30，因此多级格网法明显加快了高斯-赛德尔松弛迭代法的收敛速度。解缠的效果与高斯-赛德尔松弛迭代法基本一致。

3) 基于 FFT 的最小二乘法

基于快速傅里叶变换（FFT）的最小二乘法是相位解缠的一个重要方法。它首先在整个平面内对矩形域中的缠绕相位 $\psi_{i,j}$ 做二维周期性偶延拓如图 8.37 所示，使得式（8.77）满足周期性条件，适合 FFT 答解，此时式（8.67）变换为

$$(\tilde{\phi}_{i+1,j}-2\tilde{\phi}_{i,j}+\tilde{\phi}_{i-1,j})+(\tilde{\phi}_{i,j+1}-2\tilde{\phi}_{i,j}+\tilde{\phi}_{i,j-1})=\tilde{\rho}_{i,j} \qquad (8.78)$$

式中

$$\begin{cases}\tilde{\rho}_{i,j}=(\tilde{\Delta}^x_{i,j}-\tilde{\Delta}^x_{i-1,j})+(\tilde{\Delta}^y_{i,j}-\tilde{\Delta}^y_{i,j-1})\\ \tilde{\Delta}^x_{i,j}=W[\tilde{\psi}_{i+1,j}-\tilde{\psi}_{i,j}], \quad i=0,1,\cdots,M-2;j=0,1,\cdots,N-1\\ \tilde{\Delta}^y_{i,j}=W[\tilde{\psi}_{i,j+1}-\tilde{\psi}_{i,j}], \quad i=0,1,\cdots,M-1;j=0,1,\cdots,N-2\end{cases} \qquad (8.79)$$

$$\tilde{\psi}_{i,j}=\begin{cases}\psi_{i,j}, & 0\leqslant i<M;0\leqslant j<N\\ \psi_{2M-1-i,j}, & M\leqslant i<2M;0\leqslant j<N\\ \psi_{i,2N-1-j}, & 0\leqslant i<M;N\leqslant j<2N\\ \psi_{2M-1-i,2N-1-j}, & M\leqslant i<2M;N\leqslant j<2N\end{cases} \qquad (8.80)$$

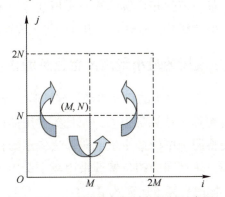

图 8.37 $\psi_{i,j}$ 的二维周期性偶延拓示意图

对式（8.77）作二维傅里叶变换可得

$$\Phi_{m,n}=\frac{P_{m,n}}{2\cos(\pi m/M)+2\cos(\pi n/N)-4} \qquad (8.81)$$

式中：$\Phi_{m,n}$ 和 $P_{m,n}$ 分别为 $\tilde{\phi}_{i,j}$ 和 $\tilde{\rho}_{i,j}$ 的二维傅里叶变换。

很明显，$m=n=0$ 时，式（8.81）没有意义，因此定义 $\Phi_{0,0}=0$。

对扩展定义的式（8.70）进行二维傅里叶逆变换，即可得到$\tilde{\varphi}_{i,j}$，而$\varphi_{i,j}$即是在$i=0,1,\cdots,M-1;j=0,1,\cdots,N-1$范围的$\tilde{\varphi}_{i,j}$。

在式（8.79）对$\tilde{\Delta}_{i,j}^x$和$\tilde{\Delta}_{i,j}^y$的描述中，没有涉及$m=M$、$n=N$时$\tilde{\Delta}_{i,j}^x$和$\tilde{\Delta}_{i,j}^y$的取值问题，它们是泊松方程的边界条件。在引入周期延拓后，边界条件问题自然解决了。

综上所述，基于FFT的最小二乘相位解缠的求解过程如下：

（1）对$\psi_{i,j}$做周期性偶延拓，参照式（8.79）得到$\tilde{\psi}_{i,j}$；

（2）参照式（8.79），分别求出$\tilde{\Delta}_{i,j}^x$和$\tilde{\Delta}_{i,j}^y$；

（3）按式（8.79）求$\tilde{\rho}_{i,j}$；

（4）对$\tilde{\rho}_{i,j}$做二维FFT得$P_{m,n}$；

（5）由式（8.81）求出$\Phi_{m,n}$；

（6）对$\Phi_{m,n}$做二维IFFT得$\tilde{\varphi}_{i,j}$；

（7）$i=0,1,\cdots,M-1;j=0,1,\cdots,N-1$范围的$\tilde{\varphi}_{i,j}$，即是所要求的$\varphi_{i,j}$。

注意，在步骤（5）中$\Phi_{0,0}$取0值。

在以上处理步骤中，由于采用二维快速傅里叶变换，因此处理的数组大小必须满足$(2^m+1)\times(2^n+1)$的要求，如果数组只满足$2^m\times 2^n$的条件，也可以进行二维快速傅里叶变换，只是采用的步骤与以上介绍的不同。

需要注意的是，最小范数相位解缠算法实用性并不强，虽然它可以拟合出地形的主要形态，但是解缠误差较大，很难满足工程应用要求。

8.6.2 基于最小生成树的最小费用流相位解缠法

传统枝切线法很难获取最优的积分路径，容易形成较多"孤岛"，而新兴的最小费用流相位解缠算法计算量很大，而且要占用的内存很多，很难处理大幅影像数据。因此将图论中的最小生成树算法应用到枝切线的连接，将大幅影像进行分块解缠，块之间的相位解缠采用最小费用流算法，这样既保证了相位解缠的精度，同时提高了运算效率。

1）最小生成树相位解缠算法的基本原理

基于最小生成树（MST）的相位解缠算法的基本思想是，两个残差点之间的距离越近，他们之间就有越高的概率存在枝切线。基于MST的相位解缠算法采用一棵具有最小树长的生成树来连接缠绕相位图中的残差点，最小生成树基本结构图如图8.38所示。

图8.38（a）表示根据相位中残差点构建的网络结构，其中，黑色圆点代

表能量不为零的残差点，黑色连接线表示一种枝切线连接方式，节点树形结构如图 8.38（b）所示。因此可以将残差点网络中的非零残差点数构建成树形结构，减小网络的规模，提高运算效率。

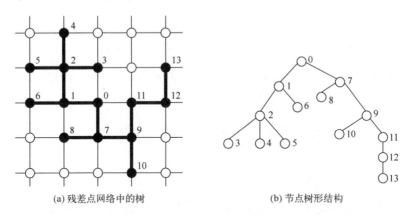

(a) 残差点网络中的树　　　　　(b) 节点树形结构

图 8.38　最小生成树基本结构图

基于最小生成树的相位解缠算法具有两大优势：第一，由于树的定义是无圈的联通图，因此，MST 算法得到的残差点连接结果中不会有孤岛存在；第二，MST 算法的时间复杂度非常低，处理效率高。

2）最小费用流相位解缠算法的基本原理

利用网络流方法进行单基线相位展开的基本思想是：认为模糊相位梯度与非模糊相位梯度相差 2π 的整数倍，在此条件的限制下，令非模糊相位梯度与模糊相位梯度之差的加权函数最小，得到最优的非模糊相位梯度估计值，积分后就可以求得相位的非模糊值。该方法在求解相位梯度差加权函数最小的条件极值时，将问题转换为求解网络流量最小的最优化问题。

在一幅 $M \times N$ 的图像中，有

$$(i,j) \in S, \quad i=0,1,\cdots,M-1; j=0,1,\cdots,N-1 \tag{8.82}$$

定义三个子区域为

$$\begin{cases} (i,j) \in S_1, & i=0,1,\cdots,M-2, j=0,1,\cdots,N-1 \\ (i,j) \in S_2, & i=0,1,\cdots,M-1, j=0,1,\cdots,N-2 \\ (i,j) \in S_0, & i=0,1,\cdots,M-2, j=0,1,\cdots,N-2 \end{cases} \tag{8.83}$$

缠绕相位梯度和绝对相位梯度定义为

$$\begin{cases} \nabla \varphi_{i,j}^{y} = \mathrm{wrap}(\varphi_{i+1,j} - \varphi_{i,j}), & (i,j) \in S_1 \\ \nabla \varphi_{i,j}^{x} = \mathrm{wrap}(\varphi_{i,j+1} - \varphi_{i,j}), & (i,j) \in S_2 \end{cases} \tag{8.84}$$

$$\begin{cases} \nabla \phi_{i,j}^{y}(i,j) = \phi_{i+1,j} - \phi_{i,j}, & (i,j) \in S_1 \\ \nabla \phi_{i,j}^{x}(i,j) = \phi_{i,j+1} - \phi_{i,j}, & (i,j) \in S_2 \end{cases} \quad (8.85)$$

假设绝对相位梯度与缠绕相位梯度相差 2π 的整数倍,即

$$\begin{cases} \nabla \phi_{i,j}^{y} = \nabla \varphi_{i,j}^{y} + 2\pi k_1(i,j), & (i,j) \in S_1 \\ \nabla \phi_{i,j}^{x} = \nabla \varphi_{i,j}^{x} + 2\pi k_2(i,j), & (i,j) \in S_2 \end{cases} \quad (8.86)$$

由式 (8.86) 可以得到绝对相位梯度与缠绕相位梯度的偏差(除以 2π 后)为

$$\begin{cases} k_1(i,j) = \dfrac{1}{2\pi}[\nabla \phi_{i,j}^{y} - \nabla \varphi_{i,j}^{y}], & (i,j) \in S_1 \\ k_2(i,j) = \dfrac{1}{2\pi}[\nabla \phi_{i,j}^{x} - \nabla \varphi_{i,j}^{x}], & (i,j) \in S_2 \end{cases} \quad (8.87)$$

为了估计 $k_1(i,j)$ 和 $k_2(i,j)$,需要求解下面的约束最小化问题,即

$$\begin{cases} \min_{\{k_1, k_2\}} \left\{ \sum_{i=0}^{M-2} \sum_{j=0}^{N-1} c_1(i,j) |k_1(i,j)| + \sum_{i=0}^{M-1} \sum_{j=0}^{N-2} c_1(i,j) |k_2(i,j)| \right\} \\ \text{s. t.} \quad k_1(i,j+1) - k_1(i,j) - k_2(i+1,j) + k_2(i,j) \\ \qquad = -\dfrac{1}{2\pi}[\nabla \varphi_{i,j+1}^{y} - \nabla \varphi_{i,j}^{y} - \nabla \varphi_{i+1,j}^{x} + \nabla \varphi_{i,j}^{x}], \quad (i,j) \in S_0 \\ k_1(i,j) \quad \text{整数}, \quad (i,j) \in S_1 \\ k_2(i,j) \quad \text{整数}, \quad (i,j) \in S_2 \end{cases} \quad (8.88)$$

这一代价函数表示最小化所有展开相位梯度与缠绕相位梯度的偏差,即展开相位梯度与缠绕相位梯度的偏差应尽可能为零;约束条件保证所求解的展开相位梯度场满足旋度为零的要求。式 (8.88) 是一个非线性整数变量的最小化问题,具体求解时,需要把其变换成为一个线性实变量的最小化问题

$$\begin{cases} \min_{\{k_1, k_2\}} \left\{ \sum_{i=0}^{M-2} \sum_{j=0}^{N-1} c_1(i,j)[x_1^+ + x_1^-] + \sum_{i=0}^{M-1} \sum_{j=0}^{N-2} c_1(i,j)[x_2^+ + x_2^-] \right\} \\ \text{s. t.} \quad x_1^+(i,j+1) - x_1^-(i,j+1) - x_1^+(i,j) + x_1^-(i,j) - \\ \qquad x_2^+(i+1,j) + x_2^-(i+1,j) + x_2^+(i,j) - x_2^-(i,j) \\ \qquad = -\dfrac{1}{2\pi}[\nabla \varphi_{i,j+1}^{y} - \nabla \varphi_{i,j}^{y} - \nabla \varphi_{i+1,j}^{x} + \nabla \varphi_{i,j}^{x}], \quad (i,j) \in S_0 \\ x_1^+(i,j), x_1^-(i,j) \geq 0, \quad (i,j) \in S_1 \\ x_2^+(i,j), x_2^-(i,j) \geq 0, \quad (i,j) \in S_2 \end{cases} \quad (8.89)$$

式中

$$\begin{cases} x_1^+(i,j) = \max[0, k_1(i,j)], & x_1^-(i,j) = -\min[0, k_1(i,j)], & (i,j) \in S_1 \\ x_2^+(i,j) = \max[0, k_2(i,j)], & x_2^-(i,j) = -\min[0, k_2(i,j)], & (i,j) \in S_2 \end{cases} \quad (8.90)$$

这一线性实变量的约束最小化问题可以用最小费用网络流来形象地描述。求解式（8.89）使用变量有界的单纯形方法，确定离散的梯度偏差量，得到无旋的绝对相位的梯度场，再利用

$$\phi_{i,j} = \varphi_{0,0} + \sum_{k_1=0}^{i-1} \nabla \phi_{k_1,0}^y + \sum_{k_2=0}^{j-1} \nabla \phi_{i,k_2}^x \quad (8.91)$$

沿路径积分即可得到展开相位。计算的过程中，由于缺少先验知识，例如，地形突变的地方可以设定变量上界来减少计算量。

$$\begin{cases} b_1(i,j) \geq x_1^+(i,j) \geq 0, & b_1(i,j) \geq x_1^-(i,j) \geq 0, & (i,j) \in S_1 \\ b_2(i,j) \geq x_2^+(i,j) \geq 0, & b_2(i,j) \geq x_2^-(i,j) \geq 0, & (i,j) \in S_2 \end{cases} \quad (8.92)$$

利用最小费用网络流法得到的相位展开结果再进行重新缠绕后，相位条纹与原始缠绕相位条纹的一致性很好，其缺点是当计算的图像较大时，计算量很大，而且要占用的内存很多。

3）基于最小生成树的最小费用流相位解缠算法处理流程

基于最小生成树的最小费用流相位解缠绕算法处理流程如图 8.39 所示。

首先对残差点分布进行预判断，如果残差点分布的聚类特性明显，根据残差点进行不规则分块，在块内识别残差点，采用最小生成树法进行枝切线连接，全部残差点都有枝切线连接后，进行整体的路径积分，实现整个干涉相位的解缠绕处理；如果残差点聚类不明显，直接进行相位分块，生成各个独立的相位子块，对每个子块利用最小生成树法单独进行像素相位解缠绕处理，获得独立的解缠相位子块，然后，将每个子块分别看作一个独立的像素，采用类似像素相位解缠绕处理的方法，利用最小费用流相位解缠算法对各子块进行相位解缠绕处理，实现各解缠相位子块的拼接处理。其中关键处理步骤详细说明如下：

（1）相位数据分块。相位数据分块是残差点分布无聚类特性时必不可少的处理过程，其目的是降低数据规模使其处于计算机处理能力之内、提高相位解缠的效率以及实现相位解缠处理的并行化。因此，相位分块以节省处理内存和提高处理效率为准则，并且要考虑到有助于解缠相位拼接。

相位数据分块大小既要考虑计算机的处理性能和相位解缠处理效率，也要考虑后续数据拼接的难度，如果数据块分得太大，单块处理的效率会降低；

如果数据块分得太小，数据拼接的计算量会猛增。根据经验，将干涉相位数据分为1000（像素）×1000（像素）大小的子块比较合适。

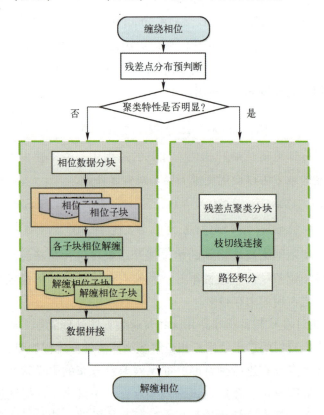

图 8.39　最小费用流相位解缠绕算法处理流程

（2）子块相位解缠。为保证相位解缠处理的效率和准确性，各个子块相位解缠处理采用基于最小生成树（MST）的解缠算法。

（3）相位数据拼接。影像分块后，各子块单独进行相位解缠时，难免会存在相位不连续区域，例如，图 8.40 中子块 B 中的阴影区域，由于不连续区域的存在，子块连接处不再连续，进行数据拼接是大幅数据相位解缠的关键处理步骤。

相位数据拼接是解决各解缠子块的相位一致性问题，各子块拼接过程与相位解缠是类似的，目的是在子块内添加 $2k\pi$，使得拼接后解缠相位是连续的。如图 8.40 所示，将相位子块 A、B、C、D、E、F 分别看作一个像素，由于子块 B 和子块 E 之间存在相位跳变，因此，ABED 和 BCFE 中间各存在一个残差点。由所有的大规模数据分成的所有相位子块可以按照这种方式进行处理，将子块相位解缠转换为像素相位解缠处理。由于分块数目有限，对处理效率要求低，此时稳健、高精度的最小费用流算法是数据拼接的优选方法。

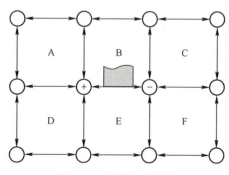

图 8.40　子块相位解缠

图 8.41 给出一组微波测绘一号卫星数据两种相位解缠算法的处理结果。

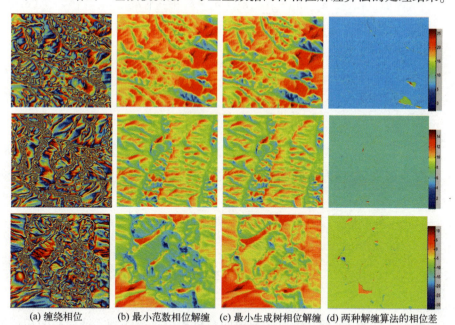

(a) 缠绕相位　　(b) 最小范数相位解缠　(c) 最小生成树相位解缠　(d) 两种解缠算法的相位差

图 8.41　两种相位解缠算法的处理结果

8.6.3　基于中国余数定理的多基线相位解缠法

多基线相位解缠可以充分利用其长短基线获取的信息来大大提高相位解缠绕（即相位展开）的可靠性（短基线的优点）而不会降低高程测量精度

（长基线的优点）。

编队 InSAR 系统一发多收工作模式下，高度模糊数为

$$h_{\varphi/2\pi} = \frac{\lambda R \sin\theta}{B_\perp} \tag{8.93}$$

式中：λ 表示波长；R 表示主星到目标之间的参考斜距；θ 表示参考卫星的入射角；$B_\perp$ 表示有效基线的长度。

则对于地面某一点有

$$h = n_1 \cdot h_{u1} + \frac{\varphi_1}{2\pi} \cdot h_{u1} \tag{8.94}$$

$$h = n_2 \cdot h_{u2} + \frac{\varphi_2}{2\pi} \cdot h_{u2} \tag{8.95}$$

两式相减有

$$n_1 \cdot h_{u1} + \frac{\varphi_1}{2\pi} \cdot h_{u1} = n_2 \cdot h_{u2} + \frac{\varphi_2}{2\pi} \cdot h_{u2} \tag{8.96}$$

即

$$n_1 \cdot h_{u1} = n_2 \cdot h_{u2} + \frac{\varphi_2}{2\pi} \cdot h_{u2} - \frac{\varphi_1}{2\pi} \cdot h_{u1} \tag{8.97}$$

由于 $\frac{\varphi_2}{2\pi} \cdot h_{u2} - \frac{\varphi_1}{2\pi} \cdot h_{u1}$ 是小量，可忽略，则有

$$n_1 \cdot h_{u1} = n_2 \cdot h_{u2} \tag{8.98}$$

由于 n_1 和 n_2 均为整数，根据余数定理，n_1 和 n_2 的取值需要满足 h_{u1} 和 h_{u2} 的最小公倍数。

因此相当于差分后的高程模糊数为两个高度模糊数的最小公倍数。

8.7 解绝对相位

通常讲的相位解缠是针对图幅内的缠绕相位进行解缠，解缠后的相位还仅仅是相对图幅某一点（通常是左上角点）的相对相位差，不能直接使用严格的成像模型求解 DSM。单个 SAR 回波信号只记录了 $[-\pi, \pi]$ 间相位，2π 的整数倍相位因无法记录而丢失，相应地使干涉相位差中 $2n\pi$ 相位丢失，丢失的 $2n\pi$ 相位即为绝对相位，也称为模糊相位，n 为模糊数。求解模糊数 n 的过程即为解绝对相位[32]。解缠后的相位加绝对相位才是用于 DSM 生成

的干涉相位。

8.7.1 基于双频数据确定绝对相位

已知干涉相位 ϕ 和斜距差 Δr 的关系为

$$\phi = 2p\pi \frac{f_0}{c} \Delta r \tag{8.99}$$

式中：f_0 为发射信号的载频；c 为光速；单航过时 $p=1$，多航过时 $p=2$。假设双频数据的两个载频分别为 f_1 和 f_2。经成像及干涉处理后，中心频率为 f_1 的干涉相位为

$$\phi_1 = 2p\pi \frac{f_1}{c} \Delta r \tag{8.100}$$

中心频率为 f_2 的干涉相位为

$$\phi_2 = 2p\pi \frac{f_2}{c} \Delta r \tag{8.101}$$

将干涉相位（解缠后）乘以各自的模糊高度转到斜平面高程，如下式所示：

$$\begin{cases} H_{\text{unwrap1}} = \phi_1 \cdot H_{\text{amb1}} \\ H_{\text{unwrap2}} = \phi_2 \cdot H_{\text{amb2}} \end{cases} \tag{8.102}$$

模糊高度的计算公式如下：

$$H_{\text{amb}} = \frac{\lambda R \sin i}{B_\perp} \tag{8.103}$$

式中：$B_\perp$ 为垂直有效基线长度；i 为入射角；R 为斜距；λ 为载波频率。

假设像素点对应的地面点的高程为 H_{scene}，本模块通过搜索的方式按照式（8.104）确定频率1模糊数 k_1 和频率2模糊数 k_2，即

$$H_{\text{unwrap1}} + k_1 \cdot H_{\text{amb1}} = H_{\text{unwrap2}} + k_2 \cdot H_{\text{amb2}} = H_{\text{scene}} \tag{8.104}$$

式中：H_{unwrap1} 和 H_{unwrap2} 分别为两个频率的数据对应的高程；H_{amb1} 和 H_{amb2} 分别为两个频率的数据的模糊高度。根据输入的双频干涉相位，结合系统模糊高度，确定绝对模糊数。

图8.42给出了一组微波测绘一号卫星数据的双频影像及干涉相位示意图，图8.43是绝对模糊数统计直方图，最终提取的绝对模糊数为2。

8.7.2 基于数字高程模型确定绝对相位

干涉测量中一个重要指标是高度模糊数，其定义如下：

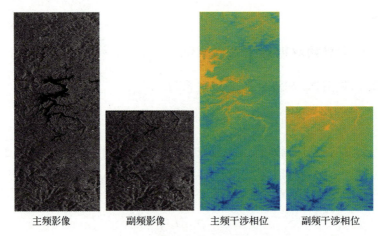

主频影像　　副频影像　　主频干涉相位　　副频干涉相位

图 8.42　双频影像及干涉相位示意图

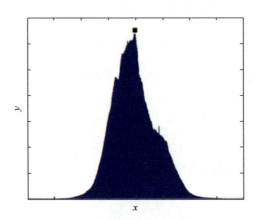

图 8.43　绝对模糊数统计直方图

$$h_{\frac{\varphi}{2\pi}} = -\frac{\lambda R \sin\theta_0}{2B_\perp} \quad (8.105)$$

式中：λ 为波长；R 为斜距；θ_0 为侧视角；$B_\perp$ 为垂直基线长度。

高度模糊数是表示一个 2π 相位变化所引起的高度变化，因此通过调整模糊数 n 加 1 或减 1，即是调整对应地面点的高度，其变化正好是一个高度模糊数，故当已知地面点高度时，也能反求模糊数 n，基本思路是首先利用轨道参数以及地面点坐标计算出一个初始模糊数 n_0，利用该模糊数计算绝对相位差，根据 O. Mora 提出的 DEM 计算方法，获取控制点对应像点的高程值，通过与已知值比较，得到一个高差，除以高度模糊数即得到模糊数改正量 n'，即

$$n = n_0 + n' \quad (8.106)$$

O. Mora 方法主要由三个方程组成，即主雷达的距离条件、多普勒条件以

及辅雷达的距离条件，其表示如下：

$$\begin{cases} |\boldsymbol{S}_1-\boldsymbol{P}|^2 = (X_{S_1}-X)^2+(Y_{S_1}-Y)^2+(Z_{S_1}-Z)^2 = R_1^2 \\ |\boldsymbol{S}_2-\boldsymbol{P}|^2 = (X_{S_2}-X)^2+(Y_{S_2}-Y)^2+(Z_{S_2}-Z)^2 = \left(R_1+\dfrac{\lambda\varphi}{2\pi}\right)^2 \\ f_D = \dfrac{2}{\lambda} \cdot \dfrac{(\boldsymbol{V}_S-\boldsymbol{V}_P)(\boldsymbol{P}-\boldsymbol{S}_1)}{|\boldsymbol{P}-\boldsymbol{S}_1|} \end{cases} \quad (8.107)$$

式中：$(X_{S_1},Y_{S_1},Z_{S_1})$、$(X_{S_2},Y_{S_2},Z_{S_2})$ 分别为主、辅卫星位置坐标；(X,Y,Z) 为地面点坐标；R_1 为主摄站到地面点的距离；$\boldsymbol{V}_S$ 为主卫星速度矢量；$\boldsymbol{V}_P$ 为地面点速度矢量，$\boldsymbol{P}$ 为地面点坐标矢量；$\boldsymbol{S}_1$ 主卫星位置坐标矢量，f_D 为多普勒频移量；λ 为雷达波长；ϕ 为绝对相位差。

由于式（8.107）存在非线性方程，因此需要线性化，其直接获取的是空间直角坐标系下的坐标，经过坐标转换后即可得到地面点高斯坐标以及高程。

由于任何控制点都存在误差，因此利用高程比较法必须对地面控制点高程提出精度要求，从图 8.44 可以看出，只有当地面控制点高程精度优于 1/2 高度模糊数时才能获取正确高度。

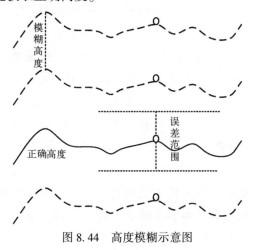

图 8.44 高度模糊示意图

因此利用式（8.106）计算高度模糊数时，应该采用四舍五入的方法取整，否则不能获取正确高度。

8.7.3 基于升降轨数据确定绝对相位

星载 InSAR 系统通常运行于太阳同步轨道，对地面同一区域成像的升降轨星下点轨迹存在一定夹角，相同侧视方向下升降轨同一区域成像示意图如图 8.45 所示。在升降轨雷达成像几何的约束下，对于星载 InSAR 升降轨 2 景影像中的同一地面点，其理论上应该处在升轨主星多普勒面与降轨主星多普勒面的交线上，当高程出现误差时，升降轨数据解算的平面坐标将在各自的多普勒面内移动，形成两条相交的直线。

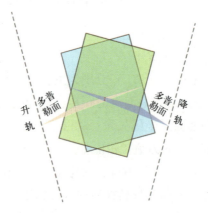

图 8.45　相同侧视方向下升降轨同一区域成像示意图

当绝对模糊数出现误差时，在引起高程模型整体抬高或降低的同时，其平面坐标在升降轨 InSAR 数据各自的多普勒面内移动。即每变化 1 个绝对模糊数，就直接增加或减去了一个模糊高度，相应地面点的平面坐标在多普勒面沿一条直线移动。2 景升降轨数据中，1 个同名点的移动轨迹在高斯平面坐标系下形成的 2 条直线必然相交，如图 8.46 所示。绿点代表 1 个像点的平面坐标随绝对模糊数的变化在升轨数据中的移动轨迹，蓝点代表该同名点的平面坐标随绝对模糊数的变化在降轨数据中的移动轨迹，各轨迹间的距离可以由式（8.107）估算出来。

升降轨影像中的同名点应该只有一个平面坐标，而只有交点处的平面坐标才是唯一的，否则升降轨影像中的同名点会对应两个平面坐标，因此交点处的升降轨绝对模糊数即是所要求解的绝对模糊数，根据绝对模糊数就能计算出升降轨各自的绝对相位。

如果计算出两条轨迹的交点，就可以通过星载 InSAR 定位方程解算出地面点的高程和绝对模糊数，然而交点处的平面坐标是在高斯坐标系下的，而星载 InSAR 定位方程中地面点使用的是地固坐标系下的直角坐标，如果不能直接得到交点处的高程值，方程答解就变得非常复杂。另外，由于成像参数存在误差，升降轨获取的地面坐标不会严格落在交点上。因此本书没有直接进行答解，而是采用基于最短距离约束的绝对相位确定策略，快速搜索出正确的升降轨绝对模糊数，其数学模型如式（8.108）所示。

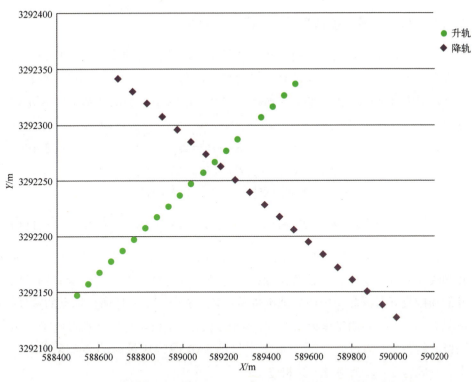

图 8.46　升降轨数据中地面点随绝对相位模糊数变化的轨迹示意图

$$\hat{k}_1,\hat{k}_2 = \arg\min_{h_1,h_2}\sum_{i=1}^{n}\|P_i(k_1;h) - P'_i(k_2;h)\|^2 \quad (8.108)$$

式中：k_1、k_2 为地面点高程为 h 时升轨和降轨对应的绝对模糊数；$P_i(k_1;h)$ 为利用升轨参数求取的地面点平面坐标；$P'_i(k_2;h)$ 为利用降轨参数求取的地面点平面坐标；n 为参与计算的同名点的点数；h_1、h_2 为搜索的起始高程和结束高程，h_1 可以用整景影像的平均高程赋值，h_2 为 2 次反向搜索后的结束高程，即当起始高程加上高程增量计算得到升降轨平面距离在增大时，改变高程增量符号进行反向搜索，当出现 2 次反向时停止搜索，此时解算绝对模糊数的高程即为 h_2。

8.8　DSM 生成

获取高程是干涉测量的终极目标，由于雷达成像原理与传统的光学传感器之间存在较大差异，因此解算高程的方法也有较大的不同，只有从雷达成像原理出发建立数学模型，才能获取高精度的高程值。

8.8.1 利用距离-多普勒方程解算离散高程点

由于星载 InSAR 通常采用双基成像模型，因此传统的多普勒方程和距离方程需要优化，即距离方程是收发位置到地面目标的距离之和，而多普勒方程是发射多普勒频率和接收多普勒频率之和，故双基模型的星载 InSAR 定位方程[33]为

$$|S_{1S}-P|+|S_{1R}-P|=2r_1 \qquad (8.109)$$

$$f_{dc1}=-\frac{(V_{1S}-V_P)(S_{1S}-P)}{\lambda|S_{1S}-P|}-\frac{(V_{1R}-V_P)(S_{1R}-P)}{\lambda|S_{1R}-P|} \qquad (8.110)$$

$$(|S_{1S}-P|+|S_{1R}-P|)-(|S_{2S}-P|+|S_{2R}-P|)=\frac{\lambda\varphi}{2\pi} \qquad (8.111)$$

式中：S_{iS}、S_{iR} ($i=1,2$)（1、2 代表主星和辅星）分别对应于 SAR 图像的发射和接收（天线相位中心）位置矢量；V_{iS}、V_{iR} ($i=1,2$) 分别对应于 SAR 图像的发射和接收（天线相位中心）速度矢量；V_P、P 分别对应地面目标点的速度、位置矢量，在地心固定坐标系下 V_P 等于零矢量；r_i ($i=1,2$) 分别对应于 SAR 图像的斜距；λ 为波长；f_{dc1} 对应于主星的 SAR 图像成像时的多普勒中心频率，一般为零；φ 为绝对干涉相位。

微波测绘一号卫星系统参数文件给出了 SAR 图像的接收时刻，而发射时刻则根据回波的传播距离换算成传播时延反推出来，而传播距离则依据近距边和距离向像元位置及斜距分辨率计算而来。星载 InSAR 成像示意图如图 8.47 所示。

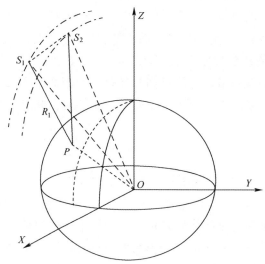

图 8.47 星载 InSAR 成像示意图

由于式 (8.109)、式 (8.110) 和式 (8.111) 为非线性方程，因此需要线性化，迭代答解。上述方程可以改写为

$$\begin{cases} F_1 = \sqrt{(X_{1S}-X)^2+(Y_{1S}-Y)^2+(Z_{1S}-Z)^2} + \\ \qquad \sqrt{(X_{1R}-X)^2+(Y_{1R}-Y)^2+(Z_{1R}-Z)^2} - 2r_1 = 0 \\ F_2 = \dfrac{V_{X1S}(X_{1S}-X)+V_{Y1S}(Y_{1S}-Y)+V_{Z1S}(Z_{1S}-Z)}{\sqrt{(X_{1S}-X)^2+(Y_{1S}-Y)^2+(Z_{1S}-Z)^2}} + \\ \qquad \dfrac{V_{X1R}(X_{1R}-X)+V_{Y1R}(Y_{1R}-Y)+V_{Z1R}(Z_{1R}-Z)}{\sqrt{(X_{1R}-X)^2+(Y_{1R}-Y)^2+(Z_{1R}-Z)^2}} = 0 \\ F_3 = \sqrt{(X_{2S}-X)^2+(Y_{2S}-Y)^2+(Z_{2S}-Z)^2} + \\ \qquad \sqrt{(X_{2R}-X)^2+(Y_{2R}-Y)^2+(Z_{2R}-Z)^2} - \left(2r_1 - \dfrac{\lambda\varphi}{2\pi}\right) = 0 \end{cases} \qquad (8.112)$$

$$\begin{cases} F_1 = F_1^0 + \dfrac{\partial F_1}{\partial X}\Delta X + \dfrac{\partial F_1}{\partial Y}\Delta Y + \dfrac{\partial F_1}{\partial Z}\Delta Z \\ F_2 = F_2^0 + \dfrac{\partial F_2}{\partial X}\Delta X + \dfrac{\partial F_2}{\partial Y}\Delta Y + \dfrac{\partial F_2}{\partial Z}\Delta Z \\ F_3 = F_3^0 + \dfrac{\partial F_3}{\partial X}\Delta X + \dfrac{\partial F_3}{\partial Y}\Delta Y + \dfrac{\partial F_3}{\partial Z}\Delta Z \end{cases} \qquad (8.113)$$

式中

$$\begin{cases} \dfrac{\partial F_1}{\partial X} = \dfrac{X-X_{1S}}{\sqrt{(X_{1S}-X)^2+(Y_{1S}-Y)^2+(Z_{1S}-Z)^2}} + \dfrac{X-X_{1R}}{\sqrt{(X_{1S}-X)^2+(Y_{1S}-Y)^2+(Z_{1S}-Z)^2}} \\ \dfrac{\partial F_1}{\partial Y} = \dfrac{Y-Y_{1S}}{\sqrt{(X_{1S}-X)^2+(Y_{1S}-Y)^2+(Z_{1S}-Z)^2}} + \dfrac{Y-Y_{1R}}{\sqrt{(X_{1S}-Y)^2+(Y_{1S}-Y)^2+(Z_{1S}-Z)^2}} \\ \dfrac{\partial F_1}{\partial Z} = \dfrac{Z-Z_{1S}}{\sqrt{(X_{1S}-X)^2+(Y_{1S}-Y)^2+(Z_{1S}-Z)^2}} + \dfrac{Z-Z_{1R}}{\sqrt{(X_{1S}-Y)^2+(Y_{1S}-Y)^2+(Z_{1S}-Z)^2}} \\ \dfrac{\partial F_2}{\partial X} = \dfrac{-V_{X1S}[(Y_{1S}-Y)^2+(Z_{1S}-Z)^2]+(X_{1S}-X)[(V_{Y1S}(Y_{1S}-Y)+V_{Z1S}(Z_{1S}-Z))]}{[(X_{1S}-X)^2+(Y_{1S}-Y)^2+(Z_{1S}-Z)^2]^{\frac{3}{2}}} + \\ \qquad \dfrac{-V_{X1R}[(Y_{1R}-Y)^2+(Z_{1R}-Z)^2]+(X_{1R}-X)[(V_{Y1R}(Y_{1R}-Y)+V_{Z1R}(Z_{1R}-Z))]}{[X_{1R}-X)^2+(Y_{1R}-Y)^2+(Z_{1R}-Z)^2]^{\frac{3}{2}}} \end{cases}$$

$$\begin{cases}
\dfrac{\partial F_2}{\partial Y} = \dfrac{-V_{Y1S}[(X_{1S}-X)^2+(Z_{1S}-Z)^2]+(Y_{1S}-Y)[(V_{X1S}(X_{1S}-X)+V_{Z1S}(Z_{1S}-Z))]}{[(X_{1S}-X)^2+(Y_{1S}-Y)^2+(Z_{1S}-Z)^2]^{\frac{3}{2}}} + \\
\qquad\qquad \dfrac{-V_{Y1R}[(X_{1R}-X)^2+(Z_{1R}-Z)^2]+(Y_{1R}-Y)[(V_{X1R}(X_{1R}-X)+V_{Z1R}(Z_{1R}-Z))]}{[(X_{1R}-X)^2+(Y_{1R}-Y)^2+(Z_{1R}-Z)^2]^{\frac{3}{2}}} \\[4pt]
\dfrac{\partial F_2}{\partial Z} = \dfrac{-V_{Z1S}[(X_{1S}-X)^2+(Y_{1S}-Y)^2]+(Z_{1S}-Z)[(V_{X1S}(X_{1S}-X)+V_{Z1S}(Y_{1S}-Y))]}{[(X_{1S}-X)^2+(Y_{1S}-Y)^2+(Z_{1S}-Z)^2]^{\frac{3}{2}}} + \\
\qquad\qquad \dfrac{-V_{Z1R}[(X_{1R}-X)^2+(Y_{1R}-Y)^2]+(Z_{1R}-Z)[(V_{X1R}(X_{1R}-X)+V_{Z1R}(Y_{1R}-Y))]}{[(X_{1R}-X)^2+(Y_{1R}-Y)^2+(Z_{1R}-Z)^2]^{\frac{3}{2}}} \\[4pt]
\dfrac{\partial F_3}{\partial X} = \dfrac{X-X_{2S}}{\sqrt{(X_{2S}-X)^2+(Y_{2S}-Y)^2+(Z_{2S}-Z)^2}} + \dfrac{X-X_{2R}}{\sqrt{(X_{2R}-X)^2+(Y_{2R}-Y)^2+(Z_{2R}-Z)^2}} \\[4pt]
\dfrac{\partial F_3}{\partial Y} = \dfrac{Y-Y_{2S}}{\sqrt{(X_{2S}-X)^2+(Y_{2S}-Y)^2+(Z_{2S}-Z)^2}} + \dfrac{Y_0-Y_{2R}}{\sqrt{(X_{2R}-X)^2+(Y_{2R}-Y)^2+(Z_{2R}-Z)^2}} \\[4pt]
\dfrac{\partial F_3}{\partial Z} = \dfrac{Z-Z_{2S}}{\sqrt{(X_{2S}-X)^2+(Y_{2S}-Y)^2+(Z_{2S}-Z)^2}} + \dfrac{Z-Z_{2R}}{\sqrt{(X_{2R}-X)^2+(Y_{2R}-Y)^2+(Z_{2R}-Z)^2}}
\end{cases}$$

由此获取的是空间直角坐标系下的坐标，经过坐标转换后即可得到高斯坐标以及高程。

8.8.2 DSM 规则化

由 InSAR 获取的 DSM 数据是种离散的点集，不利于实际应用，需内插成矩形格网形式，为了获取矩形格网上的高程值必须进行内插。常用的插值方法分为三角平面法、移动曲面插值法。三角平面法速度快、简单，但是精度低；移动曲面插值法复杂、精度高。

（1）三角平面法。主要技术流程为：首先，检索格网点，即确定网格点所在的三角网（或与之相关的三角形）；然后，拟合出三角网的平面（曲面）方程；最后，解算出网格点高程。

最简单的高程内插是用三角形的三个顶点按照式（8.114）计算的。

$$\begin{cases} \begin{vmatrix} X & Y & Z & 1 \\ X_1 & Y_1 & Z_1 & 1 \\ X_2 & Y_2 & Z_2 & 1 \\ X_3 & Y_3 & Z_3 & 1 \end{vmatrix} = 0 \\ Z = Z_1 - \dfrac{(X-X_1)(Y_2Z_3-Y_3Z_2)+(Y-Y_1)(Z_2X_3-Z_3X_2)}{X_2Y_3-Y_2X_3} \\ A_{I1}=A_I-A_1, \quad A=X,Y,Z; I=2,3 \end{cases} \quad (8.114)$$

（2）移动曲面法。为了保持 DSM 数据连续、光滑，需要对匹配结果进行光滑处理。由于受到图像质量影响，对于局部匹配失败的格网点，可以通过局部拟合的方法得到高程估计值。DSM 格网点空间分布非常均匀，因此采用局部区域曲面拟合可以得到较好的结果，一般采用二次曲面，使其到各参考点的距离之加权平方和为最小，而该曲面在内插点上的函数值就是所求的内插值（曲面拟合原理参见图 8.48）。可用代数方程表示为

$$\hat{Z}(X,Y) = A_{00}+A_{10}X+A_{01}Y+A_{20}X^2+A_{11}XY+A_{02}Y^2 \quad (8.115)$$

A 系数由待插点周围格网点高程值作为观测值，通过最小二乘平差得到，权函数采用格网点到待插点间距离的倒数。

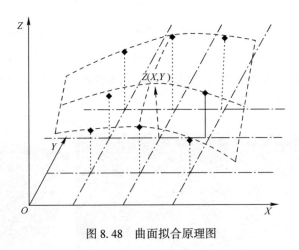

图 8.48　曲面拟合原理图

图 8.49 给出一组微波测绘一号卫星数据 DSM 规则化结果。

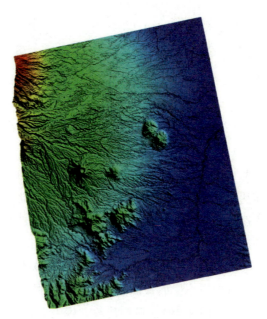

图 8.49　DSM 规则化结果

8.9　典型地形地物的 InSAR 数据处理结果

　　星载 InSAR 编队卫星一般能获得相干性较高的雷达复影像数据,因此除了裸露的岩石地面能获得较好的 InSAR 处理结果外,冰川、沙漠、大型河流及岛屿等特殊地形地物也能够获得较好的处理结果,图 8.50~图 8.54 给出了相关数据的干涉处理结果。

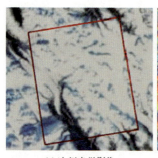
(a) 冰川光学影像

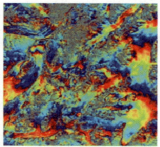
(b) 冰川干涉条纹图

(c) 冰川DSM

图 8.50　冰川区域干涉处理结果

第 8 章 InSAR 数据处理技术

(a) 沙漠光学影像　　　　　　(b) 沙漠干涉条纹图　　　　　　(c) 沙漠DSM

图 8.51　沙漠区域干涉处理结果

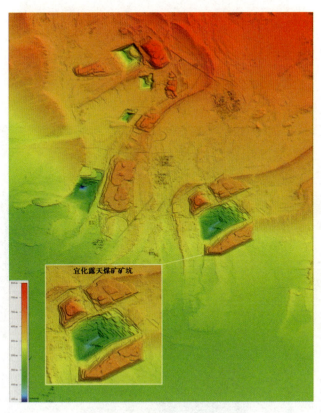

图 8.52　露天矿区干涉处理结果

· 251 ·

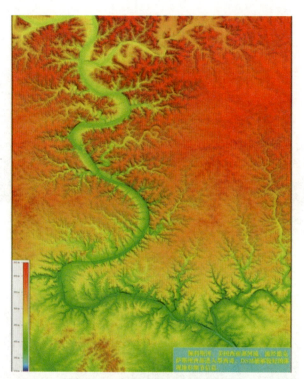

图 8.53 大型河流干涉处理结果

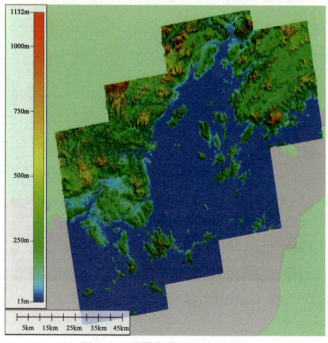

图 8.54 分散岛礁干涉处理结果

参考文献

[1] 魏晓飞. 干涉合成孔径雷达成像技术研究 [D]. 哈尔滨：哈尔滨工业大学, 2021.

[2] 郭交. 分布式卫星干涉合成孔径雷达信号处理关键技术研究 [D]. 西安：西安电子科技大学, 2011.

[3] 穆冬. 干涉合成孔径雷达成像技术研究 [D]. 南京：南京航空航天大学, 2001.

[4] FERRETTI A, MONTI-GUARNIERI A, PRATI C, et al. InSAR principles：guidelines for SAR interferometry processing and interpretation [M]. The Newtherlands：European Space Agency, 2007.

[5] 单巧凤. InSAR处理中预滤波方法的适用性研究 [J]. 科学技术与工程, 2014, 14(18)：231-236.

[6] 牛瑞. InSAR复影像配准方法与实现 [D]. 郑州：解放军信息工程大学, 2005.

[7] 彭曙蓉. 高分辨率合成孔径雷达干涉测量技术及其应用研究 [D]. 长沙：湖南大学, 2009.

[8] 崔岑. 星载InSAR图像配准及三维信息提取研究 [D]. 哈尔滨：哈尔滨工业大学, 2011.

[9] 楼良盛. 基于卫星编队InSAR数据处理技术 [D]. 郑州：解放军信息工程大学, 2007.

[10] 舒宁. 雷达遥感原理 [M]. 北京：测绘出版社, 1997.

[11] 张祖勋, 张剑清. 数字摄影测量学 [M]. 武汉：武汉测绘科技大学出版社, 1996.

[12] 徐世良. C常用算法程序集 [M]. 北京：清华大学出版社, 1996.

[13] 汪鲁才, 王耀南, 毛建旭. 基于相关匹配和最大谱图像配准相结合的INSAR复图像配准方法 [J]. 测绘学报, 2003, 32(4)：320-324.

[14] 杨清友, 王超. 干涉雷达复图像配准与干涉纹图的增强 [J]. 遥感学报, 1999, 3(2)：122-128.

[15] 张克林, 龙腾. 干涉SAR图像配准算法研究与实现 [C]//中国航空学会信号与信息处理专业全国第七届学术会议, 北京, 2003.

[16] 刘智. 航天合成孔径雷达数据干涉处理及DEM生成的研究 [D]. 郑州：解放军测绘学院, 1999.

[17] 舒宁. 雷达影像干涉测量原理 [M]. 武汉：武汉大学出版社, 2003.

[18] CLAUDIO PRATI, FABIO ROCCA. Seismic migration for SAR focusing：interferoetrical applications [J]. IEEE Trans, Geeosci, Remote Sens, 1990, 28(4)：627-640.

[19] 王超, 张红, 刘智. 星载合成孔径雷达干涉测量 [M]. 北京：科学出版社, 2002.

[20] 保铮, 邢孟道, 王彤. 雷达成像技术 [M]. 北京：电子工业出版社, 2005.

[21] 曾琪明, 焦健. 合成孔径雷达遥感原理及应用简介 [J]. 遥感信息, 1998(1)：41.

[22] 师瑞荣. 机载 SAR 干涉成像算法研究 [D]. 北京：中国科学院电子学研究所, 2002.

[23] 廖明生. 由 INSAR 影像高精度自动生成干涉图的关键技术研究 [D]. 武汉：武汉测绘科技大学, 2000.

[24] 唐健. 干涉 SAR 的二维相位展开算法研究 [J]. 遥感学报, 1997, 1(3)：32-35.

[25] 黄蓉. InSAR 相位解缠算法比较研究 [D]. 西安：长安大学, 2012.

[26] RODRIGUEZ E, MARTIN J M. Theory and design of interferometric synthetic aperture radars [J]. IEE Proceedings F, 1992, 139(2)：147-159.

[27] ZEBKER H A, FARR T G, SALAZAR R P, et al. Mapping the world's topography using radar interferometry: the TOPSAT mission [J]. Proceedings the IEEE, 1994, 82(12)：1774-1786.

[28] 张继超. InSAR 影像提取 DEM 的实用化方法研究 [D]. 阜新：辽宁工程技术大学, 2002.

[29] COSTANTINI M, A. FARINA, ZIRILLI F. A fast phase unwrapping algorithm for SAR interferometry [J]. IEEE Trans. on GRS, 1999, 37(1), 452-460.

[30] 向茂生, 李树楷. 用 DCT 进行最小二乘相位估值的求解 [J]. 中国图象图形学报, 1998, 3(4)：269-272.

[31] 惠梅, 王东生等. 基于离散泊松方程解的相位展开方法 [J]. 光学学报, 2003, 23(10)：1245-1249.

[32] 刘双亚. 改进的基于频谱分割的 InSAR 绝对相位确定方法 [J]. 理论与方法, 2016, 35(7)：27-33.

[33] 王青松. 星载干涉合成孔径雷达高效高精度处理技术研究 [D]. 长沙：国防科学技术大学, 2011.